The Wonder Weeks
神奇的飞跃周
（第6版）

促进0－2岁宝宝心智发展的10个黄金期

［荷］泽维拉·普拉斯 弗兰斯·普洛伊 赫蒂·范德里特◎著
程霄晨◎译

北京科学技术出版社

著作权合同登记号 图字：01-2019-7945

图书在版编目（CIP）数据

神奇的飞跃周：促进0-2岁宝宝心智发展的10个黄金期：第6版 /（荷）泽维拉·普拉斯，（荷）弗兰斯·普洛伊，（荷）赫蒂·范德里特著；程霄晨译. -- 北京：北京科学技术出版社，2020.5（2022.11重印）

书名原文: The Wonder Weeks: A Stress-Free Guide to Your Baby's Behavior (6th Edition)

ISBN 978-7-5714-0831-2

Ⅰ.①神… Ⅱ.①泽… ②弗… ③赫… ④程… Ⅲ.①婴幼儿—哺育 Ⅳ.①TS976.31

中国版本图书馆CIP数据核字（2020）第036565号

策划编辑：路　杨
责任编辑：潘海坤　路　杨
装帧设计：艺琳设计工作室
责任印制：吕　越
出 版 人：曾庆宇
出版发行：北京科学技术出版社
社　　址：北京西直门南大街16号
邮政编码：100035
电　　话：0086-10-66135495（总编室）　0086-10-66113227（发行部）
网　　址：www.bkydw.cn
印　　制：河北鑫兆源印刷有限公司
开　　本：710 mm × 1000 mm　1/16
字　　数：400千字
印　　张：31
版　　次：2020年5月第1版
印　　次：2022年11月第4次印刷
ISBN 978-7-5714-0831-2

定　　价：68.00元

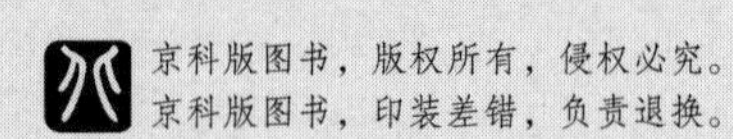

献给我们的孩子马尔科，

以及我们可爱的孙辈托马斯、维多利亚和莎拉。

推荐语

“这本书是一扇非常实用且有趣味的窗口，可以观察宝宝出生后头一年半的样子。范德里特和普洛伊通过观察，发现了婴儿发展过程中的特殊阶段……这真是太棒了！”

——贝里·布雷兹尔顿，医学博士，哈佛医学院荣誉教授

“范德里特和普洛伊关于婴儿发展的著作对临床运用和科学应用有着巨大价值。他们不仅解释了让父母备感焦虑的婴儿出现令人困惑、难以应付的行为的时期，还展示了这些行为如何标志着心智发展的飞跃，以及描述了婴儿不同阶段的理解力。简言之，这本书以充分的依据，让父母和专业人士一窥婴儿心智发展的特点。此外，范德里特和普洛伊描述了针对不同年龄段的婴儿最有效的游戏和沟通方式，可以帮助父母理解他们的宝宝，并与之建立紧密的连接。这种亲子连接是孩子发展出安全感和良好适应性的先决条件。《神奇的飞跃周》对每一位和婴儿打交道的人，包括儿科医生、社工、心理学家，当然还有父母，都是重要的读物。”

——约翰·里奇尔，临床心理学博士，临床心理咨询师，英格兰牛津约翰·拉德克利夫医院儿科医生，儿科心理学带头人

“任何面对婴儿和年幼孩子的人都应该阅读《神奇的飞跃周》。这本书让家长了解了孩子成长、发展、行为变化、情绪反应的各个方面。家长若没注意到这些，可能会觉得一头雾水、苦不堪言。”

——凯瑟琳·斯诺博士，哈佛大学教育研究生院教育学教授

这是作者赫蒂·范德里特的肖像，由其孙子托马斯于1998年9月12日即他23个月大时创作。祖孙俩关系非常融洽，在赫蒂人生最后的7年里，是孙子托马斯给疾病缠身的她带来生命中的阳光。

赫蒂为她和丈夫、合著者弗兰斯·普洛伊共同进行的这项研究付出了高昂代价。她在坦桑尼亚感染了一种热带疾病，在与疾病进行漫长而勇敢的斗争之后，于2003年去世。

通过毕生工作，赫蒂希望给世界各地的父母带去内心的平静和自信，给所有婴儿的生命一个幸福的开始。她就活在《神奇的飞跃周》的字里行间。

重要提示

本书旨在为读者提供婴儿正常发育过程中各个阶段行为的一般信息资源，以及为什么他们会有如此行为，这样你就能对婴儿的成长过程做出更好的预期。

本书不能替代对于特定婴儿或幼儿的个体医疗诊断或治疗。如果您对孩子的行为、发育或身体健康状况有任何怀疑或担忧，请咨询儿科医生或经过适当训练的医学专家。如果您认为有需要，不要犹豫为您的孩子寻求医疗帮助。

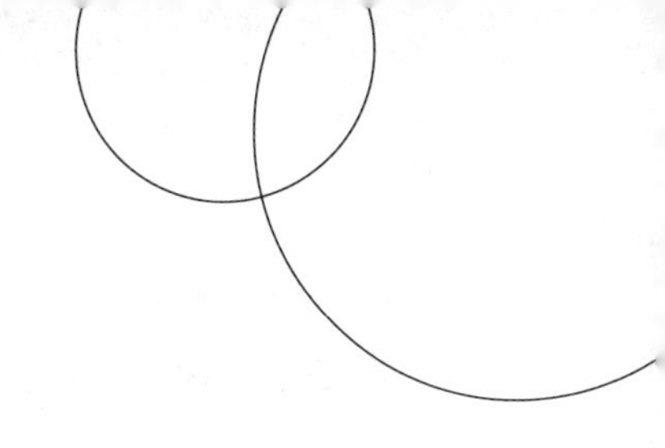

第6版序言

生孩子是你一辈子都不会忘记的事情。你可能会永远记得分娩的准确时间、最先和谁电话分享了这个消息，然后一切就这么开始了。孩子出生了，你突然成了父母。不管你是不是第一次生孩子，这一经历总是那么独特而深刻。

我对《神奇的飞跃周》这本书也有这种感觉——它由我的母亲赫蒂·范德里特和父亲弗兰斯·普洛伊创作，但在过去10年左右的时间里，它也变成了我的“孩子”。我们3个，以及“神奇的飞跃周”整个团队，都为能够帮助全球数以百万计的家长而感到自豪。来自这些家长的每一封信件、每一张明信片、每一条信息都让我们感到快乐、满足。这种感觉就像有人称赞你的孩子一样！这本书会为家长们答疑解惑。

这本书1992年首次出版以来，周围已经发生了很多变化。蜗牛邮件（译者注：电子信息时代到来之前的所有邮件都可以称为蜗牛邮件）已经被社交媒体和电子邮件取代，很多人对为人父母也有了不同的看法。越来越多的父亲参与到养育孩子的过程中。我的父母开始进行研究的时候，都是父亲们去工作，母亲们照顾孩子。当然，也有例外，我的父亲就是其中之一。母亲在剑桥大学攻读博士学位的两年里，都是父亲一直在家中陪伴我。后来当母亲接手了家庭事务后，他就继续以前的工作，经常忙碌到晚上10点。

幸运的是，现在父母在养育孩子过程中扮演着更加平等的角色。多年来，我们处理产后和母乳喂养问题的方式也发生了巨大的变化。例如，过去，母亲们经常为自己的选择备感压力，包括选择母乳喂养还是配方奶喂养、哺乳多长时间、什么时候断奶，等等。现在，作为一个母亲，你可以自由选择哺乳时长，根据需要哺乳。企业甚至被要求为新妈妈们提供母婴室，以保护她们的隐私。总之，在为人父母这条路上，你可以遵循自己的本心。

这本书自首版问世以来，全球销量数百万。我们通过这本书与家长们有如此多的接触，使我们收获甚大。父亲和我把读者的意见和建议铭记在心，对这本书进行了修订，使本书精髓呈现得更加清晰。最新版《神奇的飞跃周》增加了以下内容：

- 关于心智发展、飞跃的最新见解。
- 与读者更多的互动：帮你发现什么是适合你的宝宝的养育方式，以及他们独特的性格特点。
- 更新的列表：记录你能注意到的宝宝的变化，记录宝宝成长过程中每一次具有里程碑意义的重要飞跃。
- 最新的见解和评论，这些评论均来自读过《神奇的飞跃周》之前版本的父母。
- 新的章节，讲述作为父母如何才能更好地照顾自己，特别是在筋疲力尽、灰心丧气的时候。
- 透过宝宝的眼睛体验世界的方式。
- 关于宝宝心智发展飞跃你真正需要知道的十件事。

《神奇的飞跃周》之前的版本从未像第6版这样完整、通俗易懂。我很高兴也很荣幸能和父亲在这次修订工作中密切合作，母亲的话语始终萦绕在我的耳边。

在宝宝的成长过程中，你会面临无数挑战，衷心祝愿你和宝宝拥有世界上所有的快乐，以及一个幸福美好的开始。

泽维拉·普拉斯

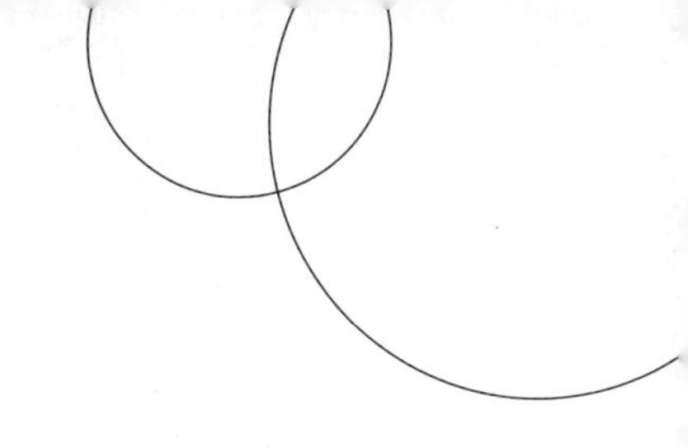

引言

有些人很幸运：他们在爱情中找到了彼此，也成了很好的工作伙伴。

1971年，完成了教育心理学、体质人类学和行为生物学的学业后，我和赫蒂结了婚。然后我们前往东非坦桑尼亚的贡贝国家公园和简·古多尔一起研究黑猩猩。当我们（带着一个装有设备和一些衣服的大木箱）到达那里后，很快意识到我们准备研究的项目在当时的情况下是不可能开展的。

我们不得不更换研究课题。随后，我们意识到，贡贝国家公园是地球上唯一一个我们可以近距离观察自由生活的黑猩猩母亲及其新生幼崽的地方。当时，我们没有任何理论或假说来支持这项观察研究，但是我们接受过观察动物的行为的系统训练，这是我们的同胞——诺贝尔奖获得者尼考·丁伯根的传统。我们决定观察黑猩猩幼崽与其母亲在互动过程中的行为发展特点，希望能找到一些有趣的东西。这需要投入大量的精力和时间，也是很冒险的，有可能在那里待了两年后，我们却一无所获。

最初的6个月，我们主要是熟悉黑猩猩和周围的环境。研究一个完全未知的物种，通常需要好几年的时间，但是在贡贝的研究经验是从一个研究员传授给另一个研究员的。6个月的时间里，我们逐渐发现了黑猩猩一系列特征行为和周期行为。在最后一年半，我们根据行为列表观察了黑猩猩幼崽及其母亲。这种观察方法的优势是如果你没有观察到某些行为，你可以确定没有发生；你知道某些行为多久发生一次，每次持续多长时间，并且可以看到这些行为随着年龄如何变化。

非洲之旅结束后，我们去了英国剑桥大学罗伯特·欣德的医学研究委员会行为发展与整合部门工作，开始着手分析大量的数据。

随着数据分析和研究的深入，我们提出了“发展性飞跃”的概念。数据显示，婴儿在成长为独立个体的过程中，会出现明显的退行阶段——这是婴儿更加紧密地依附于母亲，想要得到更频繁的照顾，而且会比以前更频繁地发出“呜咽声”的困难时期。在我们的研究之前，也有人在其他12个灵长类物种和2个低等哺乳类物种中发现过这一退行阶段，表明这似乎是一个古老且可能在地球生命进化过程中出现的现象。

我们的数据分析结果也支持了这样的观点，即在个体发育的早期阶段，中枢神经系统会发展出一个分层组织，这是黑猩猩幼崽和人类婴儿行为发育的基础。

后来，赫蒂获得英国剑桥大学的博士学位，我获得了荷兰格罗宁根大学的博士学位，然后我们就开始在荷兰的家庭环境中观察和拍摄母亲和婴儿之间的互动。这些研究清楚地表明，人类的婴儿也会在特定年龄，以类似的方式经历困难的退行期。度过每一个退行期后，婴儿都会完成一次心智发展的飞跃，与之伴随的是突然的、剧烈的、与年龄相关的大脑变化，随后婴儿会进入一个新的感知世界，掌握新的、更复杂的技能。

基于我们最初的研究成果，赫蒂和我撰写了荷兰语版的《神奇的飞跃周》，于1992年出版。我们关于婴儿的研究，一次又一次地引起了新手父母的共鸣，研究结果已经被西班牙、英国和瑞典的研究团队反复验证。

《神奇的飞跃周》现在是世界范围内的畅销书，可以找到20多种语言的版本。

我的研究伙伴、我亲爱的妻子，赫蒂，就活在字里行间。

弗兰斯·普洛伊

目录

宝宝心智发展的十大飞跃

祝福和压力

新生儿：欢迎来到这个世界

睡眠和飞跃

第1次飞跃　神奇的第5周：感官发生变化的世界

第2次飞跃　神奇的第8周：充满图案的世界

第3次飞跃　神奇的第12周：充满渐变的世界

第4次飞跃　神奇的第19周：充满现象的世界

第5次飞跃　神奇的第26周：充满关系的世界

第6次飞跃　神奇的第37周：充满类别的世界

第7次飞跃　神奇的第46周：充满顺序的世界

第8次飞跃　神奇的第55周：充满程序的世界

第9次飞跃 神奇的第64周：充满法则的世界

第10次飞跃　神奇的第75周：充满系统的世界

宝宝心智发展的十大飞跃

“

下面的场景，你在生活中是否碰到过？

新妈妈从熟睡中惊醒，从床上跳起来，穿过客厅跑向婴儿室。此时，她的小宝宝正红着脸、攥紧拳头在襁褓中哭喊。出于本能，妈妈抱起了孩子，将他拥入怀中。然而，小宝宝继续尖叫。妈妈尝试各种方法缓解他的不适：给他喂奶、换尿布，轻轻摇晃他，但似乎都不管用。“孩子是哪里不舒服吗？”这位母亲迫切地想知道，“还是我什么地方做错了？”

没有人会喜欢面对哭闹的婴儿，人们更想看到一个健康快乐的宝宝。在养育孩子的过程中，孩子会不断地制造麻烦，作为父母的你们会感到担心、不安、恐惧、绝望、恼火。面对难以安抚的孩子，忧虑、疲惫、沮丧、内疚甚至愤怒等不良情绪交织在一起。《神奇的飞跃周》这本书会让你了解，你决不孤单！书中你会读到其他父母的类似感受，这对你可能会有所帮助。如果你感到不知所措或忍不住想动手，当然应该寻求专业帮助。

婴儿的哭声也会引起父母关系的紧张，尤其是当他们在如何处理这一情况存在分歧的时候。来自家人、朋友甚至陌生人善意却令人烦恼的建议只会火上浇油。“随他哭去吧，对肺有好处”不可能是父母想要听到的解决办法，漠视问题也不会让问题消失。

好消息：婴儿的表现是有原因的

我们对婴儿的发育以及父母对这些变化的反应进行了35年的研究。这些研究是在家庭中进行的，我们观察父母和孩子的日常互动，并进行一些正式的采访，一点一滴收集更多信息。我们的研究表明，所有父母都会为孩子哭个不停而苦恼。事实上，我们惊奇地发现——所有健康的孩子，在相仿的年龄，都会有哭得更厉害、更烦人、需求更多以及更难以取悦的表现。这种情况往往会让他们的父母陷入绝望。针对这个现象，我们的研究找出了孩子出现恼人表现的规律，能精确到以星期为单位，告诉父母如何预测婴儿何时将经历下一个难以取悦的阶段。英国、西班牙和瑞典的研究人员印证了我们的研究成果。

在这些阶段中，婴儿哭泣是有原因的：他们感到很沮丧。他们的大脑正在经历突然而剧烈的变化，这改变了婴儿感知周围世界的方式。这些变化能使婴儿学到许多新的技能，是他取得巨大进步的标志，是很值得庆祝的事情。但对于婴儿来说，这些变化会让他感到困惑。他甚至被吓呆了——一切都在一夜之间改变了，他仿佛进入了一个全新的世界。

心智发展的飞跃——突然之间，宝宝可以做更多事了

众所周知，孩子的生理发育以我们通常称作“突增”的方式进行。孩子可能在一段时间内一点儿不长，却会在一夜之间长高六七毫米，孩子的心智发展似乎也存在同样的情况。父母会注意到，他们的孩子突然之间可以做很多事或理解各种新鲜事物了。神经学研究表明，孩子的每次心智飞跃都伴随着大脑的剧烈变化（想要了解更多相关研究，请参阅本书末尾的阅读书单）。心智的飞跃发展并不一定与身体的“突增”同步进行，后者更容易量化。许多里程碑式的现象，比如开始长牙，就与心智飞跃发展无关。本书概述了婴儿在生命最初的20个月要经历的10次心智飞跃发展，告诉你这些飞跃对于婴儿理解周围的世界意味着什么，以及婴儿将如何利用这种理解来发展新的技能，为下一次飞跃做准备。

作为父母，你可以利用对飞跃周的理解帮孩子度过生命之初的困惑时期，你可以更好地理解孩子的思考方式，以及某一阶段行为背后的原因。你将能够在他需要的时候，给予适当的协助，创设合适的环境，帮助他的心智实现最大的飞跃。

但是，这不是一本有关如何培养天才儿童的书籍。我们坚信，每个孩子都以其独有的方式彰显着自己的独特和智慧。这本书旨在帮助父母，在孩子难以取悦的时期，理解并满足孩子的需求，让你享受最多育儿的乐趣。这本书关注的是你和宝宝一起成长的喜怒哀乐。

阅读这本书需要满足以下条件：

- 你是一位慈爱的家长；
- 你有一个活泼的、正在咿呀学语、逐渐长大的孩子；
- 你有与孩子一同成长的意愿；
- 你要具备足够的耐心。

宝宝需要你的帮助

宝宝每完成一次心智的飞跃，都能获得一种新的感知能力，会看到、听到、尝到、嗅到许多以前无法感知到的新鲜事物。宝宝的整个生活都发生了巨大的变化，仿佛他必须重新认识这个世界，而这时他需要你的帮助！

小贴士

你应该在孩子经历下一次飞跃之前，提前学习相关知识，了解他将要经历什么、他的感知能力将发生怎样的变化，以及你可以如何帮助他“发现这个崭新的世界”，然后引导他踏上探索之旅。

曾有一位读者将婴儿心智发展的飞跃比作笔记本电脑或手机上的系统更新：突然更新，更新过程中无法操控，但之后就可以完成更多新的任务了。

我们可以进一步进行比较。这样的更新之后，用户经常会搞不定新功能，即使是之前你心爱的应用程序也不像以前那样工作了！把你的宝宝想象成这样的用户——他正在试图应对他突然获得更新的大脑。

退后一小步，前进一大步

孩子每一次心智发展的飞跃都包括3个部分——大脑的变化和两个阶段，然后是一个轻松时期。读完这本书，你会看到每一次飞跃的难以取悦阶段相当类似。每次阅读这一部分可能会让人觉得有些重复，但是认识到这一点很重要。当然，你的家人也会习惯的。

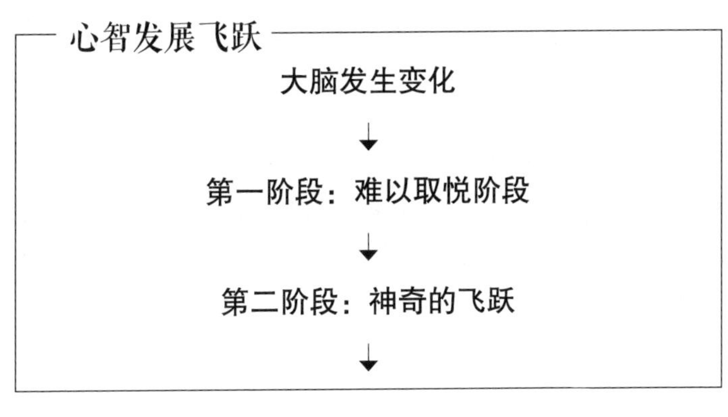

大脑发生变化

突然之间，一种新的心智能力出现了。唯一注意到这种变化的就是你的孩子。此时他的大脑突然能够感知新的事物了，几乎一切都和以前不一样了。

第一阶段：难以取悦阶段

每经历一次心智发展的飞跃，婴儿的体验都是强烈的，因为他要面对如此之多的变化！这就是为什么每一次飞跃都以他难以取悦的表现作为开始。在孩子难以取悦的阶段，他的行为特征是：

3C：又哭又闹（Crying），过分依赖（Clinginess）和脾气暴躁（Crankiness）

当每一次心智发展的飞跃来临之时，婴儿会更频繁地哭闹，总是让你抱，就像变了一个人。在这个烦人的阶段，也有一些特征随着每次飞跃不尽相同，婴儿可能只表现出其中一部分。关于每一次飞跃的行为特征，书中各章节会有介绍。作为父母，当你注意到“孩子有点儿不对劲儿”时，便开始担心了。一些父母不明白为什么孩子这么难搞，是不是病了或者情绪不好。实际上，这只是孩子心智飞跃之前的一次小小的退步——他的行为好像更加幼稚了，有些事以前能做而现在做不了了，也不如以前独立了。你和宝宝将一起面对这个难以取悦的阶段。

难以取悦的阶段何时出现?

在婴儿生命之初的20个月，会有10次心智发展的飞跃。在下一页，你可以找到“飞跃时间表”（条形图显示从预产期开始计算的周数），以帮助你准确获知宝宝何时开始心智发展的飞跃！这些早期的难以取悦阶段不会持续很长时间，每个阶段之间的间隔也很短。

宝宝的10个难以取悦的阶段（飞跃时间表）

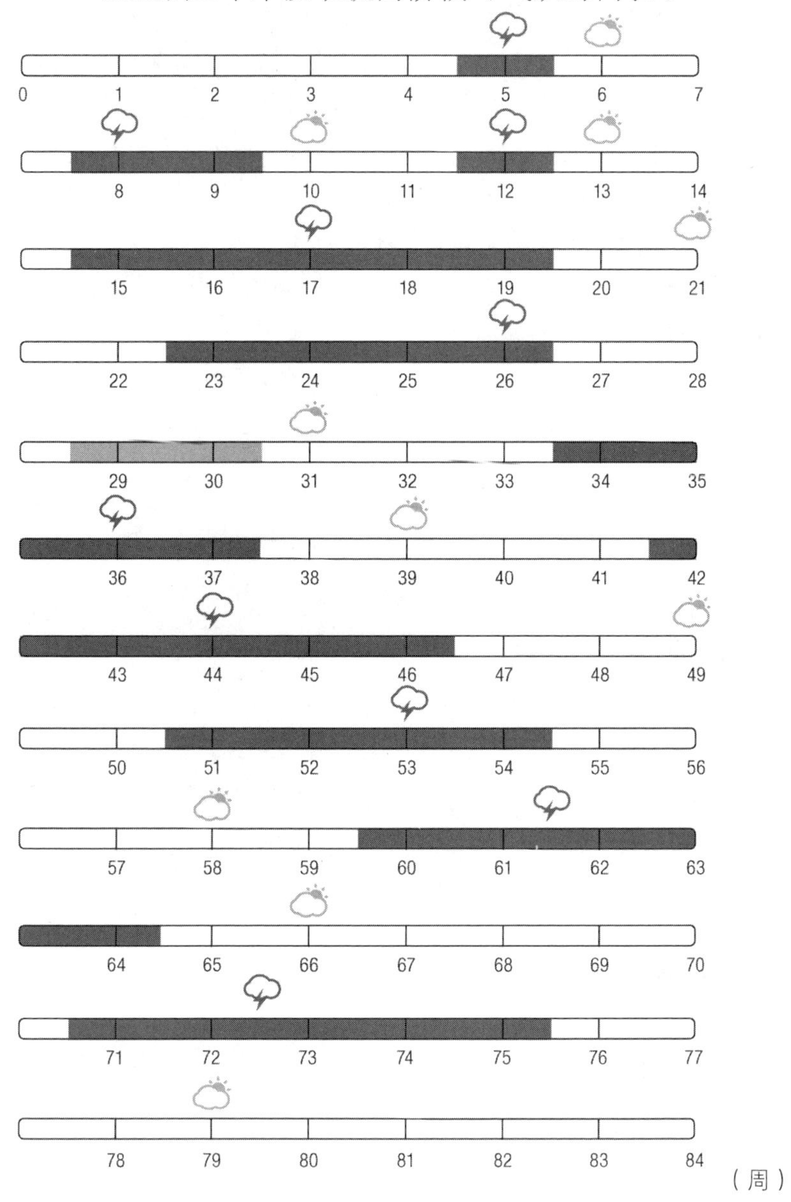

＊ 图表中表示难以取悦阶段的条形看似很长，但这并不代表孩子的烦躁情绪会持续整个阶段！只是想告诉你一个时间范围。对于某些宝宝，难以取悦阶段或许会持续更长时间，但不那么强烈。所有的组合和变化都有可能。

如果你知道这个麻烦的阶段何时发生，就会更容易识别，当其到来时也不会完全出乎你的意料。

- ■ 宝宝可能比以前更难取悦。
- ■ 宝宝在29～30周的时候，会出现又哭又闹、过分依赖和脾气暴躁（3C），这并不是另一次心智发展飞跃的迹象，只是宝宝忽然发现爸爸妈妈会丢下他走开了。尽管这听起来很好笑，但的确是宝宝的进步。他掌握了一项新技能——学习距离感。
- □ 宝宝可能正在经历一个相对容易的阶段。
- 本周将迎来“暴风骤雨”。
- 本周将迎来“万里晴空”。

几乎没有一个宝宝例外

几乎所有的宝宝，在其生命之初，都会经历难以取悦的阶段，但影响程度不尽相同。通常，平时喜怒无常的宝宝在面对这些转变时，会比平时相对平静的宝宝更难对付。这些宝宝可能对父母有强烈的需求，也可能会与父母产生最激烈的冲突。如果你经历过宝宝特别难以被安抚取悦的阶段，不要担心，婴儿每次心智发展飞跃的强度可能不同。这一次是一场噩梦，或许下一次只会让你有点儿头痛而已。

进入难以取悦阶段的信号

提前知晓孩子什么时候会进入难以取悦的阶段，会让你的育儿生活更轻松。方法其实很简单：

1.把本书前面的飞跃时间表放在你的日历旁，数一数周数。

2.在飞跃时间表的条形图下写下日期，并抄录到你的日历上，纸质或电子的都行。

从预产期开始计算：因为大脑发育始于受孕

我们关于飞跃周的日期记录基于孩子的预产期，而非孩子的出生日期。这是因为无论宝宝是在子宫里还是在外面的世界，大脑发育速度是一样的。在生命的头一年，你不能指望一个早产儿的大脑能以更快的速度发育进而迎头赶上。你也不希望这种事发生，大脑发育需要时间。同样地，如果一个婴儿在预产期后几周出生，他的大脑自然发育程度更高。心智飞跃的时间基于预产期计算是有道理的。例如，如果你的宝宝比预产期晚了两周出生，他的第一个难以取悦阶段可能会比我们这里提出的时间要早两周；如果宝宝早产4周，那么这一阶段就会比我们提出的时间延迟4周发生。宝宝进入每一个难以取悦的阶段都伴随着大脑的发育。所以说，宝宝心智发展飞跃的时间，应该从预产期开始计算。

你的孩子从未像现在这样需要你！

既然你知道宝宝难以取悦的阶段何时到来，你就可以帮助你的宝宝了。

一个崭新的世界向你的宝宝打开时，你是引导他经历改变的最佳人选。我们希望关于具体飞跃的每一个章节可以让你理解宝宝正在经历什么、他看待世界的方式、什么让他兴趣盎然、他想要探索什么。作为家长，因为你知道这个崭新的世界会带来什么，所以你可以帮助孩子通过每次飞跃获得最佳发展。

你是孩子的安全基地

在宝宝经历这些变化时，他熟悉的世界完全变了。他唯一想做的就是靠近你。你比任何人都了解你的孩子，你的孩子比任何人都信任你。他会哭，有时会哭个不停，最喜欢的就是整天被你抱在怀里。

当他成长为蹒跚学步的孩子时，他会不顾一切地想留在你身边。有时候，他会黏着你，拼命抓住你。他可能希望再次被当作小婴儿来对待。所以，尽可能给他一些安全感和舒适感吧。

第二阶段：神奇的飞跃

当你的宝宝突然变得烦躁不安，你可能一开始会担心，甚至对他的行为感到有点儿恼火。但是，如果你有飞跃时间表，你就会知道正在发生什么。你可能会注意到宝宝正在尝试做一些你以前不曾见过的事情，这就是我们期待的阶段：神奇的飞跃！这个阶段始于难以取悦阶段快结束时，或者宝宝的无理取闹达到顶点之后。神奇的飞跃将发生在宝宝出生后的第5周、第8周、第12周、第19周、第26周、第37周、第46周、第55周、第64周和第75周。

请注意

在参考前面的宝宝难以取悦时间表时，你会发现这个阶段有时与心智飞跃的时间重合。这些阶段不一定总是一天接着一天，所以你的宝宝不一定会在星期一烦躁不安，星期二醒来就好像什么事都没有了。挫折高峰可能刺激宝宝，让他们足以突然做一些新的事情（毕竟，他们新的感知能力和大脑的变化在这个难搞阶段之初已经开始），这也是很正常的。简而言之，你有可能看到宝宝在难以取悦阶段的最后几天或一周内会愿意尝试新事物。他们可能开始学习一些新的技能，但神奇的飞跃指的是第二阶段的全部技能。

探索新世界的时刻到了

宝宝或多或少会对进入一个全新的世界感到震惊。现在他开始探索了，并且希望你能陪伴在他的身边。

每发展出一种新的能力都能让宝宝感知到新的、更复杂的世界，进而了解更多新的事物。例如，他现在可能会看到和感觉到手如何能够张开然后围住一个物体，并发展出握的技能。通过练习，他将学会把这些技能付诸行动，伸手去抓住一个玩具。大脑的变化开辟了一条通往新技能的道路，而这些技能在飞跃前是不可能具备的。有些技能对宝宝来说是全新的，而另一些则是他早期获得的技能的提高。问题是：你的宝宝会先探索这个新世界的哪些部分？每个婴儿都有自己的偏好、个性和身体特征，这些会引导他选择自己感兴趣的东西。这个宝宝可能会很快尝试新事物，而那个宝宝可能会被某种特定技能吸引。毕竟，正是这些差异让每个婴儿都变得独一无二。仔细观察，你就会看到宝宝独特的个性随着他的成长而逐渐显现。重要的是记住，你的宝宝会自己做出选择。宝宝首先想掌握哪些新技能？他将如何使用获得的新技能？请注意，一个婴儿是无法一下子掌握在飞跃期学到的所有技能的。每一项技能的掌握都需要练习，需要时间。

宝宝需要你的帮助

你能给宝宝提供适合他的东西，满足他的需求。你比任何人都更了解你的宝宝，所以你可以帮助他从每一次新的体验中获得最佳发展。宝宝不是唯一进行选择的人，你和他正在一起体验这个新世界。这个崭新的世界，不可能处处都吸引宝宝，所以要注意宝宝的兴趣所在。在讲述某个特定飞跃的章节中，你可以读到为宝宝打开这个崭新世界的所有相关内容。你可以做好准备，知道在这个时候能做些什么来帮助和指导宝宝。如果你和他分享这些新发现，他会很享受，也将加速他的学习进程。当恼人的阶段过去后，你的宝宝不会整天黏着你，但他仍然喜欢离你很近。他想和你一起探索新世界，或者不论发生什么，他都想要知道你离他并不远。

多鼓励宝宝

当婴儿学习一项新事物时，希望你能给他多些鼓励，让他坚持下去，这样宝宝就可以不断精进这项技能。例如，学会爬行，意味着他要忘记总是向爸爸妈妈伸手要抱的习惯。就像前面提到的手机系统更新的例子，旧的行事方式已经不再适用于当下。宝宝一旦会爬就可以自己拿玩具了。每次飞跃之后，宝宝可以做更多事情，也会更加独立。他自己做得越多，自信心和自尊心就会越强。

轻松时期：飞跃之后

婴儿在经历了神奇的心智发展的飞跃，获得了新的感知能力后，一个相对平静的时期就会开始，这是一段让人感觉轻松的时间。你的宝宝仍然会忙于将新学的技能付诸实践，但不那么黏人了。你不必再持续给予宝宝关注，压力会减轻不少。当你需要做其他事情的时候，宝宝也可以自己玩耍，他又成了家里的“灿烂阳光”。然而，这段相对平静的时期不会持续很久——这只是下一场“暴风雨”前的平静。成长对宝宝来说是一项艰苦的工作。

如何使用这本书

这本书各章都讲了什么呢？

在“新生儿：欢迎来到这个世界”这一章，描述了新生儿的世界是什么样子的，以及他是如何感知周围事物的。我们可以告诉你的是：小婴儿与成人对世界的认知有明显不同，这种差异会令人大开眼界！

飞跃的章节

你现在已经知道，这本书将回顾婴儿生命最初的20个月内发生的10次心智发展的飞跃。每次飞跃自成一章，包含了你需要了解的所有信息。你可能会从之前的飞跃中发现一些信号，因为发展是建立在知识和经验的基础上的。每一个飞跃的章节都包含以下几部分：

◎**进入难以取悦的阶段**：提供宝宝的心智即将开始飞跃的线索。书中会有和你有同样经历的妈妈的经验分享，帮你熬过这段艰难时光。

在这一部分，你还会发现一系列习惯、特点、情绪，以及更多表明宝宝正在发生变化的信号，所谓的“飞跃开始的标志”。帮助你觉察宝宝即将经历的显著变化的迹象。你可能会看到宝宝的行为模式，但是不要让这个清单给你带来压力。这些只是你可能观察到的变化，不是每个宝宝都要经历的里程碑。

◎**……的世界**：描述宝宝通过大脑变化而获得的新的感知类型。阅读并吸收这些信息。虽然没有人确切地知道，但研究表明，婴儿对世界的体验与我们成人大相径庭。如果你好奇到底发生了什么，我们设计了一些活动模拟宝宝在某个特定飞跃期的感知，这样你就可以想象他的所见、所闻、所感。

◎**神奇的飞跃，发现新世界**：这一部分描述了这个时期的婴儿可能感兴趣的新技能和会做的事情。更重要的是，你要了解宝宝将要发现的世界，这样你才能帮助和指导他。当你完成各章节后面的列表，核对宝宝的行为模式和喜好时，你就会发现宝宝独特的性格！你可能会在最后添加一些自己的条目。你需要用平常心对待宝宝，不要将宝宝与其他宝宝做比较。每个婴儿都是独一无二的。你的宝宝可能不会挥手告别，但他却理解了你让他拍手的要求。

◎**轻松时期，飞跃之后**：宝宝会变得更随和、更独立，也更快乐。但是请记住，这些都是理论上讲的。我们不能保证每次飞跃之后，宝宝都会这样。当你读到书中的其他来自妈妈的心声时，你会亲眼看到这一点。这些内容不仅读起来有趣，也非常容易辨认，特别是在最后两次飞跃中，这些内容可能会让你有一些思考，帮助你观察宝宝。

这本书为你提供了什么帮助？

◎**在困难时期为你提供支持**：在你不得不面对宝宝哭闹问题时，这本书会让你知道你不是一个人在战斗，宝宝哭闹是有原因的，每个难以取悦的阶段都不会持续几个星期，有时也就几天的时间。这本书会告诉你，其他妈妈都经历了什么。你会发现几乎所有的妈妈都在与焦虑、烦恼，以及其他负面的情绪做斗争。我们想告诉你的是，这些是养育孩子必经经历的。

◎**让你更加自信**：你会明白，养育孩子，难免会有担忧、沮丧的情绪，但也会有很快乐的感受。这些都会成为推动宝宝进步的动力。请相信，作为父母，你比任何人都清楚宝宝在某个时刻的需求。你就是自己宝宝的育儿专家，是绝对权威。

◎**了解你的宝宝**：这本书将告诉你宝宝在每个让人抓狂的阶段都在忍受什么。书中会解释为什么当宝宝开始学习新技能时会变得难以取悦，因为大脑的变化使他不安。一旦你明白了这一点，就不会担心、怨恨他的行为了。你的内心会更加平静，从而能更好地帮助宝宝度过每个难以取悦的阶段。

◎**如何帮助宝宝玩耍和学习的提示**：在每个难以取悦的阶段之后，宝宝能够获得新的技能。如果有你的帮忙，他会学得更开心、更快速，也更容易。我们提供了不同的游戏、活动和玩具，你可以从中选择最适合你的宝宝的。

◎记录下宝宝独一无二的成长日记：利用本书，你可以追踪宝宝的每一个难以取悦的阶段及其后的进步。我们已经在书中整合了一系列列表供你填写或核对。你只需要花费几分钟的时间填写宝宝每次飞跃的内容，这样的记录会让你获得独特的洞察力，使你在宝宝生命之初的20个月里，了解他的个性、特点和喜好。

父母活动：从宝宝的视角体验世界

针对每一章节谈论的宝宝心智飞跃的特点，我们特别为身为父母的你提供了一些活动建议。我们知道你已经忙得不可开交了，可能不想做那些看起来很傻的事情。但请试着挤出时间，因为只有这么做了，你才能真正理解“发现新世界”对宝宝的影响。常言道：纸上得来终觉浅，绝知此事要躬行。

祝福和压力

“

为人父母是世界上最美妙的经历。你被赐予最美丽的小生命，你感受到一种未曾有过的全新的爱，你要对怀抱中的小生命负责，你需要帮助和引导他度过童年和之后的岁月。你与伴侣的关系也达到了一个新的高度：通过孩子，你们真正做到心心相印。这就好像你获得了重生，你们的关系获得了重生。最重要的是，你的怀里还拥抱着一个新生命。祝福你们！

但是，无论生活多么美好，你总会遇到各种各样的压力。生一个孩子已经相当了不起了，育儿生活就像坐过山车一样。可事实上，一切都很正常，保持平常心就好。

你需要知道的事情：

●有压力是正常的，未必是坏事：压力让作为父母的你更加警觉，更容易接受宝宝正在经历的变化！

●在生产后的几个月里备感压力的不仅是女性，伴侣也是如此！然而，不幸的是，男性罹患这种和产后压力相关的疾病往往不易被察觉，这方面需要有所改变！

●生孩子会增加罹患压力相关性疾病的概率。

●感到有压力并不是软弱的表现，激素在其中扮演着重要的角色（男性也是如此）。

●无论你想要孩子有多久了，一旦你生了孩子，就会感到压力很大。这一切发生得如此之快，以至于你没有时间全部消化。

从好的压力到坏的压力

每个父母都会感觉到一些压力，但压力并不一定是坏事，有压力并不意味着你一定会不开心、焦虑，或者抑郁。轻度的压力实际上是有好处的：压力能让你时刻保持警惕，成为更好的父母。然而，如果压力对你、你的家庭或者你的健康造成了不利影响，这就成问题了。我们可以区分以下3种形式的压力：

- 产后父母的压力（我们都经历过）。
- 产后焦虑（根据一些研究显示，1/5的产妇可能会经历这种情况）。
- 产后抑郁症（最极端的形式，但发病率较低）。

产后父母的压力

老实说，没有任何压力的生活根本不存在，压力也能有一定的作用。作为一个新手父母，你的压力水平达到顶峰，我们称之为“产后父母的压力”。你的生活发生了太多变化，一切都因为宝宝的出生而改变，伴随而来的是你们的担忧、焦虑、压力。只要压力处于可控的水平，这就没什么不对的。

意识到自己正在经历一段充满压力的时期对你是有好处的，这样你就可以防止压力占据你的生活，并对你的生活产生负面影响。

霍尔姆斯和拉厄两位科学家研究了一系列会给人们带来压力的生活事件（见下文）。如果你把下面列表中的项目加起来，得分低于150分，那么你还不错，只有很小的概率罹患压力相关疾病；一旦你的得分超过150分，患病概率就会增加。你的分数越高，对压力的敏感性就越强。下文列出了你作为父母可能会遇到的一系列生活事件。

怀孕	40分
欢迎新家庭成员	39分
财务状况变化	38分
换工作	36分
与家人之间更多的意见分歧	35分

与姻亲相处不融洽	29分
工作职责变化	29分
配偶停止或开始工作	26分
个人习惯的改变	24分
工作时间或工作条件的变化	20分
搬家	20分
社会活动的变化	19分
抵押贷款或小额贷款	17分
睡眠习惯变化	16分
饮食习惯变化	15分

把你过去6个月中发生的所有上述事件的得分加起来，看看你最终得分是多少。举个例子：一个女人有一个3个月大的孩子，她回去工作了。她比怀孕前的工作时间短，并借了一笔小额贷款装修婴儿房。另外，她不再像以前那样一觉到天亮。这是很多女性为人母后会出现的状况。这位妈妈把她的所有分数加起来，得分是179分（怀孕40分+欢迎新家庭成员39分+财务状况变化38分+工作职责变化29分+抵押贷款或小额贷款17分+睡眠习惯变化16分=179分）。

我们也不要忘记新爸爸们。不仅仅是新妈妈们会感到更大的压力，新爸爸们也是如此，他们的生活也经历了巨变。想象一下，一个男人在4个月前成了父亲。他和妻子一致同意妻子减少工作时间，甚至停止工作。这个男人现在就肩负着更多甚至全部的家庭经济负担。在妻子怀孕期间，他和妻子的分歧比以前更多了，这多半归因于妻子激素水平的波动对情绪的影响，以及夫妻双方语言交流的减少。当宝宝半夜醒来，这位新爸爸也会去照顾。所有这些加起来，他的得分是154分（欢迎新家庭成员39分+经济状况改变38分+更频繁的分歧35分+配偶停止或开始工作26分+睡眠习惯改变16分=154分）。

正如你所看到的，孩子以及随之而来的一切都会给生活带来改变，形成压力。所以，按照上面表格中的事件分值，达到150分是很容易的。但生活还要继续，作为新妈妈或新爸爸，生活中随时会出现你一些意想不到的事情，家庭成员可能生病，可能死亡，你也可能陷入经济危机。有了孩子之后，上述情况中的任何一种都可能会带给你很大的打击。

你的得分只能说明你罹患压力相关性疾病的概率。有些人的压力量表得分高达200分，身体和精神仍能处于良好的状态。这具有个体差异性，每个人处理压力的方式也不同。有些人能很好地应对生活的压力，有些人周围有很好的人际支持网络。总这，我们需要努力适应生活的改变，努力重获稳定。

关于大脑的事实：照顾与压力的重叠

你知道大脑负责母性照料的区域与负责承受压力的区域有所重叠吗？当母性照料区域被激活时，承受压力的区域也自动打开。

即使你没有压力

前面的压力量表不是为了让你担惊受怕，相反，我们只是想告诉你：

- 你正在经历的、所做的事情，是非常了不起的。
- 时不时被这些情况搞得焦头烂额很正常。
- 每个有孩子的人都会遇到这样或那样的困难，你不可能一直满怀希望。
- 你要时不时放松一下自己，给自己留点儿时间。

在飞跃周帮你减轻压力：放松时刻

我们写这本书的主要目的是让你放宽心，帮助你深入了解宝宝成长过程中经历的心理变化。这一次次心智发展的飞跃，对你们的家庭来之不易，对宝宝的成长具有重要的影响。我们希望《神奇的飞跃周》这本书能够帮助你减轻疑虑和担忧，因为你会知道为什么宝宝在某些时期会不安。但我们无法彻底解除伴随宝宝心智飞跃带给你们的压力，我们也不想这样做。压力是生活和为人父母的一部分，它塑造了我们，使我们对宝宝正在经历的变化更加警觉，也更加容易接受。后者很重要。我们能做的就是给你搭把手，提醒你留一些时间给自己是很重要的，并且建议你如何去做。每天给自己5分钟、10分钟甚至更长的时间，做一些简单的事情，帮助你远离繁杂的生活琐事和起伏不定的情绪，帮助你恢复心情的平静。这对减轻压力有很大的帮助！

下面是一些简单的建议。每一个飞跃期的章节都包含3个放松时刻的建议，帮助为人父母的你应对压力。你可以选择最适合自己的，或是重复过去的成功经验，或是自己创新。读读故事、打打篮球、涂涂指甲油，你想做什么都可以，只要能让你休息片刻，能让你此时此地独处和放松一会儿。你真的值得享受这些时刻。

◎**茶歇时间**：喝杯茶或饮料，比如花草茶或其他能让人放松的饮料。不要着急，享受当下。在这样的茶歇时间，避免饮用诸如咖啡、普通茶（含咖啡因）、能量饮料等让人兴奋的饮品。

◎**冥想**：你可以找到适合自己的冥想方式。冥想能够帮助你摆脱恐慌和不安的情绪，放慢心率。你可以学习一些呼吸技巧，只需要关注自己的所思所想就可以了。冥想即便只有几分钟，你马上会感到状态变好，思维更加敏锐。你可以下载一些和冥想有关的应用程序，在日常生活中使用。

你不一定要很正式地去做，即使只是坐在那里发呆一会儿或者盯着一株植物看一会儿，也是有帮助的。正如一位农场工人在自家菜园里休息时说的："有时候我坐在手推车上思考，有时候我只是坐着。"

◎**回味**：成为新手父母是辛

苦的，但是你也有很多美好的新体验，尽情去享受并沉浸其中吧，这很重要。不知不觉，你的宝宝就已经几个月大了。每一天都会带给你许多惊奇和强烈的感觉，所以要珍惜。和你的宝宝一起坐在沙发上，看着他，回想你们一起度过的美好时光，细细品味。

你可能也会想到自己做了多么了不起的事情，或是想和你的伴侣一起分享宝宝带给你们的快乐。

◎**正念**：你可能听说过正念疗法，这种疗法通常用于帮助那些焦虑的人们。从本质上讲，这种疗法主张关注当下，比如舒服地坐着、专注于自己缓慢的呼吸或者其他即时的事情。学会专注于呼吸是很有帮助的。

◎**通过呼吸放松**：人类离不开呼吸，但我们很少花时间关注自己的呼吸。做这项练习之前，首先要确保宝宝待在安全的地方，不会让你分心。然后，静静地坐下，闭上眼睛，专注于你的呼吸。深呼吸10次。你会发现心跳慢了下来。抛去脑海中的杂念，只专注于你的呼吸。

呼吸时配合发出“呋呋呋呋呋呋”“嘶嘶嘶嘶嘶嘶”的声音效果更明显。这个练习的原理是吸气相当于给身体施加压力，呼气则是释放压力。为了通过呼吸尽可能释放压力，呼气的时候发出“呋呋呋呋呋呋”的音；当你将气完全呼出时，再发出“嘶嘶嘶嘶嘶嘶”的音。你会发现呼气比平时更深了。当你将气完全呼出后，保持一会儿，然后再次吸气。这样重复呼吸10次，有很好的放松效果。

◎**听音乐**：听一听古典音乐，例如莫扎特的许多作品。即使你之前并不喜欢。这些音乐能让人放松下来。

◎**跳舞**：播放你最喜欢的乐曲，在客厅里跳舞吧。音乐和舞蹈能很好地帮你释放压力。你真的可以感觉到自己放松并享受这一刻。你甚至可以抱着宝宝翩翩起舞！

◎**做一些简单的事情**：有些人觉得做一些简单的几乎不需要思考却令人满意的事情可以让他们放松，做这些事情时不要着急，享受简单的快乐就好。

◎**锻炼**：现代都市的生活方式让很多人都无暇锻炼，影响了身心健康。如今，运动经常被作为治疗轻度抑郁和焦虑的“处方”。对于大多数人来说，简单的散步就可以令人放松下来。

◎**吸收充足的氧气**：你可以独自，或者和宝宝以及其他家人漫步在大自然，以获得充足的氧气，通常15分钟就可以了。把那些烦琐的家务先放在一边吧，当下照顾好自己才是头等大事。

◎**划分事情的优先级**：你可能总会说，忙到没时间照顾自己，真是这样吗？事实并非如此，问题往往出在事情的优先顺序没有设定好。要知道，没有什么比你自己和你的健康更重要，你好了，你的孩子和家庭才会好。所以，不要忘记利用那些减压时刻，它们不会占用太多时间的。将要做的事情设定优先级，并不一定意味着你必须排除某些事情，只是最重要的事情最先完成。如果你固执地认为你真的没有时间留给自己，挤不出放松的时间，那将所有你认为必须做的、重要的事情列一个清单。然后，审阅你的清单，问问自己：这些事真的比你自己更重要吗？

◎**借助他人力量，让自己多休息**：你和伴侣要相互照应，在养育孩子这条路上，你们不是一个人在战斗，亲人和朋友都可以提供很多帮助。大多数婴儿都可以在短时间内由他人照顾，只是这个人应该是你熟悉和信任的人，比如说宝宝的祖父母。最开始，你们可以花几个小时的时间，一起照顾宝宝，让宝宝对他逐渐建立信任感，随后再放心地把宝宝交给他。这一点很重要，尤其是在宝宝6个月以后。

有了这些帮助，你就可以歇口气好好照顾自己了。婴儿出生时，会同时有好几个照顾者，但是无论你多么信任别人，你都会发现离开宝宝是非常困难的事情！作为孩子的父母，这也是很自然的。

如果你有更多的时间，该做些什么呢？尽管你满心牵挂宝宝，但是还是建议多尝试我们这份清单里提供的放松的方法，给自己“充充电”。

◎**不要忘记和伴侣谈心**：有时候，忙于照顾孩子让你忽略了和伴侣的关系。花一点儿时间和他（她）在一起吧，这对维持亲密关系很重要。你们可以一起分享养育宝宝的快乐，一起拥有美好的回忆，这对宝宝也很有好处。

◎**做体育运动**：有些人喜欢团体运动，有些人喜欢单人运动或一对一对抗。无论你喜欢哪种运动，都能帮助你放松，为未来更好地养育宝宝打下基础。

◎**按摩**：按摩也是很好的让你放松的方法。当然，最好是找一位技术精湛的按摩治疗师，给你从头到脚按摩。如果你不想这么奢侈，自己按摩也可以。做法是：伸开你的手指，把手放在头上慢慢按摩。闭上眼睛，放松下来。你也可以按摩自己的脚和脚踝。

每天给自己3次放松时刻

可以每天早上、下午、晚上各做一次放松练习。做适合你的事情。你想为宝宝做到最好，但有时间先关注自己的幸福也很重要，这对你和宝宝都有利，这样做并不是自私的表现。宝宝出生后，妈妈“放慢速度”是很自然的事情，养育孩子是可以顺其自然的。

在这一部分最后需要强调的是，正如你的宝宝经历每一次退行期一样，你也在经历一次次重大的改变。宝宝在承受不同的压力，作为新手父母的你，也同样会承受各种各样的压力。

产后焦虑

我们希望之前提到的“放松时刻”能帮助你在压力很大的时候，找到些许平静。然而，你应该意识到，焦虑和压力有时会以一种更极端的形式出现并且影响你的行为。当你听到1/5的女性经历过这种焦虑时可能不会感到惊讶，因为生孩子本身就是对女性耐受压力极限的测试。然而，有时候很难将新手父母所经历的正常的压力、担忧和产后焦虑区分开。

几乎每个父母在某种程度上都会担心下楼梯时会把孩子摔下来，所以如何区分这种正常的焦虑和产后焦虑呢？很多时候，二者没有严格的界限。

归纳起来，产后焦虑具有以下特点，可以帮助你做出初步判断：

●焦虑的情绪不是偶尔或短暂出现，而是持续频繁地出现，且在一定程度上控制着你的思想。

●你可能会惊恐，会突然被焦虑和恐惧压倒，甚至出现身体上的反应。

- 你可能不断地感到不安、恼怒和忙乱。
- 你可能难以入睡，在夜晚，即使宝宝没有哭泣，你也会经常醒来。
- 你可能会感觉胸闷、肌肉极度紧张、胃部不适或者恶心。

如果你在这里看到了自己的影子，被不安和焦虑困扰，请放心，这并没有多可怕。大部分父母都会有这样的表现，担心会把孩子落在某个地方，或者担心孩子遭受意外伤害。如今，男人女人各顶半边天，夫妻搭档共同养育子女。因此，很多男性在妻子产后也会出现一系列心理问题。研究表明，大约1/5的新妈妈和1/10的新爸爸会经历某种形式的产后焦虑或产后抑郁。

特别提醒

如果你发现自己正面临巨大的焦虑，且难以应付，那就要寻求帮助了。你只有得到支持和帮助，你的宝宝和伴侣才不会受到影响。不要被一些负面的情绪扰乱，尽快把它们清除掉。跟朋友和家人分享你的感受，清楚地告诉他们你需要一些支持，告诉他们你的感受不是正常的焦虑。不要羞于启齿，你还可以咨询心理医生或者在线上社群与别人互动，这些都会对你帮助很大。

产后抑郁症

当你的焦虑、担忧和压力变得越来越严重，可能会发展为产后抑郁症。患产后抑郁症的人通常会有以下表现：

- 情绪低落。
- 时常哭泣。
- 感到内心空虚或看不到希望。

- 对宝宝不感兴趣，甚至不喜欢宝宝。
- 过于敏感、易激惹，甚至有想要攻击人的冲动。
- 易焦躁。
- 缺乏自信，常感到无助。

产后抑郁症和产后焦虑可能同时存在。并非所有的医生和科学家都同意加上“产后”这个前缀，有人认为产后抑郁和其他类型抑郁的本质区别在于激素方面，因此“产后抑郁症”一词只适用于女性；另一些人则认为，研究发现刚成为父亲的男性，其体内睾酮（雄性激素）水平在宝宝出生后的初期会下降，男性也可能受产后抑郁的影响；还有人认为产后抑郁并不一定与体内激素水平变化有关，因为领养孩子的父母也可能罹患这种疾病。无论我们用什么术语或原因来解释这个问题，许多新手父母都会受到抑郁症的困扰确实是不争的事实。需要再次强调的是，新生儿的父亲也可能经历产后抑郁，但他们的这类问题常被忽略，也不被重视。

如果你患有抑郁症，应该寻求专业的帮助，且尽你所能照顾好自己。

最重要的建议

宝宝的到来，彻底改变了你的生活。不要再想回到以前那种简单的生活了，接受这个改变，适应新的情况，和你的伴侣、宝宝重新构建你们的生活。或许，你们可能没有多少时间去做过去常做的事了，你们也意识到不能再像以前一样，来一场说走就走的旅行了。现在，如果要出远门，你可能只有10分钟的打包时间，还要检查是否忘记了什么东西。你不会是第一个，也不会是最后一个走出家门的那一刻闻到脏尿布味道的父母。生活虽然不同了，但你收到了很多祝福，花些时间，慢慢适应你的新角色和新生活，一切都是那么美好。

新生儿：欢迎来到这个世界

“

初为人父人母的你，第一次抱起宝宝的时候，一般都会遵循这样的顺序：首先，张开手指穿过宝宝的头发，然后用一根手指轻轻抚摸宝宝的额头、脸庞，接下来是宝宝可爱的手指头和脚趾头，紧接着抚摸宝宝的小胳膊、小腿、脖子，最后轻抚宝宝的肚子和胸脯。小宝宝如此柔软，你只敢用指尖慢慢地、轻轻地抚摸他。你的触碰，让宝宝感觉非常舒服，逐渐地你会用整个手掌爱抚他，捏捏他。抱起宝宝的那一刻，新爸爸、新妈妈是如此高兴，不禁赞叹、自己能孕育出这么可爱的宝宝，真是个奇迹。

这种母婴之间身体的碰触，在宝宝出生之后越早开始越好。但如果你的宝宝还没有准备好，例如要接受一些医疗干预，不要担心，这不会影响你们之间情感的建立。无论何时，当你第一次抱起你的宝宝时，那将是你生命中最特别的一刻。从此以后，抱宝宝对你来说是再平常不过的事情了，你也会发现宝宝对你的触碰会有什么样的感觉。

每个婴儿都是不一样的。如果可以，试着抱抱别人的孩子，你会感觉很怪，并不像抱自己的宝宝那样熟悉，你往往得花一两分钟才能习惯另一个婴儿。

温馨提示

● 大多数新妈妈在宝宝出生后的几个小时内就会感到和宝宝非常亲近，内心荡漾着满满的母爱。这种母婴之间情感的建立也可以缓慢发生，一旦变得很强烈，妈妈就能敏锐地意识到宝宝的需要。

● 如果可能的话，宝宝出生后的头几个小时，新爸爸也要多抱抱宝宝，这能帮助他建立和孩子强有力的联结。

● 大多数新生儿，除了睡觉，其他时间是完全清醒的，他们能觉察到周围的环境，会寻着轻微的声音转头，他们也会凝视面前的人的脸庞。

尽早开始亲自照顾宝宝

正如我们在前面所说的：你永远不会忘记和宝宝在一起的那些第一次，不会忘记和宝宝在一起的美好日子，这些都是你与宝宝建立亲密关系的必要条件。你也要关注你自己和这个全新的家庭。如果你想让宝宝待在你身边，或者想和他单独待一会儿，一定要表达你的想法。想什么时候抱宝宝完全可以遵循你自己的意愿，除非宝宝有一些健康问题，否则不要担心外界的舆论或者别人的看法。

来自妈妈的心声

“当我的女儿被一个人抱给另一个人时，我感到自己有强烈的占有欲，但我没说出来。我现在真希望当时能说出来。”

——劳拉的妈妈

“我对儿子的占有欲变得非常强，我真的不喜欢别人太频繁、太长时间地抱他。当他在别人怀里哭泣，而在我抱他的那一刻停止哭泣的时候，我心里偷着乐开了花。”

——凯文的妈妈

“我太在乎他人对我孩子的感受了，以至于我经常不能在我想要的时间，以我想要的方式进行母乳喂养。一切都变了。这是我的孩子，我的乳房，我的家。如何喂养我的宝宝，我说了算。”

——维多利亚的妈妈

请牢记

多拥抱你的宝宝，轻轻摇晃他、爱抚他、为他按摩吧，让他习惯这些，不要只是在宝宝哭闹的时候才这么做，而应该在宝宝心情好的时候也常常这么做。这样才能帮助你找出宝宝最喜欢的安抚方式，在他哭闹的时候派上用场，否则宝宝可能会哭闹得更厉害、持续时间会更长。

认识、了解你的宝宝

从某种程度上讲，在整个孕期，你对宝宝是熟悉的，因为你们已经相伴9个月了。然而随着宝宝的出生，情况不同了。你第一次亲眼看到宝宝，宝宝也发现自己处在一个全新的环境里。

最初的几天里，要多观察、聆听、抚摸，甚至闻闻你的宝宝，这对亲子关系具有深远的影响。大多数父母凭直觉就知道这些亲密时刻有多重要。他们想要体验宝宝经历的一切，哪怕只是看着宝宝都会给他们带来巨大的愉悦感。他们想要看着宝宝睡觉，听他的呼吸声。宝宝醒来的时候他们也要在他身边。他们想要在自己喜欢的任何时刻爱抚宝宝、拥抱宝宝、闻闻宝宝的气味。

来自妈妈的心声

“我的儿子只要突然听到声响或是见到光线，呼吸就会发生变化。我第一次注意到这种不规律的呼吸时，真的很担心，后来我意识到，这只是他对声光的反应。现在，他的呼吸发生变化时，我不再担心了，真好。”

——鲍勃的妈妈

大多数妈妈都会在宝宝身上寻找自己熟悉的特征。他是自己期待的宝宝吗？他会像出生前那样在一天的某个时刻踢上一脚吗？他和爸爸有特别的感情联结吗？他能听出爸爸的声音吗？通常，父母想要“测试”宝宝的反应。他们想要了解宝宝的习性，应该如何回应宝宝，宝宝又会有什么回应。他们想要自己发现怎样做对宝宝最好。他们会感谢他人的建议。当他们对宝宝的好恶判断正确时，他们会对自己很满意，因为这表明他们很了解自己的宝宝。这会增强他们作为父母的自信，他们会觉得把宝宝带回家以后自己有可能照顾孩子。

关于宝宝的睡眠

睡眠，说起来容易，但只有当你有了孩子，你才会发现睡眠的重要性……每天我们都会收到数百封来自世界各地的父母的电子邮件，其中大多数都是关于宝宝睡眠问题的，例如宝宝不睡觉、睡眠不足或睡觉不安稳的问题。家里其他成员的睡眠模式，也因为小婴儿的降生而被打乱。作为新手父母你一定会希望有一个神奇的“配方”能帮助宝宝在晚上很好地入睡；你想要一个万无一失的答案，告诉你宝宝什么时候能睡一整夜；当你感到筋疲力尽的时候，你特别希望有一个时间表会告诉你什么时间会发生什么。但是，我们要让你失望了：没有这样一个固定的时间表。我们这么说并不是要让你气馁，而是要提醒你，一切都是为了宝宝，你做出一些牺牲是很正常的。你要知道：

- 婴儿比成人有更多的睡眠需求，且睡眠周期和成人的有很大不同。
- 不要想速战速决解决婴儿的睡眠问题，这往往需要一个长期的解决方案。
- 你的平均睡眠时间并不能作为宝宝睡眠的参考。

读了这篇“剧透”之后，你会不会觉得被泼了一盆冷水？别担心，还是有希望的，我们有很多好消息要告诉你。我们希望让你深入了解宝宝有挑战却美好又健康的睡眠模式。我们会在这本书中给你提供帮助宝宝睡眠的建议，让宝宝找到自己的节奏。我们最想要表达的是，在没有干预的情况下，重视睡眠模式的自然发展是多么重要。

在下一章中，我们将关注睡眠和心智飞跃之间的联系，这将让你深入了解宝宝睡眠模式的变化，就像我们在书中其他部分对于宝宝的心智发展所描述的那样。有了这些信息，你就可以为你的孩子、你自己和你的家庭做出正确的选择。

宝宝开始认识和了解你

在出生后的头几周里，你的宝宝会慢慢地熟悉周围的世界。此时此刻，在你们共同的世界里，你们将比其他任何人更加亲密地了解彼此。宝宝很快就会在心智发展上方面实现第一次飞跃。

当宝宝5周大时，他会经历第一次飞跃。在你理解宝宝会经历什么之前，你需要了解新生儿是如何感知世界，以及身体接触在感知世界时扮演的角色。

宝宝的新世界

婴儿从出生那一刻起就对他周围的世界充满兴趣。他会观察和倾听，吸收周围环境的信息。他非常努力地聚焦自己的眼睛，想要看得更清晰，这也是婴儿经常出现斗鸡眼的原因。有时候他会因为用力而颤抖或筋疲力尽地喘息。新手父母经常会说他们的宝宝好像总是盯着他们看，兴趣十足。

婴儿的记忆力很好，他能快速识别声音、人，甚至是玩具。他还能准确地预测特定的情况，比如洗澡时间、拥抱时间或哺乳时间！

即使是新生儿也会模仿面部表情。当你坐下来和他说话的时候，试着把你的舌头伸出来，或者张大你的嘴好像要喊出来一样。当你尝试这样做时，确保宝宝正在看你，给他足够的反应时间。婴儿是能够“告诉”父母他的感受的——是高兴、生气还是惊讶。他常常使用肢体语言，父母很快就能理解。婴儿非常希望自己被理解，如果没被理解，就会大声哭闹。

新生儿也有自己的偏好。大多数新生儿更喜欢看人脸而不是玩具。你还会发现，如果给他两个玩具，他会盯着自己喜欢的那个看。

婴儿对鼓励的反应很快。你对他淡淡的体香、可爱的外表和行为的赞扬，都让他无比享受。坚持赞美你的宝宝，他会对这个世界保持兴趣。

幼儿能够通过观察、倾听、闻、品尝和触摸感觉各种各样的东西，而且能够记住这些感觉。然而，新生儿还不能分辨自己的感觉是通过哪种方式获得的。

新生儿的视觉

过去，科学家和医生一度认为新生儿是看不见东西的。事实并非如此。现在已经证明，新生儿可以看见距眼前约20厘米的物体。他看到的物体可能是模糊的。有时候他很难把双眼聚焦在正在看的物体上，但是一旦做到，他就可以专注地盯着目标，甚至暂停肢体动作。非常警觉的新生儿，眼睛或头会跟随眼前移动的物体来回移动。关键是，要缓慢地移动物体。

新生儿对有人脸基本特征的简单图案最感兴趣——例如只是简单

的两个眼睛和一个嘴巴。新生儿出生后1小时内就可以做到这一点。许多新生儿都能睁大眼睛，非常警觉。你常常会被新生儿大而美丽的眼睛所吸引。

色彩鲜艳的物品更能吸引新生儿，尤其是红色。颜色对比越鲜明，他越会感兴趣。同时，他更喜欢看清晰的条纹和棱角，而不是圆形。

新生儿的听觉

新生儿可以清楚地分辨不同的声音。出生后短时间内他就能分辨出妈妈的声音。他可能喜欢音乐、引擎的轰鸣声和柔和的鼓声，对这些声音已经习以为常。这是因为在子宫里时，他就被不断的怦怦、沙沙、隆隆、呼哧呼哧，以及心脏、血管、胃、肺、肠道的声音所包围。他天生对人声感兴趣，并且觉得这些声音听起来很愉悦。新生儿还能分辨高音与低音的不同。高音能更快吸引他的注意力。大人可以多用高音和新生儿说话。新生儿能辨别轻柔和刺耳的声音，他不喜欢突然的、刺耳的噪声。注意不要让新生儿受到惊吓。

新生儿的嗅觉

新生儿对气味很敏感。他不喜欢辛辣或刺鼻的气味，这些气味会让他过度兴奋，他会试图远离这些气味，也可能开始哭泣。你的宝宝可以嗅出你的身体、乳汁的气味与其他妈妈的不同。他能从几件衣服里面分辨出哪件是妈妈穿过的衣服。

新生儿的味觉

新生儿可以区分好几种不同的味道。他对甜食有明显的偏好，不喜欢尝起来酸或馊的食物。如果是尝起来苦的食物，他会尽快吐出来。

新生儿的温度觉和触觉

新生儿可以感受到温度的变化。由于乳头的温度比乳房高，所以新生儿在寻找妈妈乳头的时候，只需要冲着温暖的方向转过去就可以了。

新生儿能感觉到寒冷。但是如果他受凉了，是不会通过发抖给自己取暖的，这个阶段他的体温调节能力还很差。父母要多关注新生儿体温的变化。例如，带着新生儿在冰天雪地里长时间步行，不管你把他裹得多严实，都不是明智的做法，因为新生儿会很冷。最好把新生儿贴身抱着，让你的身体温暖他。如果新生儿有任何痛苦的表现，你要赶快把他移到温暖的地方。

新生儿对抚摸极其敏感。一般情况下，他喜欢肌肤接触，不论柔软的还是坚实的。他通常喜欢在温暖舒适的房间享受身体按摩。身体接触是你能带给他的最大的安慰与快乐。试着找出什么样的身体接触会让你的宝宝昏昏欲睡、什么样的触碰会让他保持警觉，因为这些经验在遇到麻烦的时候可以派上用场。

新生儿的感官

新生儿体验的这个世界是各种感觉的混合体

新生儿不能像成年人那样通过感官处理传送到大脑的所有信息。他用婴儿的方式体验这个世界。我们可以闻到花朵的香味、感受到柔软的花瓣带来的触觉体验，听到蜜蜂嗡嗡地飞向花朵。我们能够区分这些感觉。然而，新生儿体验的世界是各种感觉的混合体，只要一种信息发生变化，这个世界就会巨变。他接收这些信息，但无法进行区分。他还没有意识到周围的世界是由来自各种感官的信号组成的，每种感官都传递着一个方面的信息。

新生儿认为外部世界和自己是一体的

新生儿尚不能区分来自体内的和来自外界的感觉。在他看来，外部世界和自己是一个整体。如果你的宝宝饿了、热了、尿了、累了或者开心了，他会认为周围的世界也是如此。对他来说，这个世界是一个巨大的综合感觉体。

因为新生儿这种看待世界的独特方式，所以当宝宝哭闹的时候，大人通常很难找出原因，不知道是其身体内部还是外界环境造成的，从而把很多新手父母弄得心烦意乱、失去信心。

新生儿与生俱来的能力

如果你像新生儿一样体验这个世界，你也会无法独立行动。你并不知道自己有一双可以抓住东西的手，有可以吮吸的嘴。只有当你理解了这些事情，才能够有意识地做事。

然而，这并不意味着新生儿对这个世界完全没有反应能力。幸运的是，大自然母亲已经为你的宝宝配备了一些特殊的功能来弥补这些“缺点”，帮助他度过最初的阶段。

原始反射

新生儿天生有一些本能反射来保证自己的安全。例如，当他面朝下趴着时，会自动将头转向一侧，以便能自由呼吸。然而，这种做法我们并不提倡，尤其是在宝宝刚出生学会翻身之前，一定不要让宝宝处于俯卧位独处。应该把宝宝放在你的大腿上或胸前，欣赏他恬静的样子。新生儿的这种条件反射类似于拉动牵线木偶时木偶做出的反应，是不假思索的反应。一旦宝宝能有意识地控制自己的身体，这种反射就消失了。

新生儿也会向发出声音的方向转头，以确保他能将注意力转移到距离最近的、他感兴趣的事物上。多年来，医生们忽视了这种反应，因为新生儿对声音的反应比较迟缓，往往需要5～7秒才开始移动头部，再需要3～4秒完成整个动作。这种反射在宝宝1～2个月大时就消失了。

新生儿有吸吮反射。饥饿的新生儿，嘴一接触到物体就会紧紧包住它，然后开始吮吸。这种反射使新生儿具有使人难以置信的强大的吸吮能力。一旦他不再需要吃奶，这种反射就会消失。

新生儿有抓握反射。如果你想让宝宝抓住你的手指，只要抚摸他的手掌，他就会自动抓住你的手指。如果你抚摸他的脚，他也会用弯曲脚趾，试图抓住你的手指。这种抓握反射据说可追溯到史前时代，当时原始人类的母亲身上长满了厚厚的体毛，抓握反射可以帮助其后代在出生后不久就能抓住母亲。宝宝在出生后的头两个月都会用这种抓握反射抓人，特别是当他感到你想把他放下来但他又想让你抱着的时候!

新生儿有“莫罗反射”，也就是惊跳反射。新生儿受惊吓时会弓起背，把头向后仰，挥舞手臂，双腿先向外然后向内，最后交叉置于胸部和腹部。看起来好像在跌倒过程中试图抓住什么似的。

当宝宝发展出自主反应后，这些原始反射就会消失，但还有一些其他的反射可能终身保持，比如呼吸、打喷嚏、咳嗽、眨眼，以及手碰到灼热表面时迅速抽回。

会用哭声引起你的注意

你可能不会认为宝宝的哭泣是一种反射，但是当他不能解决某个问题时，比如尿布湿了，哭泣就是他采取的策略，直到大人来帮助他。如果一直没人理他，他会不停地哭，直到筋疲力尽。

来自妈妈的心声

“我的儿子从出生后第2周开始没日没夜地哭。他吃奶规律、生长发育正常，我想他可能是觉得无聊吧。上周，我在他的婴儿床上放了一条响尾蛇玩具，这似乎有作用，因为他明显哭得少了！”

——保罗的妈妈，第4周

可爱的外表融化了你的心

小婴儿来到世上，为了生存，不得不依靠别人来满足他的每一个需求。为此，大自然神奇地赋予了他们一个强大的武器——可爱的外表。

没有什么比婴儿更可爱了。他那大大的脑袋几乎占了总身长的三分之一，大大的眼睛和额头，胖嘟嘟的脸颊和身体，是如此讨人喜欢。怪不得很多洋娃娃、安抚玩具和卡通人物的设计师都会复制小婴儿的模样。这就是你的宝宝“推销”自己的方式：表现得可爱、娇小、无助——只是乞求关注。他那可爱的外表吸引你把他抱起来，拥入怀中，照顾他，宠着他。

世界各地的6周大的宝宝正常情况下都会微笑。甚至有人拍摄到子宫里微笑的胎儿。当他被抚摸时，当一股清风拂过他的脸颊时，当他听到熟悉的人声或其他声音时，当他看到面前熟悉的面孔时，当他吃饱了感到满足时，他都像是在微笑。有时他甚至会在睡梦中微笑。看到这一幕，父母是多么地开心。随后，当宝宝开始在社交中使用他的微笑时，你就会发现和之前的微笑不同了，已经变成了一种社交式的微笑，但这并不影响微笑带来的快乐。

宝宝最大的需求

在他出生之前，宝宝就把他的世界看成一个整体。出生时，他离开熟悉的环境，第一次暴露在各种未知的全新事物里。这个新世界由许多他在子宫里无法体验到的新感觉组成。突然之间，他可以自由行动，感受冷热，听到各种各样的嘈杂噪声，看到明亮的灯光，感觉衣服包裹他的身体。除了以上这些，他还必须自己呼吸，习惯吃奶，他的消化器官也必须处理乳汁这种新食物。所有这些对他来说都是全新的。因为必须突然应对生活方式的巨大变化，我们很容易理解宝宝为什么需要感到安全和安心，并渴望身体接触。

我们已经讨论了婴儿如何对环境做出反应以及大自然为他们提供了什么，但你能做什么来让他们感到安全和安心呢？

宝宝也会感到无聊

你的宝宝还不能自娱自乐，也会感到无聊，特别是那些活泼好动、喜怒无常的婴儿，他们一醒来就想活动。下面介绍一些可以让你的宝宝开心起来的方法。

● 试着弄清楚宝宝喜欢什么。和他一起探索你们的房间，让他去看、去听、去闻、去触摸一切感兴趣的物体。边探索边给宝宝讲解，他会很喜欢听你的声音。很快，他就开始识别物体了。

● 跟宝宝轻声聊天。你的宝宝很喜欢听你的声音，但你们聊天时周围要安静，不要播放视频或音频，否则由于无法区分多种声音，宝宝很难把注意力集中在你身上。

● 把有趣的物品放在宝宝醒来就能看到的地方。这个年龄的宝宝还不能主动寻找，对他们来说，这真是“眼不见，心不烦”。

● 给宝宝听音乐。找出宝宝最喜欢的音乐，经常播放给他听。音乐非常具有抚慰人心的作用。

用拥抱来表达!

与宝宝亲密的身体接触是模拟子宫这个安稳世界的最好方式，会给宝宝带来安全感。在宝宝的记忆中，他被妈妈温暖的子宫环绕着，出生后的身体接触、抚摸，都像是给了他又一个温暖的家。在这里，他能听到在子宫里就已熟悉的声音：妈妈的心跳声、血液流动的声音、肠胃的蠕动声。一切都合情合理，这是他“联结子宫”的方式。

抚摸是最好的安慰方式

除了吃饱穿暖，在婴儿出生后的头4个月里，没有什么比依偎在父母身边更为重要。只要给他大量的身体抚摸，即使你没有太多时间陪他玩耍，他的生长发育也不会延迟。

● 宝宝通常喜欢躺在大人的身边，喜欢被抱着走来走去。同时，这也是他学习控制自己身体的好机会。如果你想要解放双手，可以使用婴儿背带，出生后不久的宝宝就可以用。

● 另一个方法是给宝宝做抚触，让他放松。做的时候确保房间温暖。大人在手上倒一些婴儿抚触油，然后轻轻地按摩他身体的每个部位。抚触不仅能让宝宝认识自己的身体，还能帮助宝宝入睡。

● 这个年龄的宝宝喜欢被抱起、拥抱、爱抚和摇晃，甚至可能喜欢让人轻拍后背。他们总是渴望与大人身体接触，怎么也不嫌多。不要担心你做得对不对——他很快就会让你知道他最喜欢什么，什么最能安抚他。与此同时，宝宝也了解到，自己有一个美好的、温暖的“避风港”，当他心烦意乱时、当他面对每一次心智飞跃时，都可以回到那里。

睡眠和飞跃

“

正如我们在前一章提到的，世界各地的父母都有关于宝宝睡眠的问题。我们希望这一章能帮助你探索这个重要的主题。再次提醒你：

- 婴儿比我们需要更多的睡眠。
- 速战速决多半不是明智的解决方案。
- 没有所谓的“平均时间”，因为每个婴儿都是独一无二的。

睡眠很重要！

即使成年人知道睡眠有多重要，也很少能真正获得充足的睡眠，不管他有没有孩子，良好的睡眠有助于集中注意力，保持理想的体重、健康的皮肤和头发……然而，好的、持续的睡眠得之不易。一次又一次的研究表明，成人每天至少需要7～8小时的睡眠，有时甚至需要更多。当然，这里谈论的是连续睡眠时间。

和我们一样，你的宝宝也需要睡眠。没有足够的睡眠，宝宝的身体、情感和心智都得不到应有的发展。宝宝需要多少睡眠与他的年龄和性格特点有关。有的宝宝比其他宝宝需要更多的睡眠时间。有一件事是肯定的：婴儿的睡眠节律与成人不同，他们的睡眠周期比成人短。试想一下，如果你的宝宝睡了几个小时后醒来，然后再次入睡，从婴儿的角度讲，这种睡眠节律是正常的；但是如果从成人的角度讲，你会认为他睡眠不足，因为总是睡了醒、醒了睡。你根本不需要这样想，你不应该用成人的睡眠需求和节律评价婴儿的睡眠，这是不公平的。

不同的睡眠模式

在这本书中，我们将谈论不同的睡眠模式。是的，我们觉得宝宝的睡眠有问题，其实你才是那个需要调整的人，至少在一开始的时候是这样的。把婴儿完全正常的睡眠行为视为有问题，对宝宝是不公平的。这就是为什么我们要谈论不同的睡眠模式。

你的睡眠模式和宝宝的睡眠模式是不匹配的

宝宝和你有不同的睡眠需求，二者经常发生冲突。通常你是受苦的那个，而不是你的宝宝。宝宝的睡眠需求通常间接地决定了你的睡眠节奏，这个节奏可能令你很难受。你的小家伙一晚上醒来3次（尤其是刚出生的12周内），对他来说这完全正常，但你起床照顾他，就会打乱你的睡眠周期，早晨醒来时你往往筋疲力尽。经常是你正要睡觉，宝宝又醒了。睡眠节奏被打乱，导致我们变得情绪化、爱恼怒——简言之，就是极度疲惫，以至于影响到日常生活。所以，你需要防止这种情况的发生，或者至少把影响减到最小。如果你了解宝宝的睡眠行为，知道会发生什么，以及如何让自己更容易应对，就会避免出现睡眠问题。有很多书提供了相关解决方案，不妨读一读。在这里，我们只想向你保证，感到沮丧和疲惫是很正常的，我们也会揭示这些问题背后的一些原因。

是时候面对现实了。无数的新手父母和他们的宝宝都有这样的经历。你们也不例外！

令人欣慰的事情

在孩子出生后的头几个月，90%的父母都有睡眠问题。根本问题不在于你们，也不在于孩子。这是养育孩子必须经历的。

昼夜节律与睡眠觉醒节律

在了解婴儿的睡眠特点之前，你先需要了解什么是睡眠。睡眠不仅仅是闭上眼睛放松，它是一个非常复杂、直接影响我们健康的过程。婴儿大脑中负责睡眠的部分尚未发育完全，所以还不能拥有和成人一样的睡眠节律。

当我们提到昼夜节律时，会不由自主地想到睡觉与醒来，但是这种睡眠觉醒节律只是许多昼夜节律中的一种！人类大脑中心有一个负责调节昼夜节律的部分，这部分与眼睛相连，感知光以及白天、黑夜的刺激。

成年人昼夜节律的表现

- 心率随着昼夜变换而变化（白天变快，夜晚变慢）。
- 日间及夜间体温会波动（黄昏时略有下降）。
- 尿量发生变化（夜间较少）。
- 夜间负责睡眠的激素分泌增多，应激激素分泌减少。
- 生长激素或睾丸素的分泌量昼夜不同。
- 拥有睡眠觉醒节律。

我们的生物钟：每24小时重置一次！

成年人大脑中央调节昼夜节律的部位被称为生物钟，在没有外界影响的情况下，其节律在24小时内调整。生物钟通过视觉神经感受光的变化、黑夜和白天的更替，且记录下来。人类的生物钟每天都在重置，并与地球的光周期同步运行。

褪黑素：与睡眠有关的激素

成年人的昼夜节律（生物钟）与褪黑素的分泌有关。当人处于黑暗中时，大脑（特指松果体）就会分泌这种物质。然而刚出生的新生儿体内尚不能分泌褪黑素，所以无法有规律的昼夜节律。另外，成人在睡觉时，身体其他物质如皮质醇的分泌量会减少。皮质醇是一种使人保持警觉的应激激素。这种激素的分泌量一旦减少，人就会自动放松下来，这种激素的减少使人更容易入睡和保持睡眠状态。

简而言之，想要拥有良好的睡眠，你需要有规律的昼夜节律，也需要大脑中有特定物质的产生。当黑夜降临时，你会犯困；当白天天光大亮时，你就会醒来。新生儿在3个月前还没有昼夜节律和睡眠相关的激素调节的能力，所以，请放心，睡眠不好，不是你的错，也不是宝宝的错，这是宝宝的生理特点造成的。

昼夜节律的形成过程

宝宝什么时候才能有成熟的昼夜节律呢？让我们看一下它的整个发展过程：

妊娠早期

在母亲子宫里，宝宝还没有形成自己的生物钟，其对昼夜变化的感知是由母体经脐带传给他的褪黑素等物质引起的。也就是说，他和母亲是同步的。

妊娠中期

这个阶段，胎儿大脑中出现了第一种形式的生物钟，但远没有发育完成。其不成熟的生物钟似乎已经和视觉系统建立了联系。

生物钟与早产儿

了解生物钟出现于妊娠中期这一事实对早产儿来说非常重要。由于昼夜节律的基础已经以某种形式存在，而且视觉系统可能已经与生物钟建立了关联，所以更多的人会关注早产儿是否能适应昼夜光线的变化。

出生时

胎儿出生后，脐带被剪断，母亲血液中的褪黑素无法再供应给他，他的体内也没有储备，所以他的睡眠觉醒节律是混乱的。小月龄的婴儿常表现为不分昼夜的睡眠节律，想睡就睡，有时睡得时间长，有时睡得时间短。黑暗和光线还无法影响他体内褪黑素的分泌。

生后1～6周

宝宝的睡眠时间很不规律，任何时间他都有可能睡觉，你会发现白天、晚上对他们来说没什么不同。光明或黑暗对他没有影响。

生后第1周的宝宝，体温变化的昼夜节律开始形成，这是其生物钟建立的第一步。为了获得良好的睡眠觉醒节律，你的宝宝首先需要建立体温的昼夜节律。可以说，体温的昼夜节律是形成睡眠觉醒节律的基础。

生后第6周的宝宝，有了觉醒节律的基础，还没有睡眠节律。觉醒节律比睡眠节律发展得早。此外，研究人员已经在7周大的婴儿体内发现了少量的褪黑素。你会注意到，宝宝真正清醒的时间和疲倦的时间已经无法很清晰地区分了。起初，宝宝清醒或困倦的状态混乱地散布在白天黑夜之中，而现在这些短暂的混乱时刻似乎连接得更加紧密。这远远不是一个真正的睡眠模式，但发育已经开始！

生后2个月

你的宝宝开始初步形成睡眠觉醒节律了，虽然你不会马上注意到，但这是让你高兴的事情。仔细观察宝宝的这些变化吧。

生后3个月

宝宝白天睡觉的时间减少，夜晚睡觉的时间增加。但请记住：这个月龄段，宝宝觉醒次数多是很正常的，宝宝一天应有的睡眠时间，是所有睡眠时间的总和，不是指连续睡眠的时间。

生后3～6个月

此阶段，宝宝大脑褪黑素夜间的分泌逐渐形成一种模式，皮质醇昼夜之间水平的差异也可以测量。从15周开始，你会发现宝宝有清晰的24小时睡眠模式。你也会注意到，宝宝3个月左右获得的睡眠新模式，在第4次飞跃时（生后4个月）会受到极大的干扰。除了这种（暂时的）干扰，很高兴看到宝宝已经开始有规律的节奏了。但要注意，这些规律并不适用于所有婴儿。每个婴儿都是独一无二的，如果你的宝宝还没有形成睡眠觉醒节律，也没什么不对。

事实上，你可以在这里学到两件重要的事情。首先，新生儿的睡眠还没有形成昼夜节律是生物层面决定的。其次，在所有不同的昼夜节律中，如体温差、心率差、尿量差、警觉性差异等中，对父母来说最重要的睡眠觉醒节律总是最后发展。

形成昼夜节律之后，宝宝晚上就能睡得好吗？

不，事情没那么简单。每个婴儿的睡眠模式都是不同的。有些宝宝可以自己入睡，夜里醒来也不需要大人的安慰；有的宝宝则一直需要大人陪在身边才能睡好。为什么知道这点很重要呢？因为只有了解了宝宝的睡眠特点，你才不会执着于那些数字，才知道宝宝现阶段无法一觉睡到天亮是正常的。对照育儿书中提到的宝宝应该有的平均睡眠时间，可能会令你沮丧，如果宝宝未达到这个标准值，你会认为自己的孩子不正常。然而，事实并非如此。

婴儿的睡眠与成人不同

婴儿的昼夜节律和睡眠方式都与成人不同。最大的区别在于睡眠周期和睡眠阶段。这些不同之处的存在有其原因：即婴儿为了生存，具备自己的生物优势。了解婴儿的睡眠周期特点，你便会理解宝宝的睡眠行为，从而帮助你更好地安排宝宝入睡，例如何时放下宝宝、何时离开房间他才不会醒来……

每个人大致都有两种睡眠类型：非快速眼动睡眠（NREM sleep，non-rapid eye movement sleep）和快速眼动睡眠（REM sleep， rapid eye movement sleep）。

非快速眼动睡眠

非快速眼动睡眠是深睡眠，大脑的活跃程度下降，人可以得到深度休息。非快速眼动睡眠一般分为3个阶段，每个阶段的睡眠深度不同。

非快速眼动睡眠第一阶段

人处于非常放松或昏睡的阶段。眼睛是闭着的，但很容易从这个阶段醒来，且在这个阶段你会有一定的意识。例如，当你在看电影打瞌睡的时候。这是一个介于清醒和睡眠之间的阶段，但更倾向于睡眠状态。

非快速眼动睡眠第二阶段

在这个阶段，身体开始进入真正的睡眠状态。心跳减慢，体温开始轻微下降，肌肉进一步放松。

非快速眼动睡眠第三阶段

这是深度睡眠阶段。在这个阶段，身体完全放松，体温下降，心跳变慢，很难醒来。这个阶段之后是快速眼动睡眠。

你知道吗？

梦游或说梦话发生于非快速眼动睡眠的第三阶段。噩梦和夜惊发生在非快速眼动睡眠第三阶段结束时。简言之，很多事情都发生在身体最深度休息的阶段！

快速眼动睡眠：对婴儿良好发展极其重要！

快速眼动睡眠也被称为“积极睡眠”。在这个阶段，人们睡得很轻，很容易醒来。你的大脑正在积极地处理和学习各种信息。仔细观察，你会发现大脑有多么活跃：眼睛移动速度非常快，比你清醒时移动速度还要快。因此得名：快速眼动。奇怪的是，你身体的其他部分完全处于休息状态。婴儿也是一样。当你看到宝宝睡觉的时候眼睛在动，这表明他的大脑在非常积极地处理各种事情啊！

过去，人们认为快速眼动睡眠只和梦境有关，但最近越来越多的研究表明，快速眼动睡眠对宝宝还有许多其他重要的益处。在快速眼动睡眠中，大脑中的神经元受到进一步刺激，流向大脑的血液几乎增加了一倍！这种刺激对于建立新的大脑连接可能必不可少。因此，快速眼动睡眠被认为对大脑发育有巨大影响！

大脑连接的建立有不依赖于活动或经验和依赖于活动或经验两种方式。简单地说，第一种方式你不必做任何事（独立变量）；而另一种方式，你必须做或经历一些事（从属变量）。心智的发展飞跃就是独立变量的一个例子。不管你的宝宝是否愿意，他的大脑功能都会实现飞跃。不管你做什么，飞跃都不会发生得更早或更晚。所以，实际上，你什么都不用做。这些大脑连接都是自发产生的，并激发婴儿获得新的能力和感知类型。

你知道吗？

在快速眼动睡眠期间，负责自主呼吸那部分大脑区域的血液供应会增加。

那些自发产生的大脑连接非常丰富。如果宝宝不加以使用，它们就会消失。换句话说：通过适当的刺激，宝宝保持了许多已经建立起来的大脑连接。或者，正如俗话所说："用进废退。"作为父母，如果你能回应这些飞跃，并且玩一些游戏或活动帮助宝宝强化飞跃给他们带来的技能，他就会尽可能多地保持这些大脑的连接。这真是利好消息，要知道在宝宝生命头两年大脑连接的建立尤其重要。

婴儿的快速眼动睡眠和心智飞跃

在本书提到的每一次心智飞跃过程中，大多数婴儿睡得不如平时好，很难达到深度睡眠。一点动静都能把他们吵醒。很多父母反映，孩子睡了也不敢把孩子放下，因为孩子一旦醒来他们就不得不重新开始哄睡。这可能是因为，为了建立新的大脑连接，婴儿需要经历相对较长的快速眼动睡眠期。所以，难怪你的小家伙会被最轻微的动静吵醒：他们正处于快速眼动睡眠，而人类在这种睡眠中更容易醒来。给你的孩子机会去抓住这些额外的快速眼动睡眠时间吧，尤其是在飞跃期。如果他们想在父母的腿上睡觉，就依了他们吧。把孩子放下一会儿，然后迅速完成你一直计划的事，这的确是诱人的想法。如果你的宝宝醒来时显得更加放松——这是因为他们在那些浅表的快速眼动小憩后更容易应对每次飞跃——受益的不仅仅是他们，还包括你和你的家人。

婴儿的睡眠周期

睡眠周期由非快速眼动睡眠与快速眼动睡眠两个时相组成。现在你作为父母可以真正做一些事情了。如果你理解了前面的内容，并且花时间去观察自己宝宝的睡眠周期，你就会知道什么时候可以把宝宝放下而不会弄醒他，知道什么时候离开房间是安全的。睡眠周期简单地说就是非快速眼动睡眠与快速眼动睡眠交替出现，交替一次称为一个睡眠周期。

婴儿和成人睡眠周期的差异

尽管婴儿和成人睡眠周期组成是一样的，但持续时间差异很大。新生儿的睡眠周期大约为40分钟，9个月的婴儿的睡眠周期为50～60分钟，而成人的睡眠周期为120分钟。而且，婴儿与成人非快速眼动睡眠和快速眼动睡眠的比例也完全不同；婴儿快速眼动睡眠的时间是成人的2倍多，而非快速眼动睡眠的时间要比成人少得多。

儿童的睡眠周期也不同于成人

睡眠周期的变化是一个渐进的过程。孩子的睡眠周期需要很多年才能和你的一样。只有当孩子到了上学的年龄，他们的睡眠周期才和我们成人的接近，可持续90～100分钟。孩子和我们成人睡眠周期的差异，在其婴儿期之后并不会消失，即使孩子长到3岁，每个睡眠周期仍有50%的时间处于快速眼动睡眠，而成人只有20%。所以，你不能安排孩子的睡眠，因为婴儿睡觉的方式对他们自身发育有好处，有利于他们的生存和健康发育。

你知道吗？

- 你的宝宝在快速眼动睡眠期间和非快速眼动睡眠开始时更容易醒来。
- 婴儿的快速眼动睡眠时间是成人的2倍。
- 人的昼夜节律不仅仅涉及睡眠，身体的其他部分也参与其中。例如，在睡眠期间，体温下降、心率减慢、产生更少的尿液、应激激素水平下降，在快速眼动睡眠阶段大脑的血液供应增加。
- 非快速眼动睡眠有3个阶段。
- 睡眠周期由非快速眼动睡眠与快速眼动睡眠两个时相组成。
- 婴儿的睡眠周期比成人短得多。
- 你会在夜间经历几个睡眠周期。
- 一个睡眠周期结束时你会醒来，或者开始一个新的睡眠周期。

睡眠周期

NREM
第一阶段

NREM
第二阶段

浅睡眠

NREM
第三阶段

深睡眠

REM

REM睡眠

关于睡眠周期你应该知道的

非快速眼动睡眠周期第一阶段

- 睡眠非常浅。
- 眼睛闭上了。
- 非常容易醒来。

婴儿与成人的差异

- 这个阶段成人比婴儿持续时间短得多（只占睡眠时间的2%～4%）。
- 成人在沙发上打盹的状态往往就是这个阶段。
- 婴儿通常会经历非快速眼动睡眠的第一阶段。

意味着：

- 婴儿很容易醒来，你没有足够的时间把他放下或悄悄走开。

快速眼动睡眠

- 积极睡眠。
- 这个阶段有很多梦。
- 身体静止，眼动频繁。
- 活跃的大脑刺激。
- 建立许多大脑连接。
- 大脑供血加倍！

婴儿与成人的差异

- 婴儿快速眼动睡眠期的时间是成人的2倍。
- 你可以看到婴儿眼睑下眼睛快速移动。

温馨提示：

- 快速眼动睡眠帮助婴儿处理心智发展的飞跃。
- 在一次飞跃中，你的宝宝会在很长一段时间内处于快速眼动睡眠吗？这很正常，这对他有好处。不要试图让他睡得更久或更深。
- 宝宝更容易醒来，所以现在不是放下他或悄悄走开的时候。

非快速眼动睡眠第二阶段

- 身体更放松，感觉更无力。
- 心率减慢。
- 体温进一步下降。

婴儿与成人的差异

- 成人有45%～55%的时间在这个阶段，而婴儿要少得多。
- 孩子年龄越大，这个阶段的时间越多，快速眼动睡眠的时间越少。

不妨试试：

● 如果想测试你的宝宝睡眠是否深入，可以尝试这么做：举起他的一只手臂并放下，如果宝宝的手臂无力地垂下，说明非快速眼动睡眠第二阶段已结束，甚至可能已经到了第三阶段，宝宝睡得深沉。如果手臂下垂时没有显得有气无力，说明宝宝仍然处在非快速眼动睡眠的第二阶段，此时你若想放下他并离开房间，必须非常小心。或者你可以再等几分钟，等宝宝进入第三阶段再放下他。

非快速眼动睡眠第三阶段

- 深度睡眠。
- 全身放松。
- 这一阶段开始时有可能说梦话和梦游。
- 这一阶段结束时可能出现噩梦和夜惊。
- 即使深度放松，这个阶段也不会持续很长时间。

婴儿与成人的差异

- 成人在这个阶段的睡眠时间更长、睡得更深。

请记住：

- 现在放下宝宝离开房间很容易，因为你的宝宝睡得很熟。
- 这个阶段大约从婴儿整个睡眠周期的中间开始。

● 记住，这个阶段之后一个新的周期开始了，睡眠（如果你的宝宝没有醒来）会再次变成快速动眼睡眠（浅睡眠）！

记录宝宝的睡眠周期

记录宝宝需要多长时间才能进入深度睡眠、需要多长时间进入浅睡眠，就能在他醒来时正确应对，帮助他继续入睡；你也会知道什么时候可以放下宝宝，或是离开房间去做其他事情。同时，你会知道你必须轻手轻脚地活动多长时间，什么时候你可以放心地打开吸尘器而不用担心吵醒宝宝。不要忘记，宝宝的每一次心智飞跃都伴随着睡眠节律的调整，所以你必须定期学习和适应他的新的睡眠周期和节律。

（1）记录宝宝从闭上眼睛到身体完全放松下来需要多长时间。

（2）做一次手臂测试：小心地抬起宝宝的一只手臂，让其落下。如果手臂无力地垂下，说明宝宝处于深度睡眠。记录下所需要的时间。如果宝宝手臂下垂时仍然由肌肉控制，不是完全无力，说明还没有进入深度睡眠。

（3）注意观察宝宝的肢体活动。如果你发现他的深度睡眠已经结束，睡得更轻了，那就要小心了，不要吵醒他。他可能会开始下一个睡眠周期，或者醒来。

（4）连续记录3天，你大概就能了解宝宝的睡眠周期了。

（5）注意：以上内容不适用于15周以下的婴儿，也无法像计算飞跃周那样准确。只能让你了解宝宝的睡眠节律，这样你就能更容易应对。

醒来：为了宝宝的安全?

婴儿是脆弱的，对他们来说，夜间看似频繁的醒来其实是一种生存智慧：

●还没有添加固体食物（辅食）的婴儿，需要吃奶来维持生存，但由于其胃容积很小、消化牛奶的速度很快，所以他们需要比成人更频繁地进食。如果婴儿没有醒来，他们就无法吃奶，这对他们的成长不利。包括果泥在内的固体食物，要比乳类难消化得多。你会注意到，婴儿一旦长到可以吃固体食物的年龄，夜里就不那么频繁地从饥饿中醒来了。

●婴儿的深度睡眠时间较短，但这也是一种生存智慧。如果婴儿有什么不适或身边可能有伤害他们的东西，婴儿及时醒来是很重要的，比如尿湿尿布。如果脏尿布穿戴时间太长，会刺激婴儿的皮肤，让他感到不适，从而醒来。

●婴儿的呼吸系统尚未发育成熟，鼻腔中的黏液容易阻碍呼吸、影响睡眠，导致婴儿容易醒来。如果你的宝宝长时间处于深度睡眠，这可能是危险的。

●你的宝宝似乎和你在一起时睡得最好。他依靠着你，完全出于一种原始的本能，听着你的声音、感受到你的手的触摸。婴儿想要多少亲密接触才能平静入睡取决于婴儿的个性特点及其所处的年龄阶段。随着年龄的增长，这种亲密接触的需求也会变少。经验表明，如果你顺其自然，婴儿会越来越独立，慢慢学会自己入睡并保持良好的睡眠状态。你可以从另一个角度来看待这个问题：如果婴儿从一开始睡觉时就有爸爸妈妈陪在身边，有利于婴儿建立安全感，变得更加自信，能够帮助他逐渐学会自己入睡。

●婴儿无法拥有长时间深度睡眠的另一个原因是（也是从生存安全角度考虑），他们的体温调节能力还很差。如果婴儿生病了，他需要比成人更长的时间来对体温升高或者降低做出反应，所以你的宝宝哭闹可能是已经感到不舒服了。因此要时刻关注宝宝的体温。

●要注意，婴儿从来不会无缘无故地哭闹，哭通常是他感觉不舒服的信号。例如，他睡觉的时候，小脚不小心被围栏的空当卡住了，但是这时宝宝在睡觉，不会马上抗议，一旦他哭起来，你一定要仔细检查是哪里不对劲儿。不要忽视宝宝的这种表现，哭是他表达情绪的最直接的方式，有很重要的意义。

上面提到的这些内容都是为了让你安心，让你明白宝宝在夜里醒来是有好处的。但如果你的宝宝睡眠质量很好，每次睡觉时间较长，也不要担心。每个孩子都是独一无二的，他会选择对自己最好的生物节律。

我们需要知道的是，越来越多的医生和专业人士都反对以延长宝宝深度睡眠时长乃至超过他们自然所需为目的的睡眠训练。许多专业人士说，这种睡眠训练“是有代价的，也许也是有风险的”。你应该做的是，为宝宝提供他所需要的生活环境，满足和回应他自身独特的需求，顺其自然。不要依靠所谓的睡眠训练来解决你的问题，打乱宝宝自然的睡眠节律，这对宝宝是不利的，也无助于你与宝宝建立紧密的联系。

一定要记住

不要被别人的言论干扰。你听到的并非都是对的，并不是所有父母都会开诚布公地谈论自己孩子的睡眠行为。有些家长会把故事编得比实际情况更好听，他们这样做并不是出于恶意，只是因为我们生活的这个社会，常常会把孩子睡眠好坏作为评判家长养育能力的标准。事实上，你的宝宝睡得好或不好，更多地说明了他的性格和年龄特点，而不是你的养育方式！

睡眠和飞跃

一旦你的宝宝形成了自己的昼夜节律，你就会注意到，每一次心智飞跃阶段，他的昼夜节律都会改变。不过也有例外，有的婴儿在心智飞跃阶段反而睡得很好。每一次心智飞跃都会影响宝宝的睡眠，这并不奇怪，因为他的大脑正在发生重大的改变。这对宝宝来说，是困难重重且备感压力的时刻，是影响睡眠的重要因素。

一定要记住

每个人都有自己的睡眠周期。一个睡眠周期结束后，人会处于睡眠和觉醒之间的状态，一般成人会继续进入下一个睡眠周期，但是小宝宝则不然，他们几乎不可能一觉到天亮。

睡眠障碍：不仅是在飞跃期间

每一次飞跃，宝宝行为的标志性特点可以总结为3C：又哭又闹（Crying）、过分依赖（Clinginess）和脾气暴躁（Crankiness）。他还会经历饮食需求的改变（通常想要吃更多的母乳）、睡眠节律的紊乱（通常睡得更浅）。飞跃结束时，你会注意到小家伙哭得没那么多了，情绪更好了，吃得、睡得也更好了，但是……就睡眠而言，飞跃结束后，他的睡眠障碍仍然存在，尽管程度较轻。

睡眠和前三次飞跃

因为你的宝宝在经历前3次飞跃时还没有形成自己的昼夜节律，你会发现很难确定睡眠节奏是否被飞跃打乱，也无法察觉到节律的变化。尽管如此，你还是会注意到飞跃期间宝宝睡眠过程的变化，尤其是白天小憩的时候。有些婴儿忙于了解大脑发生的巨大变化，所以睡得更浅、时间更短；有些婴儿知道如何实现一个良好的平衡，所以他们的睡眠时间反而会变长。婴儿的这种差异性表现取决于各自的气质类型和所处环境的影响。针对这些，在宝宝每次经历飞跃时，你能做些什么呢？宝宝的气质类型是无法改变的，但是你可以为宝宝创设合适的生活环境，让他有机会睡个好觉。所以，不妨多花点儿时间和你的宝宝安静地待在一起，观察他是不是疲倦了。不要过度刺激他，当他想睡觉的时候创造条件帮助他入睡。

睡眠退行期

许多人提到过睡眠退行期。这是孩子突然睡得比以前糟糕得多的时期。很明显，我们不想把这个时期和“糟糕”这个词联系起来，但是我们当然知道这个时期意味着什么。人们在谈论睡眠退行时所指的“时期”并不是凭空出现的。当你的孩子经历飞跃时，你会更容易理解这些时期。对宝宝来说，所有的飞跃都是向前迈出的一步。每经过一次飞跃，他就可以看到这个世界更复杂的一面，能在更高水平上理解这个世界。每完成一次飞跃，他就能获得一些新的技能。有些飞跃似乎比其他飞跃带来的更多。这些是某种“关乎全局”的飞跃，以前的飞跃借此得到更好的整合。可以把这比作建造一堵砖墙。每一块砖都是一个组成部分，但是放置在底部的砖，不仅仅是墙的一部分，也是保持其余部分的连接和墙体的坚固。这样意义重大甚至可以导致宝宝睡眠退行的飞跃，分别发生在宝宝第4个月、第8个月和第17个月。世界各地的父母，不论文化和宗教，他们的宝宝都可能经历这样的飞跃，同时宝宝会表现出又哭又闹、过分依赖、脾气暴躁，以及饮食、睡眠等变化。宝宝睡眠节律的改变不仅影响宝宝自身，还影响你的情绪，让你感觉困难重重。

回归正常睡眠

睡眠退行期的存在是有原因的。你的宝宝没有什么问题，但是需要你的爱和帮助来完成心智发展的飞跃。飞跃一旦结束，宝宝的睡眠情况就会得到改善。

另外，睡眠退行期可能比飞跃期持续时间要长一些。因为完成一次飞跃后，宝宝的心智进一步成熟，他的大脑会计划做很多事情。例如，想学习如何使用双手（特别是在第4次飞跃期）；想学习爬行，或在有些情况下在第6次飞跃时已经迈出了第一步；在第10次飞跃期，想要学习跑步、扭动和尝试身体的滑稽动作；还有宝宝正在经历生理上的变化如长牙……也就是说，每次飞跃，对宝宝的影响远远不止睡眠这一方面。

婴儿的每一次飞跃和睡眠退行，都会让家长备感紧张，孩子出现的睡眠问题让家长痛苦不堪。记住：这是黎明前的黑夜。

来自妈妈的心声

“通常只要我一抚摸她，她就会睡着。现在她已经进入第4次飞跃，抚摸已经不够了，我还得和她说话。当她感受到我的存在、听到我的声音，就睡着了，尽管这比平时更困难，而且她也没平时睡得好。”

——安吉莉卡的妈妈，第17周

糟糕的睡眠是飞跃开始的信号吗?

在飞跃期的所有特征中（又哭又闹、过分依赖、脾气暴躁，想更频繁吃母乳，在陌生人面前更害羞等），有一个特征是孩子一进入飞跃期你几乎就可以立刻注意到的。猜对了，就是更糟的睡眠。从第4次飞跃开始你就会注意到，而宝宝一般会在第4次飞跃期才拥有真正的昼夜节律。之后每一次飞跃，昼夜节律都会变得越来越清晰、越来越稳定。记住：你的宝宝会不由自主地更频繁地醒来，更频繁地哭泣，或者就是想更靠近你。在他看来，这个世界是如此的新鲜、不同和可怕。所以，他想和你在一起。作为父母，你是他经历艰难时期可以依靠的坚实后盾和安全之所。

白天的睡眠会受到影响

你还会注意到，从第4次飞跃开始，宝宝白天的睡眠会受到影响。他会睡得更轻、时间更短，或者更难入睡。一方面是因为宝宝的大脑在发生显著的变化，心智不断成熟，获得新的技能，他有太多的东西想去探索；另一方面是因为在快速眼动睡眠期间，额外的血液被送入大脑，帮助大脑神经元之间创建良好的连接，大脑变得更活跃，这也影响了白天的睡眠。待宝宝完成一次飞跃之后，他白天可能会出现新的睡眠模式。这个变化不是一蹴而就，而是逐渐发生的。

来自妈妈的心声

此刻，彼得的第4次飞跃确确实实打击着我们。彼得在认知方面的巨大进步让他紧张不安，他挣扎着想要安顿下来。他又哭又闹，好像在说“我只想睡觉”，而且只有妈妈抱着才能小憩片刻。

——彼得的妈妈，第19周

噩梦和夜惊

宝宝的睡眠可能被噩梦或夜惊严重扰乱。夜惊通常发生在3岁左右，但也可能发生得更早，有时从出生后第2年就开始了。夜惊的确是睡眠时的一种惊恐发作。宝宝会哭喊，甚至会发脾气，无法安抚。无论你做什么，都会让事情变得更糟。而噩梦，可能出现得更早，有时甚至在4个月大的时候。宝宝做噩梦的时候，他并没有完全沉睡，你可以安抚他。夜惊和噩梦的另一个区别是，孩子第二天可以记住噩梦，但不能记住夜惊。只是你无法和宝宝谈论这个话题，他还太小了。

来自妈妈的心声

“他会在睡梦中开始哭泣，但并没有醒来，所以我会让他哭一会儿，然后把一只手放在他身上安抚他，他就不哭了，继续睡觉。”

——德蒙的妈妈，第23周

“有时候我的宝贝女儿会尖叫着醒来。我马上从床上跳起来抱她，安慰她。通常需要几分钟，她才会睁开眼睛，意识到我在抱着她。然后，她安静下来，继续睡觉。然而，有时这根本不起作用，因为她看起来好像无法醒来——她闭着眼睛不停地尖叫。然后，我把她放下来，轻轻地抚摸她的脸，叫着她的名字，直到她睁开眼睛看见我。”

——艾薇的妈妈，第22周

请牢记

宝宝在感到压力大的时候会做很多噩梦，在飞跃期也是如此！然而，做噩梦也可能发生在没有压力的白天或夜晚，即使这种情况发生得不那么频繁。宝宝做噩梦是正常的，并不意味着你做错了什么，或者你的宝宝出了什么问题。

噩梦和分离焦虑

当婴儿处于分离焦虑期时，会有更多的噩梦。你阻止不了分离焦虑，也别试图阻止，因为这是婴幼儿心理正常发展的一部分。当然，你可以减轻宝宝分离焦虑的程度，尽可能帮助他轻松度过这段时间。在这段时间，他会明白你离开了，并不意味着你永远不会回来。从宝宝大约6个月大的时候，你就可以通过玩我们在第238页描述的游戏做到这一点，帮他熬过分离时刻。这样当宝宝处于8～10个月分离焦虑高峰期时，表现就不会那么严重了。伴随着分离焦虑的来临，宝宝会做噩梦。这很正常，你不必阻止，也没必要阻止。只要让宝宝知道，你会陪在他的身边，一切都会好起来的。

来自妈妈的心声

“在最近一次飞跃（第7次）中，她在睡梦中尖叫，但当我们看监控时，发现她根本没有醒来。”

——莎拉的妈妈，第46周

宝宝做噩梦时是否要叫醒他？

宝宝做噩梦时，应该叫醒他吗？对此，医生们有不同的看法，但大多数仍然认为最明智的做法是不要叫醒他。你可以把一只手放在他的腹部或头上抚摸，或者轻声告诉他一切都好，试着让他回到平静的睡眠状态。但是，不要低估你的直觉！如果你认为宝宝的情况很糟糕，最好还是把他叫醒。毕竟，你和宝宝心意相通，你必须找出最适合你们双方的方法。

来自妈妈的心声

“她在睡梦中尖叫，我看到她脸上的痛苦和恐惧。这种情况经常发生在她身上，每次我都会把她抱起来，让她平静下来，但情况似乎只会越来越糟，直到她突然醒来，感觉情况也不好。我现在随她去，只是轻声安慰她，效果似乎更好。虽然她还是会做噩梦，但白天她总是兴高采烈。我很高兴找到了一种似乎对她有效的方法。”

——明迪的妈妈，第37周

噩梦统计

一些父母注意到他们的孩子在4个月大的时候就已经开始做噩梦了。当婴儿进入第6次飞跃（迎来第2个睡眠困难期即第2个睡眠退行期）时，大约40%的婴儿会做噩梦。到了第10次飞跃时，这个数字超过了一半。百分比稳步上升，因为最终，我们都会时不时地做噩梦。

来自其他父母的经验分享

好了，现在你知道了，宝宝和成人的睡眠方式、睡眠时间有所不同。是的，这确实让人筋疲力尽。这是自然规律，你是无法改变的，但这对宝宝来说有很多有益之处。你需要做的是调整自己的（睡眠）行为。这里有一些有过这些经历的父母的建议。这些建议已经帮助了他们，也可以帮到你。看看什么适合你，试试看。一切都是值得的！

● 呼吸一下新鲜空气。喂完小家伙后经常自己去散散步，当然，前提是有人帮你照料宝宝。呼吸新鲜空气可以带来意想不到的效果，特别是当你很疲劳的时候。

●伴侣在家时打一个盹儿能帮你恢复体力，通常半小时的小睡就足够了。

●和伴侣轮流睡一晚客房，甚至是沙发。提前把母乳挤出来，夜里拜托家人喂宝宝吃，然后你可以睡个整觉。

●不妨白天给宝宝洗个热水澡。通常洗完热水澡后，宝宝会睡得更香，你也可以睡一会儿了！

●寻求帮助。这一点很重要！即使你的宝宝没有任何问题，即使你已习惯操劳。每个有孩子的人都知道这一点，他们会很乐意帮忙。有时候一个小时就够了。洗个舒服澡，散散步，锻炼身体，为自己做点儿什么。不要难为情，每个人都会理解的！

●一些婴儿喜欢被襁褓包裹。如果你想尝试，你需要：做好功课。挑选一块适合的布，看一些能告诉你怎么做的视频。

●同床共眠。大多数婴儿和父母在一起时睡得更香。而且，如果宝宝醒了，你不需要下床照顾宝宝。如果你选择和宝宝一起睡，那就要注意安全。圣母大学（University of Notre Dame）（译者注：位于美国印第安纳州）有一个睡眠行为实验室，还创办了描述和宝宝一起睡觉所有相关细节的网站。你可以搜索相关资源进行学习。

●使用背带。使用婴儿背带把宝宝背在身边，宝宝在你身边会感到安全，你还可以做一些事情，因为你的手是自由的。同时，宝宝可以感受到你的存在，所以他可以很快入睡且不易醒来。

●健康饮食。是的，咖啡、糖和能量饮料似乎是一个好的解决方案，但只会在短期内有效。刚喝完效果还不错，之后你会备感疲劳。健康的饮食才是关键，多吃全谷类食品、水果和蔬菜。

●白天休息也是最有效的方法之一。你的宝宝要睡觉了吗？你也小睡一会儿吧。是的，这意味着你不能在他睡觉的时候做你想做的事情。待会儿再做吧。有时候不去管那些乱七八糟的事情是明智的。而且你知道，有了那些额外的白天小睡带来的新能量，你之后就可以更快地做你必须做的事情了！

希望对你有帮助

我们希望以上内容能够让你了解宝宝睡眠正常、自然的模式。我们希望你明白，我们给不了你现成的、快速的解决方案，快速解决对宝宝也不会有任何好处。我们希望你能从以上信息中找到力量，希望这些信息能帮助你不被别人的评论逼疯。

相信你自己，相信你的宝宝，相信你们的互动。给自己一些空间去接受这样一个你们必须一起经历的阶段，最终一切都会好起来的。试试前面提到的其他家长的建议。不要害怕向家人和朋友寻求帮助，如果你觉得有必要，也可以向医生求助。

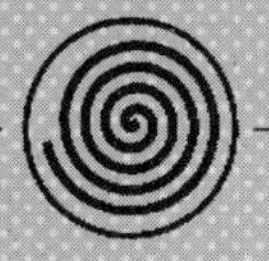

神奇的第5周

第1次飞跃

感官发生变化的世界

“仿佛你的宝宝重生了。”

大约在出生后第5周，有时甚至从第4周开始，你的宝宝将进行第一次发展飞跃。正如前面所描述的，当你的宝宝表现出又哭又闹、过分依赖和脾气暴躁（3C行为）时，标志着飞跃正在发生。尽管你可能感到无助，但请记住这是宝宝必须要经历的，你能为宝宝做的就是陪在他的身边。宝宝的世界正在发生一些新奇的事情，这让他感到困惑，所以很自然地想要回到安全、温暖、熟悉的世界，有父母陪伴左右的世界。在这个阶段，所有的婴儿都比平时更渴望得到拥抱和关注，需求也比平时更多。对于大多数婴儿来说，这个阶段可能只持续一天。但是对有些婴儿来说，这个阶段可能会持续整整一周。

进入难以取悦的阶段：飞跃开始的标志

这个月龄的婴儿不会求助，也不能靠近你或者向你伸出手臂。他能做的就是大喊大叫，直到把整个家庭推向绝望。幸运的宝宝，会得到父母及时的回应，爸爸妈妈会来到他的身边，让他依偎着，给他想要的拥抱和抚摸。他需要时间成长，并适应这些新的变化。宝宝习惯了你身体的气味，你的体温、声音和触摸，所以和你在一起，他会放松一些，会感到更满足。在这段艰难时期，你要给予宝宝满满的爱，温柔地对待他。

宝宝可能拒绝独自睡在婴儿床上。你可以试着把婴儿床或婴儿摇篮放进你的房间，或者使用一张特别设计的双人卧床。在一天结束的时候，你可能觉得把宝宝放到你的床上是唯一的解决办法。我们知道这对许多父母来说是很好的解决方案，但这是一个有争议且非常私人的问题，你可能需要和儿科医生讨论一下。如果你有兴趣了解更多，请参阅www.cosleeping.nd.edu。

宝宝可能想在你身上趴着睡觉，这种皮肤接触会给他带来安全感。然而，在他能够自己翻身之前以俯卧姿势睡觉是不安全的。如果他趴在你身上睡觉，你要时刻关注他。

这不是你的错——这只是一次飞跃！

所有的父母都急切地想知道为什么他们的孩子会哭。通常，他们会先看看宝宝是否饿了，然后，检查尿布是否松了，是不是要换下尿湿的尿布。很快，他们发现这个世界上所有的安慰方式都无法阻止宝宝无情地哭泣。没有父母会享受孩子的哭泣，特别是当他们无能为力的时候，这会削弱他们的信心。通常，父母们会担心他们的小宝宝是不是出了什么问题，认为自己深陷苦痛，或者没有发现宝宝有哪些异常。这个阶段婴儿似乎总是渴望吃母乳，所以有妈妈会怀疑是不是母乳不够吃。有些父母还会带孩子去医院做检查。当然，大多数婴儿都是健康的。

来自妈妈的心声

“我的儿子想和我一直在一起，我要么把他抱在胸前，要么放在大腿上。我非常担心。晚上我几乎无法睡觉，需要整晚地抱着他、搂着他。后来我的妹妹来了，替我照顾了儿子一个晚上。我则到另一间卧室，倒头大睡，整晚都没有醒。当我第二天醒来时，仿佛重获新生。”

——鲍勃的妈妈，第5周

“一般情况下，我的女儿都是很温和的，但是有一天她突然开始不停地哭，哭了差不多有两天。一开始，我以为她只是胃痉挛，但是后来我发现只要把她放到我的大腿上，或是让她躺在我和丈夫中间，她就不哭了，马上就能睡着。我一直问自己，我允许她这样做，会不会把她给惯坏了。但是，这个阶段突然就结束了，现在，我的女儿又像以前那么温和了。”

——夏娃的妈妈，第5周

“我的女儿哭得很厉害，我害怕哪里出了问题。她不断地要我给她喂奶。我带她去看儿科医生，但是也查不出什么问题。医生说她只是需要时间习惯我的乳汁，并且很多婴儿在5周大时都会经历类似的爱哭的阶段。我认为这种说法很奇怪，因为她之前吃我的奶没有任何问题。与我女儿相同年龄的她的表弟也一直哭，但是他是配方奶喂养的。我把这告诉了医生，他装作没听见。我也没在这个话题上深究。知道没什么大问题，我就已经很开心了。”

——朱丽叶的妈妈，第5周

你会很乐于知道的知识

你的宝宝在发展飞跃期想要更频繁地喝奶，这再正常不过了，这并不说明你的乳汁有问题。如果宝宝哭闹、烦躁持续时间较长，你可能觉得需要打电话给儿科医生确认乳汁是否足够。其实大多数时候，宝宝只是心烦意乱，需要更多的身体接触和慰藉而已。儿科医生可能会说这是宝宝为了成长正在做的调整，并建议你继续母乳喂养。你很可能会在宝宝6周左右的时候给儿科医生打电话，其次是3个月和6个月的时候。你要做到心中有数，知道宝宝在这些时期会出现难以取悦的表现。

如果一切变化太多

宝宝的每一次飞跃，对于他和你来说，都是一次充满压力的挑战和体验，有时你可能觉得无法承受这种压力。你可能会因缺乏睡眠而筋疲力尽，或因为焦虑而无法安睡。一个倍感迷惑、不断哭闹的婴儿会让任何父母感到不安和焦虑、压力越来越大、捉襟见肘。婴儿也会感受到这种紧张，变得更加烦躁，哭声也比以前更大。这是一个恶性循环。如果婴儿和他们的父母能够得到支持和同情，他们就能从这些压力中寻得解脱。

● 通过身体接触和关注来安抚你的宝宝。这将使他更容易以自己的速度和方式适应所有变化。让他知道在他需要安慰的时候有人会出现在他的身边，这也会让他更自信。

● 作为父母，你也需要家人和朋友的支持，而不是批评。批评只会破坏你已受打击的自信心；支持会使你更好地应对困难的阶段。

就在几个星期前，你把新生命带到了这个神奇的世界，你让这个世界变得更加美好……你做了一件了不起的事！永远不要忘记这一点，为自己腾出一些放松的时间，这是你应得的。只有好好放松，才能成为更好的你。

下面的一些方法可以帮助你放松下来：

5分钟的放松时间：有意识地呼吸。吸气数到5，呼气数到5。持续5分钟。

10分钟的放松时间：抱着你的宝宝一起坐在沙发上，看着他，想想你们一起度过的美好时光。花点时间好好想想，细细品味。想想你完成了多么了不起的事情。

更长的放松时间：泡澡或做足浴，在水中放一些硫酸镁盐（译者注：可以帮助缓解关节和肌肉疼痛）。

更多的放松时刻以及对你家庭生活产生的美妙影响，请参阅本书第22页。

与你肌肤相触会使宝宝平静下来吗?

大多数父母注意到，宝宝非常喜欢与父母进行肌肤的亲密接触，通常是对父母其中一人的接触反应更快也更好。

有一些婴儿在心情烦躁时，会极度依赖父母。他们最喜欢靠在父母身上静静地躺着，享受父母的抚摸、摇晃和拥抱。他们可能在父母的大腿上睡着，一旦有人想偷偷把他们放回婴儿床，他们又会哭起来。

遵守喂养和睡眠时间表的父母经常注意到他们的宝宝会在喝奶时睡着。有些人怀疑是否因为婴儿哭得太累、睡眠不足，以至于无力喝奶。这看似合乎逻辑，但并非事情真相。更有可能的是，婴儿睡着是因为他们待在了自己喜欢的地方!

安慰宝宝的妙招

你可以尝试运用和缓的律动和保暖安慰宝宝：把宝宝抱起，让他的屁股坐在你的一只手臂上，另一只手臂扶着他的头靠在你的肩膀上。这个姿势可以让他感受到你缓慢的心跳。

还有一些可以做的事情：

- 拥抱和爱抚他。
- 来回轻轻地摇动他。
- 抱着他慢慢散步。
- 哼一首歌给他听。
- 轻轻拍打他的屁股。

安慰哭泣的婴儿最成功的方法就是记住他心情愉悦时最喜欢什么，然后在他烦躁的时候不妨一试。

来自妈妈的心声

“亲亲我的宝贝！小汉克正在经历一次飞跃，可是他被困住了。这个星期我很难做太多事情，因为走哪儿都要带着汉克，我不得不依靠家人的支持。”

——汉克的妈妈，第7周

“我的孩子一直哭，一直哭，看起来不知所措。我给她抚触了很长时间，才让她稍微平静一点。我感到筋疲力尽，但非常满足。至此之后，有些事情就不一样了。现在安抚她似乎不需要那么长的时间了。她现在哭泣的时候，我并不需要使出浑身解数就能解决所有问题。”

——妮娜的妈妈，第4周

感知觉的变化

4～5周大的婴儿，有许多迹象表明他的经历会引起新陈代谢、身体其他功能和感知觉的巨大变化。例如，你的宝宝在这个阶段可能会摆脱消化系统的问题。你可能会注意到他第一次在哭的时候流出了眼泪。此外，父母也会注意到宝宝现在清醒的时间更长了。

你的宝宝显然对他周围的世界更感兴趣了。刚出生时，他只能看见距离眼睛20cm的物体，但现在他可以把注意力集中在更远的物体上。于是，他觉得是时候采取一些行动了，这并不奇怪，因为他对外界刺激更加敏感了。

5～6周大的婴儿甚至会为了体验有趣的感觉而做准备工作。曾经有一项研究发现，在实验室的环境下，婴儿可以通过更用力地吸吮奶嘴来调整彩色电影的清晰度，一旦停止吸吮，图像就变得模糊。这个年龄段的婴儿很难同时边吸吮边观看，所以他只能坚持几秒钟。为了验证这就是他们真正想做的，实验设置变成了需要停止吸吮才能使图片清晰。

感官的迅速发展并不意味着他已经获得了一种新的感知能力。他仍然不能像成人一样处理感官发送到大脑的信息。事实上，宝宝正在失去一些与生俱来的技能：追视物体的能力消失；不再会遵循声音的来源慢慢转身或模仿大人的面部表情。这些早期技能是由下丘脑的原始中心控制的，原始中心的消失标志着大脑更高层次的发展。很快你就会看到类似行为再次出现，但这一次，你的宝宝似乎比以前更能控制这些行为了。

来自妈妈的心声

“在母乳喂养就要结束的时候，我儿子的行为有点儿古怪。他吸吮得非常快，然后仿佛一脸自豪地凝视着远方，然后又开始吸吮。他看起来非常贪婪，好像对我的乳房格外痴迷。”

——马特的妈妈，第5周

“这一周，诺米正在经历她的第一次心智飞跃。过去的两天，她特别黏人。我们都有顺心和不顺心的时候。有时候，我们需要放慢脚步，然后做好准备，迎头赶上。有时候我们需要亲人或者挚友的帮忙。还要注意尊重自己的感受。”

——诺米的妈妈，第5周

父母活动：从宝宝的视角体验世界

把眼睛眯起来看你周围的事物，一切都变得模糊了。然后，看着某人的脸，注意这张脸的形状和主要特征。此时，你的宝宝就是这样如痴如醉地看他周围的世界的。

大脑的变化

婴儿出生后3~4周，头围会显著增加。大脑中的葡萄糖代谢也发生了变化。

婴儿的选择：塑造性格的关键

此时，婴儿的所有感官都在迅速发育，很明显，他现在对周围环境更感兴趣了。但是，每个婴儿都有自己的偏好。有一些心明眼亮的婴儿，很喜欢张望和观察周围的一切事物和人物；有的婴儿则喜欢竖起耳朵聆听周围的声音，一些能发声的物体，如拨浪鼓，对他更有吸引力；有些婴儿喜欢被父母抚摸的感觉，有些婴儿则没有任何明显的偏好。即使在这么小的年纪，你也会发现每个婴儿都是不同的。

来自妈妈的心声

“我每天带女儿去我的声乐班。在最初的几个星期里，她对声音几乎没有任何反应，说实话，我非常担心。现在，突然间，她只要醒着，就会被声音吸引。如果她醒来哭泣，我唱歌给她听，她立刻就不哭了。但如果换作我朋友唱歌，她还是会哭。”

——汉娜的妈妈，第6周

神奇的飞跃：发现新世界

帮助宝宝的最好方法就是给予他情感的支持和悉心的呵护。这个年龄的婴儿是宠不坏的，所以要多安慰他，尤其是他哭泣的时候。感官的发育为宝宝发现世界提供了新的机会。让你的宝宝有机会享受感官世界的变化，你要仔细观察他的反应并做出回应，试着找出他最喜欢被对待的方式。一旦你发现了宝宝喜欢什么，就可以在育儿过程中逐渐引入他感兴趣的新事物。

观察宝宝的微笑以发现他的喜好

当宝宝接触他喜欢的事物时，他会微笑。他可能通过看、听、闻、尝或触摸，来认知喜欢的事物。他的感官现在更加敏感，能够更多地感知周围的世界，也会更经常地微笑。父母尝试发现哪些活动能引起宝宝微笑，是非常有益的。

来自妈妈的心声

“真是见鬼，在过去几天，即使不抱她或者不喂奶，她也不哭；而现在成了不抱她或者不喂奶，她就要哭。美好的时刻转瞬即逝！我心中充满了不满，总是想哭。但同时，也有很棒的事情发生。她盯着物体看的时间更长了，会倾听周围不断变化的声音。她也会给出更多社交性的微笑。这是让我欣慰的地方。”

——林恩的妈妈，第5周

“我和宝宝一起跳舞，等我停下来的时候，他笑了。”

——约翰的妈妈，第6周

“当我把脸贴近女儿的脸，微笑着和她说话时，她会和我目光接触并咧开嘴笑。这太棒了。”

——劳拉的妈妈，第5周

“我的女儿冲着她的洋娃娃和泰迪熊玩偶微笑。”

——珍妮的妈妈，第6周

“过去几天里，我的女儿一直不愿意白天小睡，除非我或者她爸爸抱着她。但就在昨天，她自己睡着了。现在，我们知道过去这些天发生了什么，她经历了第一次心智发展飞跃。她已经和之前不一样了。她在两次打盹之间保持清醒的时间更长了，也更加机敏、笑得更多了。太神奇了。”

——斯特拉的妈妈，第6周

帮助宝宝通过视觉探索新世界

你的宝宝会比以前更长时间地盯着他感兴趣的事物。颜色越是鲜亮、对比度越强烈，他就越感兴趣。他也喜欢看条纹和几何图形，当然，还有你的脸。

如果你带着宝宝四处走走，你很自然就能发现他最喜欢看什么。给他足够的时间观察——但是别忘了他的视力范围不超过20cm。

来自妈妈的心声

“我的儿子会盯着我的脸看好长时间。他觉得我吃东西的样子很有趣。他看着我的嘴，观察我如何咀嚼。”

——凯文的妈妈，第6周

“现在，我女儿对她看到的一切都更敏感了。她的最爱是婴儿床的栏杆，栏杆与白色的墙壁形成对比；还有书架上的书、我们的天花板，因为天花板有长长的木板条，其间有深色的条纹；还有墙上的一幅黑白水墨画。到了晚上，她似乎对灯光最感兴趣。”

——艾米丽的妈妈，第5周

“我从左到右缓慢移动一个黄绿色的球，女儿会转头追视。她似乎觉得很有意思，尽管我这个骄傲的母亲可能比宝宝更享受这一幕。”

——阿什莉的妈妈，第5周

帮助宝宝通过听觉探索新世界

大多数婴儿对声音很着迷。嗡嗡声、吱吱声、铃声、沙沙声或嗖嗖声都让他感觉非常有趣。婴儿尤其喜欢听人声特别是女高音，虽然没有什么声音比得上妈妈的声音。当宝宝5周大的时候，你就可以和他轻松聊天了。选择一个舒适的地方坐下，把你的脸贴近宝宝的脸，和他聊聊日常生活或者想到的任何事情，偶尔停止说话，给他一个回应的机会。

来自妈妈的心声

“我真的认为我的儿子正在听我说话。这太不可思议了。”

——马特的妈妈，第5周

“之前有时候我和宝宝说话，她会咿咿呀呀地回应我。现在她说得时间更长了，有时候好像真想告诉我什么。太可爱了。昨天，她在婴儿床里和兔子玩偶聊天，在婴儿围栏里和拨浪鼓聊天。

——汉娜的妈妈，第5周

用声音来表达：让宝宝知道你理解他

和以前相比，你的宝宝可能会有更多种哭声和咯咯声。不同的情况，他可能发出不同的声音。婴儿在入睡前经常发出呜咽的声音。如果你的宝宝真的很不开心，你可以通过他的哭泣方式来判断，因为那是一种完全不同的声音。这些声音有助于父母更好地理解孩子。如果你明白了宝宝试图告诉你什么，要让他知道。宝宝很喜欢互动的。

来自妈妈的心声

“我很清楚宝宝什么时候会因为高兴而发出咯咯声，或什么时候会因为不开心而“发牢骚”。有时候她看到自己的小汽车就会愉快地咯咯地笑。她也喜欢我模仿她的声音。”

——汉娜的妈妈，第6周

照顾宝宝：不要过分

仔细观察宝宝的反应，一旦你发现有些事情对他来说难度太大，就马上停下来。

- 你的宝宝现在变得更敏感了，所以你得小心不要过度刺激他。和他玩耍时、拥抱他时、拿东西给他看时，或者让他听声音的时候，记住这一点。你必须适应他的表现。
- 你的宝宝仍然无法长时间集中注意力，所以他需要短暂的休息。你可能认为他已经失去了兴趣，其实并没有。要有耐心。通常情况下，如果你让他休息一会儿，他很快就会迫切地渴望重新开始。

帮助宝宝通过听觉探索新世界

所有的婴儿在这个年龄段都会对抚摸变得更加敏感。你第一次听到宝宝大笑，也许是在他被挠胳肢窝的时候。尽管一般来说，这个年龄段的婴儿不是很喜欢被挠痒，因为这对他们来说太刺激了。

来自妈妈的心声

“当她的哥哥给她挠痒痒的时候，我的女儿大笑起来，后来甚至大叫起来。大家都吓了一跳，而后突然安静下来。”

——艾米丽的妈妈，第5周

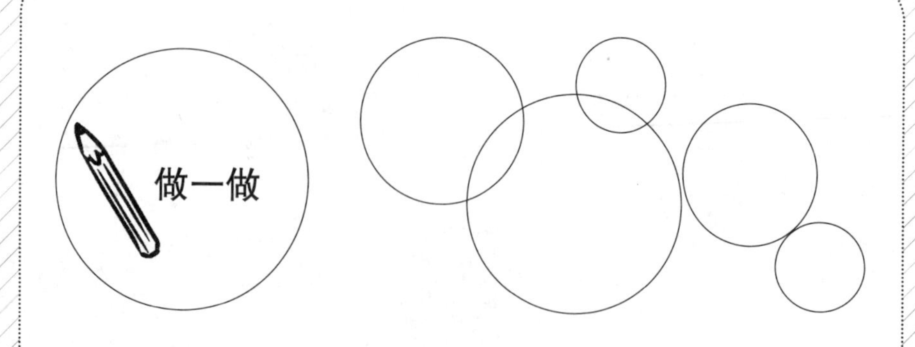

感觉发生变化时宝宝如何探索世界

宝宝心智的每一次发展飞跃，我们都会为你罗列出你可能注意到的变化，以及飞跃过后他可能突然就能够驾驭的一些事物（技能）。当你的宝宝经历更多飞跃时，他获得的新技能就更多。宝宝年龄越大，你就越容易注意到他行为的变化，以及已经掌握的新技能。这是有一定道理的，因为随着宝宝年龄的增长，他的行为特点会越像成人。

由于这是第一次飞跃，可能很难观察到任何新的技能。你可能只会在飞跃以后注意到它的存在。突然间，你会意识到宝宝现在的行为和上周不同，实际上，前一周对你们来说是相当困难的时期，宝宝表现出的难以取悦，就是在经历心智发展的飞跃。当你在下一次飞跃开始前填写这个“探索列表”时，你会意识到有多少变化。

填表说明：

在宝宝的下一次飞跃开始前，看一下这个列表，仅选择你能准确回答的内容。绝对不是选得越多越好，而是要试着找到开启宝宝个性的钥匙。预示着下一次飞跃的困难阶段一旦开始，就不要填这个表格了。

他在____________方面做出了飞跃。（译者注：这里的第三人称“他”指代“宝宝”）你注意到飞跃之后他在这些方面产生了变化。

宝宝明显对周围的事物更感兴趣

日期：

☐ 更频繁，也更长时间地注视某些事物：

他喜欢注视：

____

____

____

____

☐ 更频繁，也更专注地倾听：

____

____

____

____

☐ 很明显对抚摸更加敏感。

☐ 对不同的气味更加敏感。

☐ 会微笑了，或者比以前笑得更频繁。

☐ 面对下面的事物时，更频繁地呵呵地笑：

____

____

☐ 更频繁地表达他的喜好。

☐ 更频繁地以某种方式表达期待。

☐ 觉醒的时间变长，也更加机敏。

宝宝身体的变化

日期：

☐ 呼吸更有规律。

☐ 现在不容易受惊了，身体也不常颤抖了。

☐ 哭的时候会流泪。

☐ 给他喂奶的时候，我注意到：

  ☐ 他不像以前那样经常呛奶了。

  ☐ 他现在呕吐的次数比以前少了。

  ☐ 他现在打嗝的频率比以前低了。

黄金建议

你看，不需要很长时间你就可以完成这个列表，看看你的宝宝是如何探索这个新世界的吧。试着在他每次飞跃前都填一填这个表。只用花几分钟，就可以让你了解宝宝的性格特点。当你几年后再次回看这些列表时，你会看到宝宝性格的典型特征是如何发展起来的！

轻松时期：飞跃之后

在大约第6周，一段相对平静的时期开始了。你的宝宝比以前更快乐、更机敏、更专注于观察和倾听。许多父母说他们的宝宝眼睛看起来更加明亮了。这个年龄段的婴儿能够表达自己的喜好了。简而言之，生活似乎没有以前那么复杂了。

来自妈妈的心声

“我们现在会有更多的交流。突然之间，我儿子醒着的时间似乎变得更有趣了。”

——弗朗基的妈妈，第6周

“现在我感觉离我的宝宝更近了。我们的联结更牢固了。”

——鲍勃的妈妈，第6周

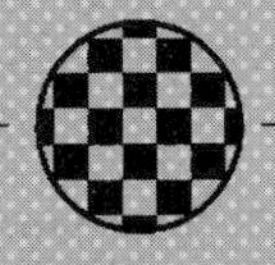

神奇的第8周

第2次飞跃

充满图案的世界

“你的宝宝第一次触摸、听到和看到……”

在宝宝第8周前后，他将获得新的技能——可以识别周围的世界和简单形状。虽然我们可能难以想象，但这会影响宝宝所有的感官，而不仅仅是视觉。举例来说，你的宝宝可能会认识他的小手和小脚，花好几小时练习要把手臂或腿脚做成某个姿势的技巧。他可能对光线在卧室墙上投射出的影子非常着迷。你可能会注意到他似乎被杂货店货架上一排排的罐头迷住了，可能完全被诸如“啊”“吁”和“呃”这样短促的声音吸引了注意力。

想象一下，宝宝会感觉之前熟悉的世界被颠覆了，他要适应这些变化。他突然以一种全新的方式去观察、倾听、嗅闻、品尝和抚摸。正如之前的飞跃一样，他可能会感到莫名其妙、稀里糊涂、晕头转向，需要时间来适应。他会想要黏在爸爸或妈妈身上寻求安慰。这个难以取悦的阶段可能持续几天到两周不等。

切记

如果你注意到你的宝宝比平时更烦躁，要仔细观察他。很可能他正尝试掌握新的技能。参考本书第110页“充满图案的世界宝宝如何探索”，看看你能观察到什么。

进入难以取悦的阶段：飞跃开始的标志

到了这个时候，几乎所有宝宝都哭得更加频繁，因为这就是他们表达紧张情绪的最有效方式。这会引起父母的注意。有肠绞痛的婴儿甚至会比以前哭泣和尖叫得更厉害，这让父母心烦意乱。即使父母尽一切可能安慰他，他也可能继续哭泣。

简而言之，你的宝宝正在进入一个新的困难阶段，这一阶段以3C［又哭又闹（Crying），过分依赖（Clinginess）和脾气暴躁（Crankiness）］为特征。这不仅对你的小家伙来说很困难，对你也是如此，而且可能导致你焦虑和烦躁。

大多数婴儿在感受到亲近的肢体接触时会平静下来，尽管对一些婴儿来说这样的接触永远不够亲密。如果婴儿有办法，他会喜欢爬进父母的怀抱，被爸爸妈妈的臂弯拥抱着。他需要你的完全投入和关心，一旦你开了小差，他就会抗议。

出于担忧，你会密切关注宝宝，然后就会意识到宝宝实际上是在尝试做许多新的事情。

如何判断宝宝已经进入难以取悦的阶段

当你的宝宝处于飞跃期，他会想要和你更加亲近，你们彼此熟悉，和你在一起他有安全感。在你创造的安全港湾的庇护下，在获得的全新心智能力的帮助下，宝宝再次探索这个世界。而这些，是你之前不容易观察到的。你的宝宝可能比以前需要更多的关注；他可能在陌生人面前变得害羞，失去食欲，一直黏着你，或者睡眠不好。这些表现，在有的宝宝身上可能会全部出现，而有的宝宝则不会都有。

宝宝需要比以前更多的关注吗？

宝宝可能希望你花更多的时间来逗他开心，甚至想要你把全部的注意力都放在他身上。他不再像最开始那样，喜欢待在婴儿床或地毯上，他更需要的是父母的陪伴。只要你在他身边，他会很乐于坐宝宝椅、汽车婴儿安全座椅或婴儿推车。他希望爸爸妈妈能看着他，和他交谈，和他一起玩耍。

来自妈妈的心声

“突然，我的宝贝晚上不睡觉了。她哭个不停，焦躁不安，就是安静不下来。但是我们也需要一些平静和安宁。所以，我们抱着她坐在沙发上，搂着她，这样她就不会添麻烦了。”

——夏娃的妈妈，第8周

宝宝在陌生人面前会变得害羞吗?

你可能注意到，你的宝宝不再轻易对陌生人微笑了，或者他可能需要更多的时间来熟悉陌生人。有的婴儿，当他心满意足地躺在父母身上时，如果其他人试图靠近他，他会开始哭泣。有的父母会对此表示遗憾，因为宝宝之前面对陌生人也是很快乐的；有的父母则暗自高兴：“毕竟，我才是那个一直陪在他身边的人。”

来自妈妈的心声

“现在看来，我女儿对我们微笑的次数比任何人都多。她需要更长的时间才能在陌生人面前放松下来。”

——阿什莉的妈妈，第9周

宝宝会食欲不振吗?

这个阶段，你的宝宝似乎整天都想趴在妈妈的乳房上或是抱着奶瓶，只要妈妈的乳头或奶嘴含在嘴里或靠在嘴边，即便不吸吮他也会心满意足。一旦离开妈妈的乳房，他就开始抗议和哭泣，直到再次碰触到妈妈的乳头。这种情况通常发生在按需哺乳的婴儿身上。一些母乳喂养的母亲开始觉得可能是她的母乳有问题，而其他母亲则质疑母乳喂养的决定是否正确。在这个婴儿容易挑剔的阶段，他对乳汁的营养需求其实并不多，反而更多的是寻求安慰。这就解释了为什么有些宝宝在这段时间会更频繁地吮吸自己的手指。

来自妈妈的心声

“有时候我觉得自己就像个一天24小时待命的行走奶瓶。这真的让我很恼火。我想知道其他母乳喂养的母亲是否也经历同样的事情。”

——马特的妈妈，第9周

宝宝现在更黏你了吗?

这个阶段，当你抱着宝宝要放下他时，他可能会比以前抓你抓得更紧。他不仅会用手指抓住你，甚至会用脚趾！这种不顾一切的“献身精神”使得父母很难把孩子放下，这里的“放下”既包括字面意义也包括情感意义。你可能觉得既感动又揪心。

来自妈妈的心声

“当我弯腰放下宝宝时，她紧紧抓住我的头发和衣服，好像害怕和我分离。这真的很贴心，但我希望她不要这么做，因为这会让我很内疚，觉得不该放下她。”

——劳拉的妈妈，第9周

宝宝有没有睡眠不好？

在这个困难的阶段，你的宝宝可能不会睡得像以前那么好。可能你一把他抱进卧室，他就开始哭泣，所以有时父母会以为是宝宝害怕婴儿床的缘故。各种睡眠问题都可能影响宝宝。一些婴儿入睡困难，而另一些则容易惊扰或醒来。不管你的宝宝是什么情况，结果都是一样的：他比之前睡得更少。这就意味着你的宝宝现在清醒的时间更长了，这也给了他更多哭泣的机会。

> 我们正在度过另一个神奇的飞跃周。本周，她正在学习观察人脸的细节、形状，而且她发现了自己的双手。由于要面对的新信息过多、感官负荷过重，当宝宝困倦的时候就有点暴躁。谢天谢地，我们正在从容地处理这一切！

小贴士

如果你想了解更多关于睡眠和心智发展飞跃的知识，参见本书“睡眠和飞跃”一章的内容。

宝宝的下列表现提示飞跃已经开始：

☐ 比之前哭得更加频繁。

☐ 总是一直忙于探索周围的一切。

☐ 食欲不振。

☐ 突然在陌生人面前感到害羞，只想和你在一起。

____

____

____

____

☐ 比平时更黏人。

☐ 睡得不好。

☐ 喜欢吮吸拇指，或者比以前更加频繁地吮吸。

☐ 作为父母，注意到宝宝其他的变化：

____

____

____

____

切记：你的宝宝并不一定表现出上述列表中的所有特征。这个列表罗列的是他可能出现的行为，而无关乎多少。

忧虑和烦恼

这只是宝宝的第2次飞跃，你可能会怀疑自己或者你的宝宝。随着时间的推移，你会逐渐识别宝宝经历飞跃时的典型行为，但是现在你可能比其他任何时候更担心。这完全正常，如果有疑问，你可以咨询儿科医生。你也可以找朋友倾诉，他们的倾听对你很重要，还可以参加和你有共同经历的家长组成的社群。对宝宝而言，心智发展的飞跃是一项巨大的挑战，对你也是如此。要保持耐心，不乱阵脚，这可能很难。再加上你们会经历一些不眠之夜，但终会明白，有忧虑和烦恼是再正常不过了。

你可能会担心

在孩子经常哭闹、黏人的时候，父母都会担心。只有少数宝宝，在心智发展飞跃的时候，仍然随和、安静，不会比平时哭得更多，而且通常很容易安抚。反之，喜怒无常的婴儿最难“对付”，他们哭泣的声响和频率似乎超过其他婴儿10倍，你待在旁边就如同身临拳击场般吵闹。这类父母常常担心整个家庭会在如此艰难的时期分崩离析。上面说的两类婴儿都是极端例子，大多数婴儿是处于中间的状态。

当你的宝宝哭得比平时更厉害时，你可能绞尽脑汁想知道原因。你可能会想，“是我的奶水不足吗？是他生病了吗？还是我哪里做错了？当他坐在我的腿上时，他很好啊——这是否意味着我太溺爱他？”在分析了所有可能的原因之后，一些父母会认为宝宝一定是因为肠绞痛而心烦意乱，因为宝宝似乎总是翻来滚去。有些父母会感到不安，甚至大哭一场，偶尔也会咨询儿科医生。

来自妈妈的心声

“当我的儿子哭个不停的时候，我总是去看他，尽管我已经认同‘孩子有时候就是需要哭一哭’这样的说法了，真是筋疲力尽。我们的公寓墙壁太薄了，他一哭声音就传过来，我就总想去看他，希望能让他安静下来。”

——史蒂文的妈妈，第9周

“有时候，我的女儿不管我做什么都哭个不停，我难过得无法应付。我自己也常常大哭一场，这样可以减少一点紧张感。”

——艾米丽的妈妈，第10周

“有时候，我会怀疑自己做得对不对，有没有给他足够的关注，是不是给得太多。我发现有时候很难应对儿子的哭声。在那些艰难的日子里，我从书中读到，婴儿在6周大的时候就会对他的母亲微笑。我家这位从来没有过。这真是打击我的信心。然后，今天晚上，他突然对我咧嘴一笑。眼泪顺着我的脸颊流了下来，真是太感人了。我知道这听起来很荒谬，但对我来说，我觉得他是想告诉我这没关系，他一直都和我在一起。”

——鲍勃的妈妈，第9周

你可能感到愤怒，并心存戒备

父母如果一直找不到孩子哭泣且黏人的真正原因，会感到束手无策。你还有那么多事要做，他的哭声让你发疯，而且，你已经筋疲力尽。最重要的是，其他来帮忙的家庭成员或邻居看起来像在评判你，他们认为你的孩子“难以相处”或“令人厌恶”。相信你的直觉，忽略那些让你严苛对待宝宝的建议。虽然手足无措，但你通常会先想办法安慰宝宝。这就是你能做到的最好的。

来自妈妈的心声

“我想去撞墙！我安慰了宝宝整整一小时才让她睡着，她却在我把她放下的那一刻又开始呜咽。她只有在我抱着她的时候才开心。我完全无法做其他事情了。”

——劳拉的妈妈，第8周

“临近圣诞的日子简直像噩梦。我整天抱着儿子走来走去；他一直哭啊，叫啊。我无法安慰他。当他爸把他抱起来时，他才会平静一点，我心都要碎了。但是突然，他朝我笑了笑。在那些可怕的日子之后，我们再次拥有了一个会微笑的、快乐的小伙子。”

——艾登的妈妈，第8周

“我得让我的儿子整天忙个不停，即使这可能都是徒劳的。我试着抱着他走来走去、抚摸他、给他唱歌。起初，我觉得非常无助和郁闷，然后又突然觉得非常挫败。我坐下来开始哭泣。于是，我问日间照顾中心能否每周照看他两个下午，给我几小时休息下。他的哭声有时会让我筋疲力尽。我太累了。我只想知道我们俩还能承受多少。”

——鲍勃的妈妈，第9周

放松时刻

永远不要忘记你在做的是一项很艰巨的任务——把你的小家伙拉扯大。给自己一些放松的时间，犒劳你自己！

5分钟的放松时间：站立，双臂举起，比肩膀稍宽，有点像那种“我征服了世界”的姿势。保持这个姿势几分钟，同时专注于你的呼吸。这项练习可能帮助你感觉更好、更强大。温馨提示：当你面对一些害怕或者不得不做的事情时，做这个放松练习，恐惧感会减轻或消失！

10分钟的放松时间：泡一杯花草茶，坐下来慢慢品鉴。设置一个计时器，确保你坐满10分钟。

更长的放松时间：出去呼吸下新鲜空气。去公园或森林里散散步。不要着急，也许还可以带上一些花草茶……

想要了解放松练习还会对你的家庭生活产生哪些美妙的影响，请参阅第22页。

你可能想粗暴地对待宝宝

只有极少数的父母愿意承认在放下孩子的时候会粗暴一些，因为他们已经被孩子的尖叫和哭声弄得心烦意乱以至于没有考虑到这一点。如果你有这样粗暴的想法需要立即面对和纠正，这表明你感到不知所措、绝望，需要马上得到帮助。无论你的宝宝有多么难搞，你都没有理由将这些感受付诸行动。接受这个事实有些时候确实很困难，在崩溃前采取一些行动，例如散散步或者找人谈谈你的感受。

小贴士

“你真正需要知道的十件事”（第187页）这一部分内容提供了十个好用的建议，可以帮助你了解宝宝正在经历的飞跃。

肌肤接触：安慰宝宝的最佳方式

8周左右的宝宝，想要整天和爸爸妈妈在一起是很正常的。有些宝宝这种欲望更强烈。在这个年龄，哭泣和黏人是他们最正常的事情。这意味着婴儿发育良好，正在经历心智发展的飞跃。他感到沮丧是因为周围的世界突然发生了变化，而父母是他的安全港，能帮助他继续探索新世界。

想象一下你心烦意乱却无人安慰的情境，这比有人在身边陪伴更加紧张、更有压力。你所有的精力都被紧张情绪所吞噬，无法看清事物。你的宝宝就是这样。当他经历发展飞跃时，就好像一个全新的世界为他敞开了大门。这种感觉超出了他能承受的范围，所以他会哭，持续地哭，直到有人安慰他。他把所有可以花在探索新世界的时间和精力都用来哭泣。

后退一小步，是为了迈出一大步

正如上面解释的那样，从宝宝的角度来看，每次飞跃第一阶段的困难是可以理解的，但是你知道这对父母也有一定的作用吗？当他们因为宝宝的苛求而给予更多关注时，他们会注意到宝宝实际上是在尝试新鲜事物，因为宝宝已经获得了学习新技能的能力。当父母意识到这一点，他们就可以帮助孩子变得更加独立，然后父母所有的担忧和烦恼都会消失。

你可以说，你的宝宝后退了一小步（进入难以取悦的阶段），然后，在父母的帮助下，他向着独立迈出了一大步。

大约8周的时候，宝宝获得新的能力——识别和使用“形状”，这种新能力可以帮助宝宝探索新的世界。

充满图案的世界

在这个年龄段，宝宝开始认识在眼前重复出现的形状、图案和结构。例如，你的宝宝现在可能发现他有一双手，会惊奇地看着他的双手，并且摆动。一旦宝宝意识到这是他的手，他可能会尝试用双手抓物体。他不仅开始看到周围世界的图案，也能区分周围的声音、气味、味道和质地。换句话说，你的小家伙现在用他所有的感官来感知这个世界。这种新的觉察不仅局限于身体之外发生的事情，还包括对身体内发生事情的强烈感知。例如，现在你的宝宝可能会意识到手臂举起和垂下时感觉是不同的。同时，他也可能学会控制自己的手臂；他可能能够保持某些姿势，不仅运用他的头部、身体、手臂和腿，还包括身体的较小区域，例如，会控制面部的肌肉，从而能做各种各样的鬼脸；他可能会让声带振动保持在某个频率，从而能发出爆破音；他可能更专注地看某一个物体，因为他对眼部肌肉的控制力更强了。

宝宝出生时的许多先天反射在这个年龄会开始消失，将被自主行为替代。例如，他不再需要抓握反射，因为已经学会用手握住一个玩具或其他物体；不再需要吸吮反射，因为他能自己主动找到妈妈的乳头，而不是通过鼻子在妈妈胸前蹭来蹭去，碰巧找到乳头。一般来说，婴儿只有在饥饿或不安的时候才会使用他原有的反射动作。婴儿第一个有意识的动作和成年人的仍然有很大的不同。他的动作会非常急促、僵硬、刻板，就像木偶一样，且会一直这样直到下一次飞跃来临。

大脑的变化

大约在7~8周时，婴儿的头围会显著增加。研究人员发现，6~7周的婴儿脑电波也会发生变化。在大约7周的时候，婴儿的触摸和抓取方式也改变了。这些行为受大脑更高层次的指挥。宝宝已经意识到面前的这双手属于他自己，会尝试使用双手抓住一个玩具。

神奇的飞跃：发现新世界

帮助宝宝实现心智发展飞跃的最好方法就是培养他觉得最有意思

的技能。这里有一些建议。

●当他学习练习每一项新技能时，表示出你的兴趣和热情。你的表扬会让他感觉良好，鼓励他继续尝试下去。

●在鼓励他接受适当的挑战和对他要求太高之间把握平衡，试着去发现他最喜欢做什么。

●一旦你发现他已经玩腻了某个玩具或游戏，就马上停下来。

如何知道宝宝已经做够了

●宝宝会把视线从你身上移开。

●如果他的身体足够强壮，可能会转身远离你。

●一旦你发现宝宝已经做够了，就马上停止游戏或活动。有时候，他只是想稍事休息，然后以新的热情继续玩游戏或做活动。他需要时间来适应这一切。永远记住，要仔细观察宝宝的反应，来决定你采取什么措施！

宝宝可能想要或需要自己练习一些游戏或活动。只要你表现出一些热情就足以让他放心，让他相信自己做得很好，但是有些事情你也可以帮助他。如果宝宝喜欢用自己的眼睛探索世界，你可以为他提供他喜欢看的物体（见第101页）。

变换宝宝周围的物体。把一个物体放到他的手边，这样他就可以去抓握，以此来认知他的双手。语音是一个重要的工具，多与他聊天，给他时间“回应”。如果宝宝准备好了，也可以带他玩引体向上这类很有趣的游戏。记住，宝宝独自玩耍也是成长的一部分！

来自妈妈的心声

“过去一周半的时间简直太难熬了！你以为很了解自己的宝宝，结果事情变了又变。迈卡已经向我展示了他上周取得的所有进步和里程碑式的成就。还记得那天他发现了自己的脚趾头；还有那天他转过头来盯着街灯，满眼的热切期待，这些日子我会终生难忘。然而，这也意味着这个势不可挡的新世界让他需要更多的安慰，而他的哭泣也有了新的意义。他通常都不会那么沮丧！经历发展飞跃的时候，他必定会非常沮丧。显然，我那通常睡得香香的小家伙晚上也想更频繁地醒来，白天也不愿意打盹，除非是在我怀里。”

——迈卡的妈妈，第9周

宝宝就是这样的

宝宝喜欢所有新鲜的事物，他每获得一项新的技能或兴趣，你的反应很重要。如果你分享这些新发现，他会很享受，这将加速他的学习进程。

给宝宝看真实的物体

你可能已经注意到宝宝对“真实的物体”比对图片中的图案更感兴趣。在这个年龄，他无法靠自己接近感兴趣的物体，所以需要你的帮助。如果你注意到他喜欢看哪些真实的物体，要及时给予反馈，例如把五颜六色的玩具拿到离他不同距离的地方，慢慢移动这些玩具，这样才能吸引他的注意力。你也可以试着慢慢地把玩具向前和向后移动，观察宝宝的目光是如何跟随玩具移动的。

来自妈妈的心声

“我女儿什么都喜欢看：油画、书架上的书、厨房橱柜里的东西。我去哪儿都得带上她。我外出或购物时也会把她抱在怀里。”

——汉娜的妈妈，第11周

多样性是生活的调味品

8周以后，如果你的宝宝总是观看、倾听、闻或者品尝同样的物体，他可能会感到厌烦。他能够理解事物的重复性了。你的宝宝可能有生以来第一次厌倦了同样的玩具，同样的画面，同样的声音，同样的感觉，同样的味道。他渴望多样性。如果他看起来很无聊，要让他保持兴奋。把他抱在怀里四处走走，或者移动婴儿椅的位置，让他看不同的物体。

来自妈妈的心声

“我的孩子目不转睛地盯着一些图案看，例如地毯、木头上的裂缝、窗户上的雨水、睡衣的颜色……”

帮助宝宝认识他的手脚

在这个年龄段，你的宝宝可能会注意到在他的视线范围内摆动的都是熟悉的物体。他会注意到自己的手或脚，会惊奇地注视着它们，并开始详细研究。每个婴儿都有自己的方式去探索世界。有些婴儿需要很多时间才能完成他的探索，而有的则不需要。大多数婴儿都特别喜欢关注自己的手。也许这是因为他的小手是最经常出现在他的视线里的。

手和手臂可以摆成各种各样的姿势，每一种姿势都是一种图案。允许你的宝宝研究他的双手。婴儿必须先了解他的手是干什么用的，才能正确地使用双手。这非常重要。

来自妈妈的心声

“第8周的心智发展飞跃让我的宝宝认识了他的双手，干得好，伙计！”

——麦克的妈妈，第8周

“我的小家伙研究他的手如何运动的每一个细节。他非常细致地摆弄自己的手指。当他躺下的时候，便把手举在空中，伸开手指。有时他会张开又合上他的手指。或者他把双手合拢，或者双手接触。这是一系列连贯的动作。”

——鲍勃的妈妈，第9周

鼓励宝宝去抓玩具

你有没有注意到你的宝宝试图用他的手去抓拨浪鼓呢？他握着玩具的时候，手掌的样子对宝宝来说也是一种图案。婴儿第一次尝试抓某个物体通常很难成功，向他展示你的热情以及对他的努力的肯定，并鼓励他每一次认真的尝试。你的表扬会激励他继续探索下去。

请记住，这个年龄的宝宝必定还不能伸长手臂去抓取物体，他只能双手握住物体。确保你总是把易于抓取的玩具放在他伸手可得的地方，以便于宝宝有机会练习“抓握”。

来自妈妈的心声

“我的儿子在试着抓东西！他的小手冲着拨浪鼓的方向摸索，或者试图去打它。过了一会儿，他尝试用一种合适的握紧动作抓住拨浪鼓。他为此付出了很多努力。他以为够到了，就握紧拳头，但拨浪鼓仍在他够不到的地方。可怜的宝宝意识到了自己的错误，感到沮丧，开始哭了起来。”

——保罗的妈妈，第11周

让宝宝知道他的声音很重要

宝宝会对自己最新发出的声音投入最大的热情。这就是为什么你应该尽量回应他发出的每一个声音。你的宝宝可能完全沉迷于发出的声音，因为从这次飞跃开始，他就可以控制声带的振动。试着模仿宝宝的声音，当他用声音吸引你的注意力的时候，要做出反应。你们的这些互动，都会让他感受到他的声音很重要，就像他的小手一样，是他探索世界重要的工具。

来自妈妈的心声

“我的宝宝整天喋喋不休，试图吸引我的注意力。她也听到我的声音了。这太棒了。”

——汉娜的妈妈，第11周

鼓励宝宝和你聊天

每个父母都试图鼓励宝宝跟自己“聊天”。有些父母，只要宝宝醒着，就随时随地跟他说话；而有些父母只在特定的时间这样做，比如当把宝宝抱在他们大腿上的时候，这种设定专门聊天时间的缺点是婴儿可能不总是有适合倾听和回应的恰当情绪。如果父母设定聊天的时间，他的宝宝似乎并不总能理解他们的期望，父母也很容易感到沮丧，因为他们认为孩子没有做出正确的反应。

玩引体向上的游戏

许多婴儿喜欢引体向上的游戏。能够自己抬头的小家伙可能喜欢被人拽着手臂从半坐姿拉到直立姿势，或从坐姿拉到站姿。小心支撑他们沉重的头部。如果他们很强壮，他们甚至可能主动参与。这个游戏教会宝宝不同的姿势感觉如何以及如何保持这些姿势。每一个姿势都是宝宝可以感知到身体内部的一种模式。如果他们在引体向上游戏中合作，他们会从一个姿势猛地变到另一个姿势，就像匹诺曹一样。一旦他们蹦到一个特定的位置，他们会想要保持一段时间。虽然他们的动作完全谈不上柔软，但他们喜欢在一个特定的位置上待一会儿。当大人决定是时候结束游戏时，他们甚至会变得非常沮丧。

父亲通常是第一个发现宝宝喜欢引体向上游戏的人，尤其是当他陪着男宝宝玩的时候。

请记住

● 婴儿在心智发展飞跃过程中更渴望学习。他们学得很快，很轻松，如果你能提供一些迎合他们个性和兴趣的事物，这个过程会更有趣。

● 肠绞痛的宝宝会得到更多关注，因为他们的父母会努力让他们感到愉快和满足。

● 如果肠绞痛的宝宝早期得到恰当的帮助和鼓励，他们未来更有可能成为最优秀的学生。如果你能在他们经历发展飞跃时帮助他们学习，更是如此。

● 随和、安静的婴儿易被遗忘，因为他们不需要父母那么多的关注。试着给一个安静的宝宝更多的鼓励和刺激。

来自妈妈的心声

“突然，当我把儿子拉着站起来的时候，他开始踉踉跄跄地走来走去。当他赤身裸体躺在隔尿垫上时，他也会出现抽搐、痉挛的动作。我不知道这是否正常。”

——凯文的妈妈，第11周

“如果我女儿有办法，她会一刻也不歇着，就想听我告诉她她有多么强大。如果我不赶紧恭维，她就开始抱怨。”

——阿什莉的爸爸，第10周

独立玩要也是成长的一部分

你可能认为你的宝宝现在应该更加独立，因为你注意到他能从玩自己的手脚、玩具和观察周围环境中获得巨大的乐趣，他们还喜欢平躺在地板上。试着把宝宝放在带柔软拱门的婴儿游戏垫上。拱门里通常挂着宝宝触手可及的合适的玩具，他可以轻轻击打玩具，或者看着玩具前后摆动。让你的宝宝尽可能长时间地自娱自乐，等他无聊的时候就给他一些新的玩具。在你的帮助下，宝宝可以在这个年龄段自娱自乐大约15分钟。

来自妈妈的心声

“艾拉已经进入第2次飞跃，她学到了很多东西！她发现了自己的舌头，不断伸出来，她还开始大笑。她把玩具推来推去，还喜欢盯着爸爸妈妈看。有件事也‘非常有趣’，她晚上每隔1小时就醒一次！”

——艾拉的妈妈，第8周

父母活动：从宝宝的视角体验世界

把你的手臂在你面前伸直。感觉怎么样？然后，躺下，头扭到一侧。感觉怎么样？当你坐起来，身体前倾是什么感觉？所有这些不同的姿势都是你在体验宝宝的感觉。坐着的时候身体前倾是一种愉快的生理感觉，这就是为什么你的宝宝喜欢坐在你的大腿上。

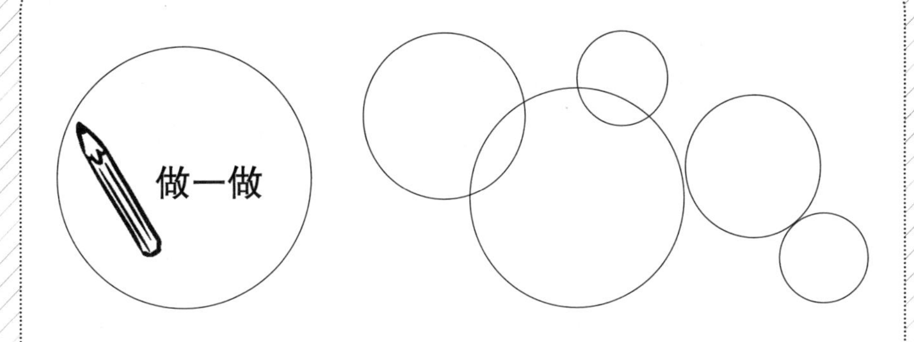

宝宝最喜欢的、利于大脑发育的游戏

这些是宝宝这个阶段最喜欢的、运用新获得的能力能进行的游戏和活动。

选出你的宝宝最喜欢的游戏。在你填写本章后面的“探索列表”之后，看看宝宝最感兴趣的东西和他喜欢的游戏之间有没有关联。你可能需要思索一番，但这会让你了解宝宝独特的个性。

□ 对双手、双脚感兴趣

给你的宝宝足够的机会和空间去观察他的手和脚。他需要自由行动才能了解每个细节。最好的办法是把他放在一条大毛巾或毯子上。如果天气足够暖和，就让他一丝不挂地玩吧，因为他会真正享受到裸体的自由。如果你愿意，可以在他的手上或脚上绑一条彩带，吸引他更多的注意力。你也可以在这项活动中加入一个铃铛。但是，你要确保系好了，同时需要密切观察宝宝，以免丝带或铃铛松了导致意外窒息。

□ 和宝宝温馨地聊天

坐下来，保持让自己舒服的姿势，确保你的背部有足够的支撑，抬起你的膝盖，让宝宝后背靠在你的大腿上。这个位置能让宝宝一直看到你，你也能追踪他所有的反应。和宝宝聊聊当天发生的事情，或者你未来的计划，什么都可以。最重要的是你声音的节奏和面部表情。确保你给他足够的时间做出回应。观察宝宝的反应，发现他感兴趣的事物。请记住，说话时嘴部的动作以及不断变化的表情，会引起宝宝极大的兴趣！一旦他表现出不再感兴趣了，就停下来。

□ 和宝宝一起观察事物

在这个年龄，婴儿仍然不能抓住物体仔细观察，需要父母的帮助。一起去发现宝宝的兴趣所在吧。向他解释他所看到的。他喜欢听你的语调，并从中学到很多。别忘了，你要根据他的反应调整你的行动。

□ 做引体向上游戏

只有当宝宝能够自己抬起头的时候才能玩这个游戏。坐下，找个让你感觉舒服的位置。确保你的后背有足够的支撑。弯起你的膝盖，把宝宝放在你的腿和肚子上，让他几乎处于半坐姿势。这样，他会觉得更舒服。然后，抓住他的胳膊，慢慢地把他拉起来，直到他坐直，同时对宝宝说一些鼓励的话语，比如告诉他他是多么聪明的小婴儿。仔细观察宝宝的反应，只有在你确定他合作愉快时才继续。

□ 和宝宝一起洗澡

婴儿特别喜欢看水的流动，也喜欢水波流过他皮肤的感觉。把宝宝放在你的肚子上，给他看从他身上流下的水滴和水流；或者把他放在你的肚子上，一起唱“划，划，划，划小船”，随着歌曲的节奏慢慢前后晃动，就像在水波中荡漾一般。

宝宝最喜欢的玩具

☐ 观看：悬挂在头顶的玩具。例如：

____

____

☐ 观看：一辆移动的汽车。

☐ 观看：播放的音乐盒。

☐ 触摸和抓取：可以滑动或触摸的玩具。例如：

____

____

☐ 可以和它说话或者觉得很搞笑的玩具。

☐ 爸爸妈妈仍然是你最喜欢的“玩具”！

一个高需求的婴儿可能有天赋

一些婴儿很快就能学会玩新的游戏和玩具，很快就厌倦了日复一日地做同样的事情。他们想要新的挑战、连续的动作、复杂的游戏、还要富于变化。这些“活力四射”的宝宝的父母，可能被搞得极度疲惫，因为他们的想象力已经耗尽，如果不能提供一个接一个的新的挑战，孩子就会尖叫。

事实证明，许多天赋异禀的孩子都是爱抱怨、要求高的宝宝。他们通常只有在被给予新鲜的、令人兴奋的挑战时才感到快乐。

一种新的能力会为他们提供学习额外技能的机会。有些婴儿会以极大的热情去探索他们的新世界，但他们需要持续的关注和帮助。他们对知识有无穷无尽的渴求。他们以惊人的速度发现周围的新世界。他们进行尝试，获取新世界提供的几乎所有技能，然后再次感到厌烦。对于类似孩子的父母，除了等待下一次飞跃，能做的很少。

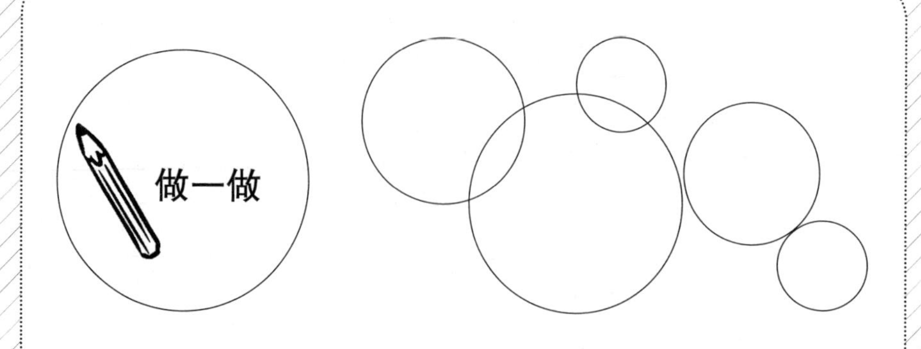

充满图案的世界宝宝如何探索

婴儿都会经历这样的变化，进入新的世界，展开新的探索，学习新的技能。但是，每个婴儿会自己决定想学什么、什么时候学、怎么学。他会选择自认为最有吸引力的东西。有些婴儿会尝试使用一个或多个感官学习不同的技能。有些婴儿似乎对用眼睛探索这个新世界特别感兴趣；有些婴儿更喜欢尝试说话和倾听；有些婴儿则会尝试更熟练地运用身体。这就解释了为什么你的朋友的孩子在做你的孩子不能或不喜欢的事情，反之亦然。婴儿的好恶取决于他自身的特质——体型、体重、性情、喜好。

仔细观察你的宝宝，看看他喜欢什么，对什么感兴趣。尽可能客观地做这件事。在这个“充满图案的世界”探索列表中，有空间记录下你的宝宝选择的东西。你也可以自己探索，发现那些宝宝还没想到却可能会感兴趣的事情。

这些例子都是你可能注意到的这个年龄的宝宝的新技能。但重要的是请记住，你的宝宝会做出选择，不会做出列表上的所有事情！

填表说明：

下一次飞跃开始前，选出这个列表中宝宝可能选择的新事物（技能）。他的选择很大程度上说明了他的个性。浏览这个列表时，请保持审慎的态度，尽量不要把它视作“比较”的列表。通过仔细观察、自然地支持你的宝宝，你会发现质量优于数量。你越审慎，就越能看到宝宝性格背后的内在动机。在第一栏，检查宝宝飞跃之后做了什么。对于其余可能的技能，当你的宝宝第一次做出的时候再填写日期。这可能要在好几次飞跃以后！这很正常：个人喜好不仅体现了个性，也会反映他不感兴趣的事物。

宝宝进入本次发展飞跃的日期：____________________

在__________再次“拨云见日”，现在，飞跃接近尾声，我看到宝宝可以做这些新的事情了。

控制自己的身体

日期：

☐ 当宝宝处于警觉状态时，可以自己把头抬起来。

温馨提醒：婴儿能抬头的最早时间就是这次发展飞跃，但是到了6个月大才会抬头也是完全正常的。婴儿能抬头的平均年龄是4个月零1周，但你的宝宝未必能达到这个平均水平。

☐ 宝宝把头明显转向某些事物。

☐ 宝宝转动自己的头：冲着有声音的方向，例如：

____

____

☐ 当宝宝想看某样东西的时候转头，例如：

____

____

☐ 冲着闻到的某样东西转头，例如：

____

____

____

☐ 其他：

____

____

☐ 宝宝可以从侧卧翻身呈俯卧位或仰卧位。

☐ 宝宝可以从仰卧翻身呈侧卧。

温馨提醒：婴儿能做到这一点的最早时间就是这次飞跃。有些宝宝直到7个月大的时候才会这么做，也算正常。平均年龄一般是两个半月。

☐ 当宝宝仰卧时，踢腿，挥舞手臂。

☐ 宝宝允许自己被你拉成坐姿。

☐ 宝宝允许自己被拉成站立的姿势。

温馨提醒：当然，宝宝还不能长时间保持平衡，也不能真正站起来，但可以有力地稳住身体，暂时保持这个姿势。

☐ 宝宝第一次、更频繁地、更好地面朝下趴着时，会尝试用手臂支撑抬起头和躯干。

温馨提醒：有些宝宝在3周大的时候就开始这样做了，但力量和稳定性都不及这次飞跃以后。有的婴儿直到5个月大才能胜任。平均来说，大多数婴儿在这次飞跃以后都能获得这项技能。

☐ 当宝宝背靠着你坐在你的大腿上时，表现出愈发想坐直的欲望。当然，宝宝不能长时间独立坐着，你要小心他向前跌倒，但是宝宝很享受这个过程！

温馨提醒：这是你的宝宝可以开始这样做的最早年龄，但是有些宝宝直到6个月大才开始。平均时间为3个月零3周。

☐ 当宝宝俯卧时，可以左看右看。

☐ 会做出各种各样的表情，即使是无意识的。他喜欢“玩”自己的脸，你也很喜欢欣赏他这个新技能。

抓拿，触及，抚摸

日期：

☐ 宝宝很想抓住离他很远的玩具，当然，他还做不到。

☐ 宝宝会“猛击”玩具。

温馨提醒：这是宝宝正试图掌握“抓拿”技能的第一信号。

☐ 宝宝会对一个特定的玩具踢来踢去。

温馨提醒：踢来踢去、踉踉跄跄是婴儿在这次飞跃过程中的典型动作，他会突然从一个姿势变换到另一个姿势，没有任何平稳的过渡。

☐ 当玩具触手可得时，宝宝会用手紧紧握住玩具。

温馨提醒：一般婴儿2～7个月时会掌握这项技能。平均年龄为3个月零3周。

☐ 宝宝抓起一个玩具，上下摇晃。但是这个动作就像这次飞跃中的所有动作一样，有点“刻板”。

☐ 宝宝不是抓住物体，而是抚摸它。

寻找

日期：

☐ 宝宝发现了自己的双手！仔细观察双手。

☐ 宝宝发现了自己的双脚！仔细观察双脚。

☐ 宝宝发现了自己的膝盖！

☐ 宝宝喜欢看：

- ☐ 人们在房间里走来走去，或者在忙着做事情。
- ☐ 孩子们在房间里玩耍。
- ☐ 电视上迅速变化的画面。
- ☐ 宠物狗或猫的行走、吃东西、跳跃。
- ☐ 晃动的窗帘。
- ☐ 发光的物体，比如摇曳的烛光。
- ☐ 宝宝坐在婴儿车里或婴儿背带里，观察路边的树梢。他观察阳光如何照射进来，风如何吹动树梢，觉得都很有意思。这是可以理解的，因为阳光突出了树叶的图案，形成鲜明对比，在宝宝前一次发展飞跃时也喜欢看这些。
- ☐ 宝宝喜欢看超市货架上的商品，商品的彩色包装是一个个大的图案；或者他喜欢看书架上的书。

- ☐ 宝宝喜欢看许多现代艺术的形状（曲线）和色彩。如果宝宝被来回摇晃，会更喜欢看着这些。这很有趣，因为成年人依靠站着不动集中注意力，当婴儿左右摇晃的时候观察力更好！
- ☐ 宝宝喜欢看闪闪发光的物体，着迷于看那些闪亮的衣服或珠宝。闪闪发光的亮点，就如同交替的光影。
- ☐ 宝宝喜欢看人吃饭或说话时的嘴的动作。
- ☐ 宝宝喜欢看人的面部表情，而且研究得特别认真。
- ☐ 宝宝喜欢观看的其他事物还有：

____

____

____

倾听和发声

日期：

- ☐ 宝宝喜欢听声音，无论是说话还是唱歌的声音，他特别喜欢高音，这很自然，因为和低音相比，高音更容易被听到。
- ☐ 宝宝会发出短促的声音，比如：
  - ☐ 啊。
  - ☐ 呃。
  - ☐ 嗯。
  - ☐ 其他声音：
- ☐ 宝宝也喜欢听自己的声音。

  温馨提醒：这个阶段婴儿的声带以一种特定的“模式”绷着，还不能让声带维持平稳的振动。要想发出圆润的声音，只能等下次发展飞跃。
- ☐ 宝宝有时会发出一连串的声音，嘟嘟囔囔，好像在说什么似的！
- ☐ 如果你对宝宝说话，鼓励他，他会模仿你发出类似的声音，就像在和你“聊天”。你们俩你一句，我一句，就这么交流着。

- □ 当你和宝宝一起唱歌跳舞时，他用独特的方式附和。
- □ 宝宝会和可爱的玩具“聊天”，冲它们微笑。
- □ 即使宝宝还不能有意识地做事，但也知道如何用“呃”的声音来吸引大人的注意力。
- □ 别人说话的时候宝宝会“插嘴”。现在没关系，你会很喜欢他这样。只有当宝宝成为蹒跚学步的孩童时才能学会等待。在那之前，他不是有意这么做的，他很擅长吸引别人的注意，或者只是想加入别人的闲聊。

轻松时期：飞跃之后

宝宝到了10周左右，另一段相对轻松的时期开始了。大多数父母似乎很快就把最近几周的担忧和焦虑抛诸脑后。他们大唱宝宝的赞歌，高谈阔论，好像他们的宝宝一直都随和、开心。

你能从这个阶段的宝宝身上看到什么变化呢？大约10周的时候，你的宝宝可能不会需要过去那么多的关注。他更加独立，对周围的环境、人、动物和其他事物都感兴趣。他似乎突然就能理解并清楚识别一系列新鲜事物。他要和你一直在一起的需求在这个时候也会减少。如果你把他抱起来，他可能会因为不舒服而来回扭动，试图尽可能坐在你怀里。他现在唯一需要你做的似乎就是你愿意向他展示有趣的东西。

你的宝宝可能已经变得非常容易高兴，忙着自娱自乐，现在的生活对你来说容易多了。你可能感到精力充沛。许多父母经常把这个阶段的宝宝放在游戏垫上，因为他们觉得宝宝现在已经准备好了。

来自妈妈的心声

“我女儿突然变得聪明多了。新生儿的那种对大人的依赖没有了。我不是唯一注意到这一点的人。现在每个人都恰如其分地和她说话，而不是发出滑稽的咕咕的声音。”

——艾米丽的妈妈，第10周

“我的宝宝似乎变‘聪明’了。她变得越来越友好，越来越快乐，有时甚至会大笑起来了。谢天谢地，她不再哭个不停。生活已经发生了巨变，从思考‘该如何应付她的尖叫'到现在享受有她的相伴。”

——珍妮的妈妈，第10周

“我儿子看起来没那么脆弱了。我在他身上看到了明显的变化。从只是坐在我的腿上，到获取独立，自由玩耍。他正在进步。”

——史蒂文的妈妈，第10周

“我认为我的宝宝真的开始成长为一个拥有自己生活的活生生的小家伙了。起初，她所做的只有吃饭和睡觉。现在，我把她带出婴儿床的时候，她还要好好伸个懒腰，跟成年人一模一样。”

——妮娜的妈妈，第10周

“不知道这之间是否有什么联系，但我确实注意到我在过去一周里精力充沛了很多，而此时我的儿子也比之前更独立了。我必须说，看到他取得这么大的进步，我由衷地开心。他的笑声、他的享受、他的玩耍，都令人着迷。我们似乎沟通得更好。我可以运用我的想象力陪他玩毛绒玩具，可以唱歌给他听，还可以发明不同的游戏。我能从他那里得到一些反馈，他真真正正是我的孩子。我发现这个年龄段的孩子，比之前喝奶、哭泣、睡觉的时候都容易照顾。”

——鲍勃的妈妈，第10周

神奇的第12周

第3次飞跃

充满渐变的世界

“一件事可以平稳转到下一件事。”

大约11或12周，你的宝宝将进入另一个全新的世界，他将经历出生以来的又一次重大发展飞跃。他突然以一种全新的方式去观察、倾听、闻、品尝和感受。你可能还记得，上一次飞跃之后宝宝的动作有点踉踉跄跄、不够协调。在12周的时候，这些跌跌撞撞的行为会开始改变，变得更加流畅，把一个无助的宝宝变成一个更加独立的人。

宝宝的世界已经改变，这一开始会让他感到莫名其妙、稀里糊涂、晕头转向，他需要时间来适应，发生在自己身上的变化，最好是待在安全和熟悉的地方。他会想要黏在爸爸妈妈身上寻求安慰。幸运的是，这个难搞的阶段不会像上个阶段持续那么长时间。一些宝宝仅仅一天就恢复正常，而另一些宝宝可能需要整整一周才行。

切记

如果你的宝宝现在突然变得烦躁不安，仔细观察他是否有获得新技能的迹象或者是否在尝试掌握新技能。参考第140页提供的这个阶段的探索列表，看看有什么值得关注的。

进入难以取悦的阶段：飞跃开始的标志

宝宝可能会比以前哭得更频繁，持续时间也更长。有的宝宝会比其他宝宝哭得更厉害；有的宝宝会伤心欲绝；有的宝宝会烦躁不安，脾气暴躁，喜怒无常或无精打采；有的宝宝晚上可能特别难搞；有的宝宝可能在白天感到沮丧。如果你把他抱起来，给予他更多的关注或拥抱，可能会好一些。但即使是这样，你还是会怀疑他一有机会就又哭又闹、焦躁不安。

简言之，你的宝宝再次进入以3C（又哭又闹、过分依赖和脾气暴躁）和其他一些典型特征为代表的挑剔阶段。

这个阶段不仅对宝宝，对你来说也很困难，你可能感到压力重重和担心焦虑，但是别忘了这也是你和宝宝保持亲密关系、探索他们正在学习的许多新技能的机会。

如何判断宝宝已经进入难以取悦的阶段

你会发现宝宝在这个阶段的大多数行为都延续了上一次飞跃的表现。在这个阶段，宝宝经常在陌生人面前感到害羞，他会紧紧黏着你，会胃口不好、睡眠不佳，比平常更频繁地吸吮拇指。有的父母则注意到，他们的宝宝比平常更安静或者不如平常活泼。

来自妈妈的心声

“我的儿子现在非常依赖我。只有我紧紧地抱着他，他才会高兴。如果让他随心所欲的话，我觉得也得围着他转才行。”

——鲍勃的妈妈，第12周

除了3C表现外，这个阶段宝宝还可能有以下特征。

宝宝渴望更多关注吗?

就在你认为宝宝已经学会自娱自乐的时候，他似乎又变了。他看起来希望你多陪他玩，一直逗他开心。仅仅和他坐在一起可能还不够，他可能还希望你看着他，和他交谈。如果在上一次发展飞跃之后他变得更加独立了，那么此时他的这种过度依赖的表现可能会让你觉得他是遭受了挫折。

宝宝在陌生人面前会害羞吗?

这个阶段的宝宝，大约有30%会在父母以外的其他人面前感到害羞，他们的父母会注意到只要有客人在，宝宝就会紧紧黏着爸爸妈妈。当陌生人和他说话甚至看着他时，他可能会哭泣。有时，他可能拒绝坐在任何人的腿上，你除外。如果他依偎在你身边，感到很安全，或许可能勉强给别人一个微笑，但如果他感到特别害羞，可能会很快把头埋进你的怀里。

宝宝现在把你黏得更紧了吗?

有些宝宝会紧紧黏在父母身上，狠狠地抓着爸爸妈妈，好像怕被摔下来一样。

来自妈妈的心声

“保罗真是乱发脾气、爱哭鼻子又黏人的孩子！虽然这些发展飞跃的表现会把人累到难以想象的程度，但当你从另一个角度看时，会神奇地发现你的宝贝掌握了新的技能。”

——保罗的妈妈，第14周

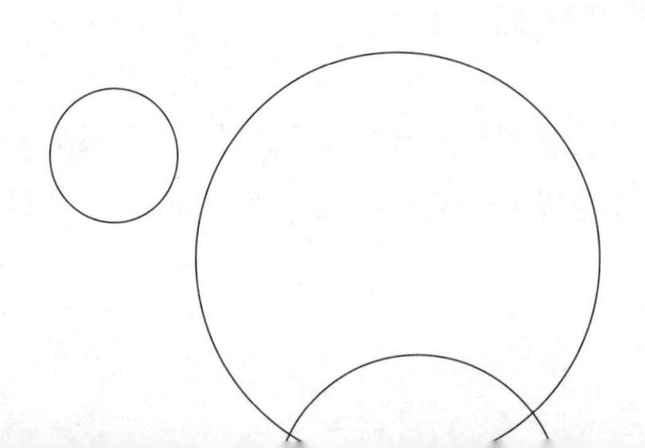

宝宝会食欲不佳吗?

这个时候，宝宝每一顿饭都可能会拖延。按需哺乳的宝宝可能表现得整天都想吃奶。奶瓶喂养的宝宝可能需要更长的时间才能喝完。这些“不守规矩”的小家伙把时间都花在咀嚼和啃咬乳头上，实际上他并没有喝。他这样做其实是在寻求一种安慰。通常情况下，宝宝会含着乳头睡着。你的宝宝还可能会抓着你的衣服不放或在哺乳时抓着你的乳房，即便他是用奶瓶喂养，就好像他害怕放弃唯一的安慰来源似的。

来自妈妈的心声

“当我用奶瓶给女儿喂奶时，她把小手伸进我的衬衫里。我们称之为‘鼓起来’”。

——艾米丽的妈妈，第12周

宝宝有没有睡眠不好?

你的宝宝现在可能没以前睡得好了。很多宝宝一个晚上会醒来好几次要喝奶。有的宝宝则会在第二天早醒。还有一些宝宝白天拒绝小憩。对于许多家庭来说，日常生活变得完全混乱，因为宝宝的进食规律和睡眠模式已经发生了巨大的变化。

小贴士

如果你想了解更多睡眠和发展飞跃有关的知识，请参阅“睡眠和飞跃”一章的内容。

宝宝经常吸吮大拇指吗?

你的宝宝可能是第一次发现他的大拇指，或者他吸吮拇指或奶嘴的频率比以前更高或时间更长。就像他吸吮乳房或奶嘴一样，这是在寻求安慰，可以避免再次哭泣。

宝宝现在更安静，不那么活泼了吗?

你的宝宝可能比平时更安静或不那么活泼了。他可能会安静地躺上很长一段时间，四处张望或只是盯着前方。这只是暂时的。宝宝以前的声音和动作很快就会被新的声音和动作所取代。

来自妈妈的心声

“我的宝宝现在唯一爱做的就是紧紧依偎在我怀里。她很安静，完全不是个麻烦——除了睡觉，她做事不多。说实话，我更希望看到她充满活力的样子。”

——妮娜的妈妈，第12周

宝宝开始进入心智发展飞跃的迹象：

☐ 哭得更频繁。

☐ 比以前更想让你陪在他身边。

☐ 食欲下降。

☐ 在陌生人面前更加害羞。

☐ 现在更加黏爸爸妈妈。

☐ 在哺乳期间，想要更多的肌肤接触。

☐ 睡得不好。

☐ 爱吮吸拇指，或者比以前频率更高。

☐ 不如以前活泼。

☐ 更安静，少言寡语。

☐ 你还注意到宝宝的表现有：

____

____

____

____

请记住，宝宝不一定要表现出上述所有特征！重要的是你的宝宝在做什么，而不是他展示出多少！

对你的挑战

显然，你的宝宝并不是唯一受到内在变化影响的人。整个家庭都经历了一些情绪上的转变，尤其是宝宝的父母。现在他们的宝宝已经3个月大了，他们意识到，在宝宝每一次发展飞跃过程中保持积极正向的态度和耐心是一种挑战。

你可能感到焦虑

当父母发现宝宝更加黏人、哭得更频繁、睡得不好，或者不像以前那样好好喝奶，他们就会感到焦虑，这很正常。他们可能会担心，因为宝宝似乎在发声或运动方面遭受了挫折，似乎失去了最近获得的独立性。父母通常希望看到宝宝的进步，如果宝宝稍有倒退，即使只是短时间内，他们也会担心，想知道是怎么回事。“宝宝出了什么问题吗？会不会生病了？到底正不正常？”这是他们最常见的担忧。一般来说，没有担忧的必要。相反，你的宝宝正在显露进步的迹象。一个全新的世界等待着他去发现，在此之前，宝宝首先要面对新世界带来的剧变。这对他来说并不容易，他需要你的支持。你要对他正在经历的困难时期表示理解，并且支持他。

来自妈妈的心声

“宝宝哭个不停，想要一直被抱着，我觉得有压力，似乎我连最简单的事情都做不成了。我没有安全感，这吸干了我所有的能量。”

——朱丽叶的妈妈，第12周

“我想知道我的宝宝为什么哭得那么厉害，想知道是什么困扰着她，这样我才能解决问题，我的心才能重新静下来。”

——劳拉的妈妈，第12周

“我发现应对儿子的哭声很难。我忍无可忍了。我宁可一晚上起四次去照顾一个不哭的宝宝，也不愿意每晚起两次去面对尖叫的‘小鬼’。”

——保罗的妈妈，第11周

放松时刻

一项研究发现，身为母亲的女性，一般每天留给自己的时间平均只有17分钟。让我们改变这个平均值……花一些时间来放松下自己。这不是自私，而是因为你值得，这样做还有一个好处，那就是你会成为更好的父母和伴侣。

5分钟的放松时间：播放你最喜欢的歌曲，跟着唱，跟着跳，跟着打鼓……享受每一个音符。

10分钟的放松时间：冥想，即使只是几分钟。你真的不需要每天做30分钟，2～15分钟就会很有帮助。

更长的放松时间：计划一个专属于你和伴侣的时间。有时候，忙于照顾宝宝，你们的关系就会被忽视。比如如果找不到可信赖的人帮忙照顾宝宝，那就在家里安排一个特别的夜晚，和你的伴侣待在一起，谈谈心，一起做点什么，这对保持亲密关系很重要。对你和宝宝也大有益处。

想了解更多放松时刻以及对你的家庭生活带来的美妙影响，请参阅第22页。

你可能会被激怒

父母在这段时间需要适应宝宝不规律的饮食和睡眠习惯。提前制订计划几乎是不可能的，整个日程完全被打乱。这些父母也常常感到来自家人或朋友的压力，尽管他们本能地将所有注意力都集中在不快乐的宝宝身上，但其他人似乎不赞成过多地“照顾”宝宝。这会让他们觉得左右为难。

来自妈妈的心声

“每次我儿子开始烦躁，我就会生气，他好像就是不能自己玩，哪怕一时半会儿都不行。他要我整天陪着他。当然，每个人都喜欢给我建议，教我怎么应付他。”

——凯文的妈妈，第12周

“如果我没有提前做计划，反而似乎能更好应对宝宝的古怪行为。过去，如果计划完全失控，我就会火冒三丈。所以，我改变了态度。你相信吗，有时候我甚至还有几小时可以偷闲！”

——劳拉的妈妈，第12周

“当我丈夫的同事表达出，觉得我丈夫和儿子马特好像形影不离后，丈夫就不再说我在孩子哭泣时对孩子的关注过多了。事实上，我丈夫现在也别无他法，他以前经常觉得我反应过度，把宝宝宠坏了。现在事情顺利多了。”

——马特的妈妈，第12周

如果父母一方面非常担心他们的宝宝，同时又得不到家人和朋友足够的支持，他们可能会筋疲力尽。其他人提出的不受欢迎的建议可能让事情雪上加霜，让疲惫不堪的父母更加烦躁和易怒。他们觉得自己遇到问题，都找不到人求助，会感到孤独。无论这些挫败感多么合乎情理，我们都不应该采取消极的手段，例如扇自己耳光或伤害宝宝。如果你觉得自己不堪重负，就去寻求帮助。

摇晃宝宝很危险

千万不要摇晃你的宝宝。摇晃婴儿很容易引起颅内出血，损伤大脑。这可能会导致孩子以后学习困难，严重的话甚至造成死亡。

积极的一面

当宝宝不开心的时候，父母会格外关注，想知道出了什么问题。在这个过程中，他们突然发现宝宝已经掌握了新的技能，或者正在尝试新的技能。事实上，你会发现你的宝宝正在实现下一次的飞跃——进入平稳过渡的世界。

在大约12周的时候，你的宝宝将会察觉到周围事物微妙变化的方式，觉察的过程并不是突然的，而是平稳、渐进的。他已经准备好了，将在这个新世界里有许多新的发现。他会选择那些吸引他，同时他已经准备好的事情去尝试，不论生理还是心理上的。你应该像往常一样，小心翼翼，不要逼迫他，而是在他准备的时候帮他一把。

充满渐变的世界

当宝宝进入这个全新的世界，他第一次能够感受到视觉、听觉、味觉、嗅觉和触觉的连续变化。例如，他现在可能会注意到声音如何从一个音调转换到另一个音调，或者身体如何从一个位置转移到另一个位置。获得了这项新的技能，他就会模仿身边事物的这些变化。他能够控制自己的身体、头部、眼睛甚至是声带。他可以关注外部世界和自己体内的这些逐渐变化。你可以想象，他现在能够学习一系列新的事物了，还可以提高“旧的”技能。

例如，你的宝宝学会了从一个位置平稳地移动到另一个位置。他可以感受自己的手臂如何慢慢伸向一个玩具；如何逐渐伸展、弯曲他的腿，然后坐下或站起来。你可能会注意到宝宝的动作不再像上一次发展飞跃时那样呆板僵硬，每一个动作都经过深思熟虑且有目的性。他的整个动作都更加缓慢、从容。

你也会注意到宝宝能更好地控制他的头部运动。他能非常平稳地从一侧向另一侧扭头，并且可以改变速度。他现在无论跟随什么，都能够以一种更“成熟”的方式完成。宝宝出生之初，本能地具有追视物体的能力，但这个能力在他1～2个月时就消失了，但是现在他可以有意识地做同样的事情，而且反应会比以前更快。

此外，你的宝宝现在能更顺畅地吞咽，上一次发展飞跃后才学会的“僵硬的”吞咽方式得到改善。这是一个很大的进步，因为吞咽不顺畅对婴儿来说是很危险的，他可能被固体食物噎住。

宝宝开始识别音调和音量的变化，并尝试发出咯咯声和尖叫声。

宝宝的视力已经提高了很多，几乎达到成人水平。他的眼睛能够以可控的、协调良好的方式跟随物体移动。他甚至不用扭头就可以这么做。他的目光能够跟随人或物的靠近或远离。事实上，他有能力观察整个房间。

这次发展飞跃之后，你的宝宝只能观察到或做出渐变的动作，例如朝一个方向的简单动作。当他想做另一动作时，在他改变方向之前会有一个明显的停顿，因为他还不知道动作可以有连贯性。他只有等到下次发展飞跃时才会明白这一点。

大脑的变化

大约10～11周，宝宝的头围会显著增加。

父母活动：从宝宝的视角体验世界

作为成年人，在过去的24小时里，你感知到哪五个渐变的过程了？写在这里，每种感觉各写一个。你应该能够写出五个，实际上，你的体验会更多。但是说实话，你很有可能发现这项任务很难做，因为作为成年人的我们每时每刻都会看到很多渐变的事物，我们已经习以为常。为了帮你完成这项任务，这里每种感官举几个例子：

你可以看到光线的淡入淡出；当你温柔而缓慢地抚摸你的手臂时能感觉到触觉的变化；有人在厨房做饭，客厅里的气味慢慢变得强烈，你可以闻到味道一会儿淡一会儿浓；飞机俯冲时，发出音调降低的声响，而后陡然上升，产生音调上升的声音，你可以听到这种声音的变化；你可以看到芭蕾舞演员借助手臂做出的平稳动作，他的肌腱、关节和肌肉都在相互配合，完成这些渐变的动作；当你把一小滴香水滴在手背上，鼻孔紧贴手背，深吸一口气，你就能闻到幽幽的香味；当卡车经过，你能听到音量在卡车靠近时上升，消失时下降。尽量包括所有的感官体验，或许味觉的感受可能是一个挑战，但你能做到的。

宝宝是这样的

宝宝喜欢新鲜事物，当你注意到他获得新的技能或兴趣时，你要做出积极的反应，这很重要，将加速他的学习进程。

你的宝宝每时每刻都能感受到这些渐变。想象一下宝宝获得感知这些渐变的新能力时，要付出多少，要学着理解多少事情。

宝宝的整个世界由各种渐变的事物组成，如此之多，他不可能一下子全部理解。或者换种说法：把这些一次性转化成自己的技能，这对于小家伙来说要求太高，所以你的宝宝总是选择一些他最感兴趣的事情开始。愿意积极互动的宝宝（总喜欢和大人咿咿呀呀说话的宝宝）会选择开始体验声音的渐变，有的宝宝可能对周围环境的渐变更感兴趣。

神奇的飞跃：发现新世界

你的宝宝尝试、练习新技能的频率越高，他掌握得就越好。虽然他可以自己玩，自行练习，但你的参与和鼓励至关重要。如果他做得好，你可以为他加油；在事情变得艰难、在他想要放弃时，你可以帮助他，把任务变得简单一点——通常可以重新安排他周遭的世界，让其更适合宝宝探索。例如，把一个玩具转过来，让他容易抓握；把宝宝抱起来，让他可以透过窗户看到外面的猫咪；或者模仿他想要发出的声音。

你也可以把一个活动变得更加复杂或者稍微改变一下，这样他可以坚持更长的时间，挑战也更大一些。注意观察你的宝宝是否有玩够了的迹象。记住，他会以自己的步伐前进。所有的宝宝都是不同的，父母也是不同的，擅长的领域也不同。如果你的宝宝是个运动健将，而你更喜欢安静地说话、唱歌、讲故事，这对你来说可能是一个特别的挑战，反之亦然。但是，无论你的宝宝是什么类型，无论你是什么类型的父母，你的宝宝总会从你的帮助中受益。

你可以和宝宝“聊聊天”，鼓励他多发出自己的声音，并且及时回应他，这将有利于他的探索和学习。你可以帮助你的宝宝探索和触摸事物。如果你的宝宝身体足够强壮，一段时间不穿衣服对他是有好处的（注意保持室内温暖），这样他就可以试着翻身，让自己坐起来，甚至“站”起来。我们列出了一些可以用来帮助宝宝探索这个新世界、尝试新技能的活动。如果你能帮助他，你的宝宝会更加容易掌握新技能，而且还很容易学会“自己玩”。

鼓励宝宝发出自己的声音

如果你的宝宝特别喜欢听声音，就鼓励他多发出自己的声音。现在，他可能会尖叫，发出咯咯声或者类似元音的声音。这些声音音调可能从高到低，音量从小到大。如果他也开始吐口水泡沫，不要阻止他。这些动作其实是他在玩这种“声音渐变”的游戏，他在锻炼自己的声带、嘴唇、舌头和上腭的肌肉。

你的宝宝可能在独处时经常做这样的练习，听起来像在喋喋不休、自言自语、自娱自乐。这些元音音调的高低变化、中间穿插的微弱尖叫，听起来很像大人的聊天。有时候宝宝甚至会因为自己的声音而咯咯地笑。回应宝宝的发音，鼓励他说话。你的加入会让他觉得你在倾听他说话，这样他就愿意尝试发出更多的声音，特别是如果你能模仿他最新发出的声音就更好了。

和宝宝聊天

大多数宝宝喜欢和他的父母亲切聊天。当然，宝宝必须有一个好心情。开始聊天的最佳时机是他能用自己的声音吸引你注意力的时候。你可能会发现当你用高单调说话时更能引起宝宝的注意。重要的是你必须遵守谈话的规则——宝宝说了什么，然后你要回应他。一定要让宝宝把话说完。因为如果你不给他时间回复，他会觉得你没有在听他说话，也不会学习谈话的节奏。在这个年龄段，你和宝宝交流的主题并不重要，但是最好还是围绕你们生活熟悉的，分享一些你的体验。偶尔，试着模仿他发出的声音。有些宝宝觉得这很有趣，他会突然大笑起来。这是构成他日后语言技能发展的重要基础。

经常和宝宝说话非常重要。收音机或电视上的声音，或者人们在同一个房间里说话的声音都不能代替你和宝宝一对一的谈话。因为你的倾听和回应，实际是在促进宝宝的表达。你的热情将在其中发挥重要作用。

来自妈妈的心声

“只要他发出声音，我总会有回应，如果他心情好的话，还会对着我咯咯地笑。有时候我喊他的名字，他报以微笑作为回应。”

——约翰的妈妈，第13周

当他“告诉”你感受时给予回应

你的宝宝可能会用最近学会的声音来表达他想要什么，例如微弱的尖叫。如果宝宝这样做，记得每次要回应他。这很重要，因为这会让他感觉到你理解他想要表达的意思，即便你在那一刻没时间停下来和他玩。宝宝会用他的声音吸引你的注意力。这是迈向语言发育重要的一步。

当宝宝很高兴或发现有趣的事物的时候，经常会发出一种特殊的“呐喊”的声音。你要给予亲吻、拥抱或鼓励的话语来回应他，做得越多越好。这是在告诉宝宝你在分享他的快乐，你理解他。

来自妈妈的心声

“我儿子看到我要给他喂奶，就兴奋地尖叫起来，还来抓我的胸部，我的上衣才解开一半呢。”

——马特的妈妈，第13周

宝宝微笑之时，仿佛身临“世界之巅”

当你逗宝宝笑的时候，就已经引起了他的共鸣。你用恰到好处的方式刺激他。要注意分寸，不要吓到他。如果你三心二意地回应他，他会觉得很无聊。你必须为你的宝宝找到一个舒适的中间地带。

教宝宝抓握

你的宝宝现在生活在一个渐变的世界，你可能会注意到他向玩具伸手的过程比以前更加平稳。你要帮助他。他刚刚进入这个全新的世界，伸手对他来说仍然非常困难。把玩具放在宝宝伸手容易够到的地方，观察他是否能够到。在这个年龄段，宝宝的手臂一次只能朝一个方向做一个简单的动作。你要密切关注他的一举一动。

来自妈妈的心声

“我儿子真的开始伸手去抓东西了！他伸出双手去拿一个在他面前晃来晃去的玩具。他把右手放到玩具一边，左手放到另一边。当两只手刚触碰到玩具，他就紧紧地把双手合起来……没抓住！他真的很努力，所以当他发现自己空手而归，感到非常沮丧也就不足为奇了。”

——保罗的妈妈，第12周

当你的宝宝伸出手却又失手时，鼓励他再试一次，或者让游戏容易一些，这样他就能尝到成功的滋味。在这个年龄，他还不能准确估计自己的手和玩具之间的距离。他只有经历了23～26周的发展飞跃以后才能学会。

当你的宝宝变得更擅长抓握物体时，他就会想玩“抓东西的游戏”。他可以平稳地转头，环顾房间，可以从满世界的东西中选择他想要的东西，这些东西正等着他去抓握、去感受和触摸。经历一次发展飞跃之后，大多数宝宝醒着的时间大约有三分之一是在用手玩耍和探索。大约12周以后，宝宝醒着的时间可能达到一天的三分之二，随后这个状态会稳定一段时间。

教宝宝触摸物体

如果你注意到宝宝喜欢用手触摸物体，尽可能多地鼓励他这样做。触摸的动作不仅涉及“渐变”，还包括手与物体接触、移动而产生的手部感觉。带着你的宝宝在家里、花园里走走，让宝宝触摸各种各样的东西，体验这些物体的属性——硬的、软的、粗糙的、光滑的、黏糊糊的、硬邦邦的、有弹性的、多刺的、寒冷的、潮湿的、温暖的。告诉他这些物体摸起来都是什么感觉。通过你的语调向他传达触摸一个物体或表面所唤起的感觉。他能理解的真的比他能说得出来的要多。

来自妈妈的心声

“我用自来水给宝宝洗手，这让她大笑起来。她总是洗不够。”

——珍妮的妈妈，第15周

允许宝宝“检查”你

很多宝宝喜欢“检查”父母的脸。当你的小家伙用手抚摸你的脸庞，他可能会在你的眼睛、鼻子和嘴边逗留更长的时间。他可能会扯一扯你的头发或拽一拽你的鼻子，仅仅是因为这些部位更容易抓住。宝宝对衣服也很有兴趣，他喜欢抚摸和触摸织物。当心你的耳环哦！

有些宝宝对父母的手很感兴趣，他会研究、触摸和摩挲父母的手。如果你的宝宝喜欢玩你的手，帮助他。把你的手慢慢翻过来，把手掌展示给他看，然后是手背。让他观察你移动手或拿起一个玩具的过程。尽量动作不要太快或转向太快，否则宝宝的注意力跟不上。在这个阶段，他只能应付简单的动作。你的宝宝在神经系统发生另一次巨变前还不能处理更加复杂的动作，神经系统的巨变标志着下一次发展飞跃的开始。

允许宝宝赤身裸体地玩耍

到了这个年龄，所有的宝宝都比以前更活泼了。他踢腿和挥舞手臂意味着他正在与刚发现的体内的渐变感觉“共舞”。有些宝宝就像在表演杂技，例如，他们可能会把脚趾塞进嘴里，在这个过程几乎像仰面旋转；有些宝宝对体操运动并不感兴趣；而另外一些宝宝则因体力不足而感到沮丧。

无论你的宝宝性情如何，在温暖的环境中赤身裸体一段时间对他是有好处的。你可能已经注意到当你给他换尿布的时候，他很活跃，享受着不受尿布和衣服束缚的自由活动的机会，成功探索也来得更容易。这给了他练习的机会，之后，即便穿着衣服他的动作也会更灵活。经历这些，宝宝将能够更好地了解自己的身体，更精确地控制身体。

来自妈妈的心声

“在这个过程中，我儿子疯狂地移动他的身体、胳膊和腿，嘴里咕哝着、呻吟着。很明显，他在试着做些什么，但不管是什么，他都没有成功，他通常会以愤怒的尖叫声告终。”

——弗朗基的妈妈，第14周

教宝宝翻身

到了这个年龄，一些宝宝会试着翻身，但是几乎都需要一些帮助。如果你的小家伙试图翻身，让他抓住你的一根手指练习。有一些坚持不懈的宝宝，可能会设法从仰卧位翻身到俯卧位。有些宝宝则相反，从俯卧位翻身到仰卧位。其他宝宝即便现在搞不定也不会放弃。

现在，独自玩耍可能不那么重要了

偶尔，父母可能会尝试延长宝宝独自玩耍的时间。如果他们注意到宝宝的热情正在消退，会给宝宝一个新玩具或移动旁边的玩具，或者让发声玩具发出吱吱声。他们可能会尝试和宝宝聊天来取悦宝宝。在父母的帮助下，这个年龄段的有一部分宝宝可以自己玩30分钟。

许多父母为宝宝试图看到、听到和做到的事情感到骄傲，他们也想加入进来帮助宝宝。太多的新鲜事物有待学习和练习，他们可能认为这个时候让宝宝自己玩并不那么重要。

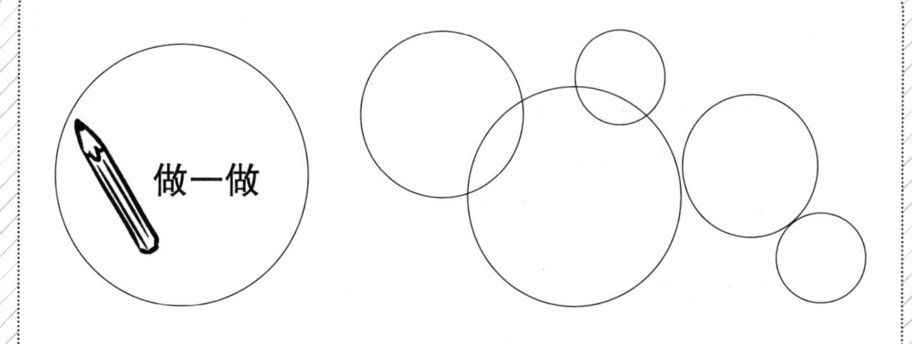

宝宝最喜欢的、利于大脑发育的游戏

在这个年龄段，大多数宝宝特别喜欢玩被慢慢、平稳地“移动”的游戏。任何游戏都应该简短，且经常变化，不要重复玩一个游戏。

下面是一些宝宝可能会喜欢的游戏和活动，宝宝可以通过这次飞跃获得的新能力来完成它们。

填表说明：

勾选你的宝宝最喜欢的游戏。填完这个表后，再看看这一章接下来的探索列表。你可能会发现宝宝最感兴趣的东西和他在这次飞跃中玩的游戏之间的联系。这会让你深入了解宝宝的独特个性。

□ 玩坐“飞机”

慢慢抬起你的宝宝，同时发出音量逐渐增大或是音调从低到高的声音。当你把宝宝举过头顶时，他会自动伸展身体；然后，让宝宝的身体开始下降，发出模仿飞机的声音。当宝宝和你的脸排成一条线时，把你的脸埋在他的脖子里，用你的嘴唇轻咬他一下，以示欢迎。你很快就会注意到，你的宝宝希望你这样做，并会张嘴轻咬你，以示回应。你也会看到当宝宝想要你重复这个飞翔游戏时，他会张开嘴，好像期待着被你轻咬。

☐ 玩“滑梯”

坐在沙发上，后靠，让你的腿尽可能伸直。把宝宝尽可能高地放在你的腿上，让他沿着你的腿轻轻滑到地板上，同时，你可以发出模仿滑动的声音。如果你的宝宝很喜欢玩水，可以在洗澡时玩这个游戏。

☐ 像“钟摆”一样摇摆

把宝宝放在你的膝盖上，让他面向你，摆动你的身体，慢慢地从一边摇摆到另一边。试着发出各种模仿钟表的声音，比如高音、快节奏的滴答声，或者低音、缓慢的叮当声。尝试发出从高到低、从快到慢的声音，或者你注意观察宝宝最喜欢的时钟的声音。玩这个游戏时，确保把宝宝抓紧，且帮助他的头颈部跟着有节奏地运动。

☐ 像“骑马”一样

把宝宝放在你的膝盖上，让他面向你，用你的双腿做踏步动作，这样宝宝就会像坐在马上一样上下起伏。你也可以相应发出类似马蹄踢踏的声音。

☐ 轻咬游戏

你坐在宝宝面前，让宝宝看着你。慢慢把你的脸向他的肚子或鼻子靠近。同时，发出一个拉长的音量逐渐增大或音调变化的声音，例如，“嚏”或者“啊——嘣”或者类似于宝宝自己发出的声音，然后“假装咬”他的肚子或鼻子。

☐ 触摸织物

你可以和宝宝一边玩耍一边做家务哦！叠衣服时让宝宝坐在你的旁边，让他触摸感受不同类型的织物的质地，比如羊毛、棉花、毛巾布或者尼龙。宝宝喜欢用手指和嘴接触物体。还可以尝试一些不寻常的物体，如麂皮、皮革或毛毡。

□ “爬山”

以一个稍微后倾的姿势坐下，让你的宝宝“走”或“爬”上你的身体。玩这个游戏时一定要紧紧抓住宝宝，注意安全。实际上这个游戏中大部分是宝宝自己在努力攀登，大人只起到辅助作用。

□ 在你的大腿上跳跃

身体活跃的宝宝喜欢在大人的大腿上一遍又一遍地上下弹动。这可能也会让他开怀大笑，但是，还是那一句话，一定要把他抓紧了，小心别让他摔到地上。

宝宝最喜欢的玩具

□ 摇摇晃晃的玩具

□ 钟摆

□ 摇摇椅

□ 发出缓慢吱吱声或钟鸣声的玩具

□ 拨浪鼓

□ 像人的真实面孔的玩具娃娃

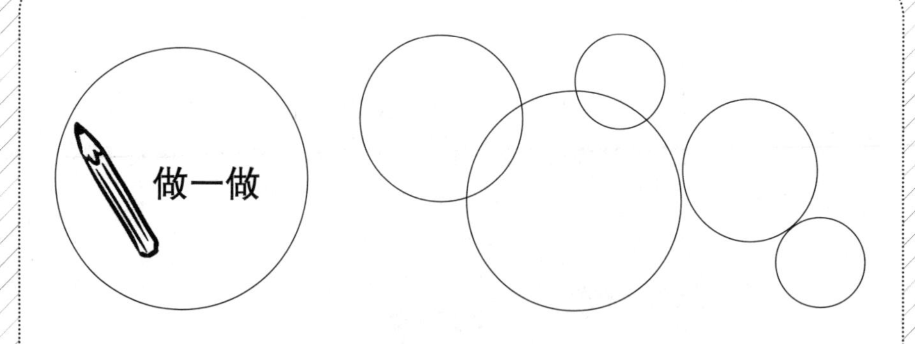

充满渐变的世界宝宝如何探索

下表罗列的是你的宝宝在这个年龄可能表现出的技能。切记，你的宝宝不会做出列表中的所有内容，他会选择最适合自己的技能。

填表说明：

与之前相同，当下一次飞跃即将开始时，在方框中打钩，进行记录。你会发现你不可能勾选所有的事项，这很正常。这个列表会让你了解宝宝的喜好和发展的技能。通过完成列表，你可以随着宝宝一次又一次的发展飞跃，逐渐了解他独特的个性特征。即使有的宝宝现在没有表现出一些技能，但最终都会做出列表上的所有事情，只不过有他自己的时间和方式。这并不关乎宝宝的智力，而是与他的个性有关。所以，随着宝宝的成长，定期回顾一下这些列表，宝宝每获得一项新技能，就把第一次发现的时间记录下来。通过这些记录，你可以发现宝宝的兴趣和偏好（他在经历每次飞跃后马上就会做到的事情），以及宝宝最不感兴趣的事情（他得很久以后才会做的事情）。如果你记录得当，你会看到宝宝的独特个性随着成长逐渐显现。

宝宝做出这次飞跃的时间：____________________________

在____________再度“拨云见日”，现在，临近这次飞跃的尾声了，宝宝可以获得下面这些新的技能了。

身体控制

日期：

☐ 你几乎不需要支撑宝宝的头，即便是宝宝非常疲劳的时候。

☐ 当宝宝想听到或看到什么的时候，可以从一侧平稳转动他的头到另一侧。

☐ 宝宝可以平稳转动眼球跟随一个玩具的移动。

☐ 宝宝比以前更有活力，更有能量，比以前更加频繁地扭动、转身。

☐ 给宝宝换尿布更容易了，当你给他换的时候，他甚至会开玩笑似地抬起屁股。

☐ 宝宝抓着你的手指，从趴着的姿势独立翻身成躺着，反之亦然。

☐ 宝宝会把脚趾伸进嘴里，扭动身体。

☐ 宝宝抓住你的两个手指坐起来。当然，这其中需要大人的支持，但是宝宝的身体已经足够强壮，可以在别人的帮助下坐起来了。

☐ 当宝宝坐在你的大腿上时，他可以慢慢用双脚站立起来：你可以稍微倾斜地坐着，面对着宝宝，握住宝宝的手引导他，他用力一拉就能站起来，即使有点晃晃悠悠。但是宝宝仍然需要一段时间才能自己站起来。

☐ 当宝宝坐在弹跳椅或躺在游戏垫上时，会蹬他的双腿。

☐ 你注意到的其他事情：

____

____

____

抓握，触摸，感受

日期：

☐ 宝宝会用双手抓握物体。

☐ 宝宝有意识地用双手抓起玩具。前提是，大人要确保玩具在宝宝可“抓取距离”范围内，且玩具就在宝宝的面前，否则对他来说仍然太难。

☐ 如果有人给宝宝一个玩具或其他物品，他会有意识地用双手去拿。

☐ 宝宝可以上下摇动拨浪鼓或其他的发声玩具。

☐ 宝宝最喜欢晃动的玩具是：________________。

☐ 宝宝喜欢研究、摆弄你的手。

温馨提醒：大多数宝宝大约快4个月的时候，会开始尝试“研究”周围的事物。他会用手指和眼睛去探索，而不是简单地把所有物品都放进嘴里。有些宝宝在3个月大的时候就已经开始这样做了。

☐ 宝宝喜欢研究人的面庞、眼睛、嘴巴和头发等。他会用手去触摸。

☐ 宝宝还喜欢摸衣服。

☐ 宝宝喜欢用手探索事物，但仍然会尝试把所有东西都放进嘴里。

☐ 宝宝有时会从脖子到眼睛抚摸自己。

☐ 宝宝有时会沿着头部或脸颊摩擦玩具。

☐ 你注意到的其他事情：

____

____

____

倾听和交谈

日期：

☐ 宝宝会尖叫、嚎叫，可以轻松地在音量大小和音调高低之间转换。简言之：宝宝能够做到声音的变化，能够较好地运用声带。

☐ 从这次飞跃开始，宝宝就能发出一系列新的声音，这些声音类似真实语音的元音。宝宝发出的最多的声音是：

☐ 咦　☐ 呕

☐ 呃　☐ 唔

☐ 啊　☐ 哎

☐ 其他声音，如：

____

____

□ 宝宝躺着或坐着时，嘴中咿咿呀呀像在讲故事。

□ 你已经发现宝宝可以吹唾液泡泡了。宝宝经常觉得这很有趣，并且觉得自己做这事很好笑。

□ 你注意到的其他事情：

____

____

____

观察

日期：

□ 宝宝把手翻来覆去地观察、研究。

□ 宝宝观察自己脚的移动。

□ 宝宝观察人的面庞、眼睛、嘴巴和头发。

□ 宝宝观察人的衣着。

□ 宝宝还喜欢观察：

____

____

____

其他技巧

日期：

□ 宝宝通过看、听或抓住一个物体明确表达他的喜好，或通过“说”点什么，然后等待你的回应，从而继续他手上的事情。

□ 你注意到宝宝对不同的人表现出不同的“行为”。宝宝的眼神、微笑、“交谈”、哭泣，或动作会因对象不同而有所不同。

□ 如果宝宝发现经常在做同样的事情，他会很明确地表明自己很无聊；变换游戏种类突然变得对宝宝很重要。

☐ 你注意到的宝宝其他的变化：

___

___

___

家长活动：通过宝宝的视角体验这个世界

你的宝宝是怎样向你展示他的喜好的？有些宝宝看到自己喜欢的东西时会变得更加活跃，他会挥动四肢，甚至整个身体动来动去。这一点很难视而不见。父母会更快地对这些活跃的宝宝做出反应，把宝宝喜欢的东西放在他可看到以及伸手可及的范围之内，或者把宝宝感兴趣的玩具放在他手里。

如果你的宝宝不那么活跃，不会盯着他喜欢的东西看，你就很难注意到他的兴趣所在。宝宝越安静，越不活跃，就越容易被忽略。

通过仔细观察宝宝，你会注意到他如何表示喜欢某样东西或想玩某个玩具。如果你及时回应宝宝的这些表现，能促进他对周围环境的了解，他也会认为你理解了他给你的信号，这也会进一步鼓励宝宝进行探索。

试着找出5种你的宝宝想告知你他想做什么、想看或想摸某个物体的方式。

轻松时期：飞跃之后

大约13周，另一段相对平静的时期悄然而至。父母、家人和朋友会注意到你的宝宝已经变成了一个快乐的小人，他们也会赞赏宝宝取得的巨大进步。

你会发现你的宝宝现在比以前聪明多了。当你抱着他走来走去或者让他坐在你的腿上时，他表现得像个小大人。他会立刻扭头转向他想看、想听的方向。他会冲着每一个人笑，并且在别人和他说话的时予以“回答”。他会调整自己的位置，以便更好地观察自己想看的东西，并且密切关注周遭发生的一切。他快乐而活跃。其他家庭成员对宝宝的存在表现出了更多的兴趣。看来宝宝已经在家庭中获得了自己的地位。他属于这里！

来自妈妈的心声

“我女儿现在对各种各样的事情都很感兴趣。她对着不同的东西说话或尖叫，当我们进一步仔细观察她时，我们会想，‘天哪，你已经会做这个了？'或者‘你都能注意到所有这些，你也太聪明了吧？'”

——珍妮的妈妈，第13周

“我的小宝贝显然更聪明了。我抱她走来走去的时候，她睁大了眼睛，为了好好观察一番，她还会把头左转右转。”

——汉娜的妈妈，第14周

“我女儿现在警觉多了。她对任何事情都会做出反应，还会立刻把她的小脑袋转向声音发出的地方。她突然在家里获得了自己的小位置。”

——艾米丽的妈妈，第14周

“看着我的宝宝如此享受，和她可爱的玩具说话，还和人们亲切聊天，真是太棒了。”

——朱丽叶的妈妈，第14周

“我们和宝宝有了更多的互动，因为她对每件事都有反应。我和她玩过一个游戏之后，我就能知道她什么时候等着和我再玩一次了。她现在的‘回应’也更多了。”

——阿什莉的妈妈，第13周

“我儿子想要一直和我们在一起；这是他即将飞跃的第一个信号。他现在更容易感到无聊，好像他已经准备好接受新鲜事物了。他不想在白天打盹，而且胃口大开。飞跃以后他似乎聪明了许多。”

——艾登的妈妈，第15周

“我的女儿以前是那么随和、安静，但现在她变成了一个地地道道的话匣子。她大笑和咯咯地笑，次数比以前多得多。我真的很喜欢把她从床上弄起来看她接下来要做什么。”

——伊芙的妈妈，第14周

“现在，我儿子越来越有意思了，因为他的进步很明显。如果你逗他，他会立即报以微笑或咯咯的声音，他也可以把头转向声音发出的正确的方向。我喜欢给他一个大大的拥抱，因为他现在又软还肉嘟嘟的。”

——弗朗基的妈妈，第14周

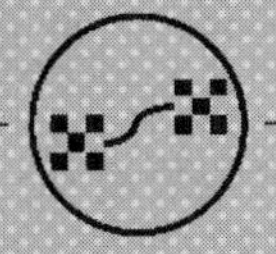

神奇的第19周

第4次飞跃

充满现象的世界

"最麻烦的飞跃"

大约19周（或18～20周），你的宝宝将进行另一次心智发展的飞跃。你会发现他想要做一些以前从未做过的事情，这是因为他获得了一种能够学习大量新技能的新能力。他将开始对现象进行实验。“现象”这个词在这里有一个特殊的意义，与特殊场合无关。事实上，在这里，它意味着从一个模式到下一模式的短暂、熟悉的平稳过渡的序列。你可能还是不明白，那么让我们试着这么解释一下：

意识到我们的日常经历可以被分解成熟悉的现象，这对成人来讲认为理所当然。例如，如果我们看到有人扔下一个橡皮球，我们知道球会反弹回来，还可能继续反弹好几次。如果有人跳到空中，我们知道他会落下来。我们看到高尔夫挥杆和网球发球的最初动作，我们知道接下来会发生什么。但是对宝宝来说，一切都是新的，没什么是可以预测的。

你的宝宝大约在15周（或者14～17周）的时候就开始意识到伴随发展飞跃而来的新变化。

他的世界变了，他完全不知道如何应对。这些变化会影响他的视觉、听觉、嗅觉、味觉和触觉。他需要时间来接受所有这些全新的印象，最好是在让他感到安全、安心的地方。他将再次表现出要和妈妈或爸爸在一起的明确需求，他会黏着父母寻求慰藉。他将以自己的速度成长，进入新的世界。

需要提醒你的是，从这个年龄开始，宝宝难以取悦的时期将比以前持续更长时间。这个特殊的时期通常会持续1～6周，平均5周。

切记

如果你的宝宝很挑剔，仔细观察他，看他是否在尝试掌握新的技能。参考第179页的探索列表，看看有什么值得注意的。

进入难以取悦的阶段：飞跃开始的标志

这个年龄段的宝宝会比之前哭得更厉害。特别是要求苛刻的宝宝，他哭泣、发牢骚和抱怨的频率可能明显高于过去。他会毫不顾忌地承认想和爸爸妈妈在一起。更随和的宝宝通常不会那么大惊小怪，至少不会像那些喜怒无常的宝宝那样频繁。所有的宝宝在和妈妈或爸爸在一起的时候通常都哭得更少，尽管他可能坚持要你全身心的关注。他可能不仅想被你随身带在身边，还希望在醒着的时候一直被你逗乐。如果不能让他因为一些事情应接不暇，他可能会持续的特别暴躁，即便坐在妈妈或爸爸大腿上的时候。

简而言之，你的宝宝正在进入一个新的困难阶段，这一阶段以3C［又哭又闹（Crying），过分依赖（Clinginess）和脾气暴躁（Crankiness）］为特征，还会出现其他的一些表现。这不仅对你的小家伙来说很困难，对你也是如此，而且可能导致你的焦虑和烦躁。幸运的是，等这个阶段过去，你的宝宝将再次成为家里的“阳光”。他的新技能就会展露出来，也会做许多新的事情了。

如何判断宝宝已经进入难以取悦的阶段

除了3C表现外，当进入下一个难以取悦的阶段时，你的宝宝可能会出现以下一些特征：他可能睡眠不好，可能需要更多的关注，可能总想和你在一起，可能食欲不佳，可能容易情绪波动，可能无精打采。这个阶段，他可能还是需要大人更多支撑才能抬头。

宝宝有没有睡眠不好？

现在，你的宝宝晚上可能很难入睡，或者易醒。他可能想晚上再加一次餐，甚至可能要求一晚上进食好几次。早晨，他也可能比之前醒得更早。

小贴士

如果你想了解更多关于睡眠和心智发展飞跃的知识，参见本书“睡眠和飞跃”一章的内容。

宝宝在陌生人面前会变得害羞吗？

你的宝宝可能拒绝坐在除了你以外其他人的大腿上；或者如果有陌生人看着他或和他说话，他可能都会生气。有的爸爸陪在孩子身边的时间很少，这使得孩子会有点害怕见到他。一般来说，宝宝会在和你长相迥异的人面前更害羞。

来自妈妈的心声

“当我女儿看到我的妹妹时，她变得非常不安，开始大声尖叫，还把脸埋在我的衣服里，她好像甚至都不敢看我妹妹一眼。我的妹妹是黑眼球，眼妆也是黑色的，这可能使她看起来有点凶巴巴的。而我金发碧眼，几乎从不化妆。宝宝哭可能和这有关吧。”

——妮娜的妈妈，第16周

“我儿子再也不会对戴眼镜的人微笑了。他只是盯着他们，满脸严肃，要等他们摘下眼镜才冲他们微笑。”

——约翰的妈妈，第16周

宝宝渴望更多关注吗?

宝宝可能希望你和他一起做事来逗他开心，或者至少，希望你一直看着他。他甚至在你离开那一刻开始哭泣。有的宝宝不能像之前那样独自玩那么久了。

来自妈妈的心声

“两次喂奶之间，我还得多照顾儿子一些。过去，他会一个人静静地躺着。现在，他总想我逗他玩。”

——约翰的妈妈，第17周

“我注意到我的女儿突然要求更多的关注了。这种需求与日俱增。结果我整天都背着她到处跑。这倒是让我俩的日子都好过了一些。”

——艾伦的妈妈，第17周

宝宝总想黏着你吗?

你的宝宝可能总想让你抱着而拒绝被放下，他可能会同意坐在自己的婴儿椅上，但前提是你得待在他身边并不时抚摸他。

宝宝的头需要更多的支撑吗?

当你带着挑剔的宝宝四处走动时，你可能会注意到现在你必须更加频繁地撑着他的头和身体。你抱着他的时候，他可能会在你怀中突然下垂一点，特别是在哭泣的时候。有时候带他在身边让你想起了他是新生儿的日子。

来自妈妈的心声

“我女儿想和我更亲近，这对她来说很不寻常。如果我放开她，哪怕一秒，她就开始哭，但只要我丈夫或我一抱起她，一切就又好了。”

——伊娃的妈妈，第14周

宝宝食欲不佳吗?

临近发展飞跃，不论母乳喂养还是配方奶喂养，宝宝的食欲都会暂时变差。你的宝宝可能比以前更容易因看到的事物或听到的声音而分心，还有，他会开始玩妈妈的乳头。有时，他甚至完全拒绝喝奶。几乎所有母乳喂养的母亲都会把这种拒绝看作应该转向其他喂养方式的信号。一些母亲觉得她的宝宝在排斥她。事实并非如此。宝宝只是有些心烦意乱而已。

来自妈妈的心声

“大约15周的时候，有一天我女儿突然开始减少喝奶。5分钟后，她开始玩我的乳头。两个星期过去了，我决定母乳喂养的同时开始补充配方奶，但她都不肯吃。这个阶段持续了4个星期。在那段时间，我担心她会营养不良，尤其是看到我的奶水开始减少的时候。但现在她又开始像以前一样喝奶了，我的奶水也和以前一样充足。事实上，我的奶水更多了。”

——汉娜的妈妈，第19周

宝宝喜怒无常吗?

这个时候，一些宝宝的情绪会剧烈波动。今天还笑容满面，但第二天什么也不做，只是哭泣。这些情绪波动甚至就在一瞬之间。前一分钟他还在大笑，下一分钟突然就哭了起来。有时候，他甚至笑到一半就开始哭。有些家长说这些笑声和眼泪看起来很戏剧化，很夸张，感觉不真实。

来自妈妈的心声

杰克已经从一个小宝宝，仿佛变成了一个全然不知道自己想要什么的意气用事的青少年。对他来说，什么都不够好，什么都不！天啊，请帮助我度过这第4次飞跃吧！

——杰克的妈妈，第19周

宝宝比以前更安静吗？

你的宝宝可能短时间内不再发出他熟悉的声音了，可能偶尔一动不动地躺着发呆，还可能坐立不安地摆弄他的耳朵。这个年龄段的宝宝，看上去无精打采、心事重重是很常见的。许多父母发现宝宝行为古怪，会很担忧。但实际上，这种无动于衷只是暴风雨前暂时的平静。这一插曲是一个信号，表明你的宝宝即将在一个全新的世界里做出许多新的发现，获得许多新的技能。

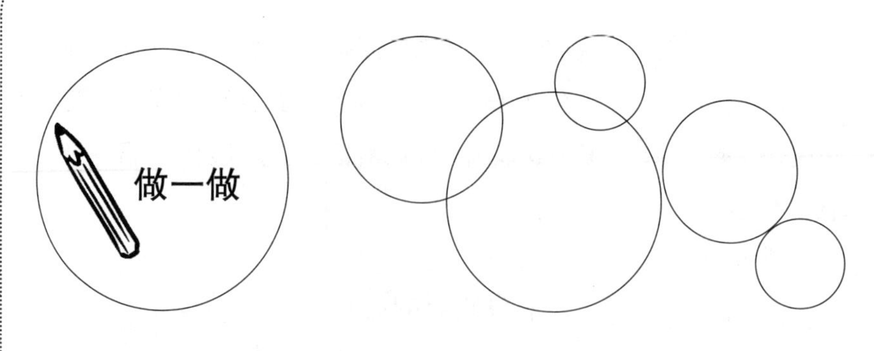

宝宝开始进入发展飞跃的迹象：

☐ 哭得更频繁了。

☐ 经常发脾气、烦躁不安。

☐ 比过去要求更多的关注。

☐ 需要更多的支撑才能抬头。

☐ 想要更多的身体接触。

☐ 睡眠不好。

☐ 食欲不佳。

☐ 更安静，话少。

☐ 没那么活泼。

☐ 有明显的情绪波动。

☐ 喝奶的时候，需要更多的身体接触。

☐ 更频繁地吮吸大拇指，或者比以前更频繁。

☐ 你还注意到宝宝其他的表现：

____

____

____

当你根据这个列表核对宝宝的行为时，记住没有一个宝宝会做上述所有事情。你的宝宝做多少并不重要——在这个时候他会选择最适合自己的技能。

担忧和烦恼

你现在已经意识到了，这个难以取悦的阶段不仅对宝宝来说很艰难，对你也是如此[1]。你可能筋疲力尽、烦躁不安，有时甚至不堪重负。

你可能疲惫不堪

这个阶段，大多数父母会越来越多地抱怨疲劳、头痛、恶心、背痛或情绪问题。一些“不幸”的父母要同时面对不止一个这样的问题。他们把自己的症状归咎于睡眠不足，不得不经常抱着尖叫的宝宝，或者是对宝宝不开心的担心。然而，真正的原因是持续应对暴躁的宝宝所带来的压力。有些父母去看儿科医生，医生开了补铁的处方，或者因为背部问题去看了理疗师，但真正的问题是他们已经筋疲力尽。那么当下就为自己腾出时间，时不时地给自己一些奖励吧。请记住，你的宝宝最终会学到自己处理新世界所需要的技能。

来自妈妈的心声

“如果我女儿连续几个晚上都不能安定下来，还想到处晃悠，我的背就会非常疼。每每这时，我就希望她不在我身边，一个晚上就好。我简直是个废物。”

——艾米丽的妈妈，第17周

你可能不知所措

难以取悦阶段的宝宝让很多父母心烦意乱。如果找不出宝宝哭闹的真正原因，他们可能认为自己的孩子是没理由地大惊小怪，于是，

---

1 如有疑问，请务必咨询你的儿科医生。

倾向于让孩子哭得比以前更久一点，尤其是想起从别人那里听到的关于“宠坏”孩子的评论和建议时。

我们希望你记得，此时的宝宝需要安慰。任由他哭泣并不能帮他度过这个阶段。如果宝宝哭个不停，而你又无计可施，在你失去控制前早点求助。特别是不要摇晃宝宝，否则会给宝宝造成伤害。摇晃幼儿很容易导致大脑损伤，导致孩子未来出现学习困难，甚至死亡。

来自妈妈的心声

“我的儿子拒绝继续喝奶，然后开始大发脾气，而我只是不停地把奶喂进他的嘴里。就这样来回折腾、周而复始，我感到很愤怒，因为我分散注意力的小技巧都不起作用。我觉得自己在原地打转。我把儿子放在让他感到安全的地板上，任他大喊大叫。等他终于停下来，我回到房间，这时他把那瓶奶已经喝完了。”

——鲍勃的妈妈，第19周

“每次我女儿因为我让她一个人待一会儿就号啕大哭时，我感觉要气炸了。我随她哭闹，当没看见。”

——阿什莉的妈妈，第17周

“过去的四个晚上，我儿子晚上8点就开始尖叫。连续安慰他两个晚上之后，我受够了。我让他哭到晚上10:30。他真是持之以恒，我也还真承受得住！”

——凯文的妈妈，第16周

放松时刻

哎呀……这对宝宝来说，是最困难的一次飞跃，对你也是如此。不要忘记，每天来3次放松，远离压力乐悠悠！

5分钟的放松时间：稍微按摩一下你的手和胳膊。用一只手从另一只胳膊的肘部到指尖按摩，然后依次握住每个手指，向指尖方向捏。在手指末端轻轻拉一下。这能很好地放松你的手关节。

10分钟的放松时间：如果你觉得事物繁杂而难以承受，那就花点时间想想你今天真正需要做的事情。分清主次！有些事情并不是非做不可，例如，房子不像你想象得那么整洁也没必要非得打扫，世界也不会因此停止转动。

更长的放松时间：做一些你自己喜欢的、能激活你思维的事情。参观剧院、博物馆、汽车展，看看商场里漂亮的时装，融入大自然，这些都可以。还可以为自己计划一次特别的郊游，好好享受一下！

想了解更多的放松时刻以及放松时刻对你的家庭生活产生的美妙影响，请参阅本书第22页。

宝宝探索新世界需要更长的时间

由于这个难以取悦的阶段比以往持续的时间都长，大多数父母都会意识到这个阶段非同寻常。宝宝似乎突然厌倦了过去喜欢的东西，这也让父母担心宝宝是否生长发育缓慢。不过别担心。从这个年龄开始，宝宝要学习一些复杂的新技能，你的小宝贝只是需要更多的时间罢了。

来自妈妈的心声

“我的宝宝似乎发育缓慢。在15周之前，他发育得比现在快得多。但是过去几个星期里，他几乎陷入停顿状态。有时，这让我感觉不爽。”

——马特的妈妈，第17周

“我儿子几乎就要有新的发现了，但似乎有什么东西在拖他后腿。当我和他一起玩的时候，我能感觉到少了点什么，但是我不知道是什么。所以，我只能耐心等待。”

——史蒂文的妈妈，第17周

宝宝获得了新技能

大约19周的时候，你会注意到宝宝再次尝试学习新的技能，因为到了这个年龄，宝宝开始探索充满事件的世界了。这个世界为他提供了丰富的事件。你的宝宝会选择最适合他以及他最想探索的技能。当他准备好时，你可以帮他一把，而不是漫无目的。记得参考第179页充满现象的世界宝宝如何探索，看看有什么需要注意的。

来自妈妈的心声

“我女儿这星期一直在试着做很多新的事情。突然，我意识到她在仅仅4个月的时间里就能做这么多事情了，说实话，我为她感到非常骄傲。”

——珍妮的妈妈，第18周

充满现象的世界

从上一次飞跃之后，你的宝宝能够看到、听到、闻到、尝到，并且感觉到这个充满渐变的世界。他用自己的眼睛、胳膊、腿、头、声音等进行探索和尝试。一旦体验到了事物的渐变后，就停止，这是他能理解的全部。宝宝这种新能力的获得，会影响到他的整个行为。

一旦宝宝能够做出一连串平稳的动作，就会给他更多与手中物体互动的机会。例如，他或许能够连续重复几次流畅的动作。你现在或许就能看见他在试着上下或左右摇动玩具，也可能试图反复按压、推动、摔打或击打玩具。有了这个新的能力，你的宝宝可以从一个动作平稳地过渡到下一个动作。例如，他可能用一只手抓住一个物体，然后试着递到另一只手上；或者他可能抓起一个玩具，立即试着放进嘴里。他还能够翻转玩具，从各个角度观察。从现在开始，他能够对触手可及的任何物体进行彻底检查了。

此外，你的宝宝现在可能学到了如何调整身体、上臂、下臂、双手和手指的运动，抵达玩具的确切位置，他还可以学习在整个过程中纠正自己的动作。例如，如果一个玩具在左边稍远的地方，他的手臂会流畅地向左移动；如果玩具更靠右，他的手臂会立即向右边位置移动。够取近在咫尺的物体、更远的物体或是挂在高处或低处的玩具，皆是如此。他看见了，就伸手去拿、抓住，然后拽向自己，整个过程的动作一气呵成。因此，你可以说，他现在“真正”可以抓住和拾起东西了。只要物体在他的一臂距离之内，你的小宝贝就能够伸出手抓住。

宝宝能够做出一系列短暂的平稳动作了，他也可以尝试各种滑稽动作。你或许会看到他扭来转去。他现在学会了轻松翻身和仰面旋转。他也可能第一次尝试爬行，因为现在他能够提起膝盖、向前挪腿、身子前移、伸展了……

他现在也可能学会灵活使用声音，发出一系列短小的声音。如果他从前一次飞跃之后开始学会交替发出元音和辅音，那这次飞跃后，他的语言能力会飞速发展，说话就像打开了“话匣子”一样。他会逐渐使用这些声音来说“句子”，这就是所谓的“咿呀学语”。他现在能够灵活使用声音，就像身体的其他部分一样。

全世界的宝宝的语言发展几乎都遵循这样的顺序：例如，宝宝最初发的音都含糊不清，最终，学会把这些含糊不清的声音发展为母语中适当的字词，然后就不再使用之前那些咿咿呀呀的声音了。宝宝很善于模仿周围人说的语言，因为他说接近家庭的语言会得到最多的回应和赞扬。

显然，每个宝宝的父母在听到他们的孩子发出“大大”或“麻麻”的声音时，都以为是在叫自己，因为不同的语言中，这两个词发音非常相似。然而，事实是，婴儿觉得这两个词又简单又好发音，所以在不断地尝试而已。

你的宝宝现在可能开始识别一系列简短的流畅的声音，或者可能会被音阶上一系列流畅起伏的音符所吸引。他现在可能会对所有表示赞同的声音有所回应，那些斥责的声音可能会吓到他。用什么语言来表达这些感受并不重要，因为他能够察觉到的是语调升降的差异，还有音高。这是他第一次在一片嘈杂中识别出一个特定的声音。你的宝宝也可能开始识别短小、熟悉的声调了，例如贝多芬第五交响曲的开场曲。

“你知道吗？”

一项研究发现，如果给宝宝播放莫扎特的小步舞曲的一部分，音乐被随机打断时他会有明确的反应。

你的宝宝现在或许能够识别出一个简短、熟悉的图像序列。例如，他可能会着迷于一个上下蹦跶的弹力球。其实生活中可以看到很多类似的例子，例如人们上下摇晃瓶子、搅拌锅里的食材、钉钉子、开门关门、切面包、锉指甲、梳头发、狗挠痒痒，人们在房间里来回踱步，这些都能引起宝宝的兴趣。

充满事件的世界还有两个基本特征需要说明下：首先，作为成年人，我们通常把一个事件看作一个不可分割的整体。例如，我们看到的是一个弹跳的球，而宝宝看到的是一个下落-升高-下落的球。即便球刚要开始弹跳，我们也已经知道了这是一个弹跳的球，就算它继续弹跳下去，这也是一个连续的现象。其次，大多数事件的定义取决于观察者的感觉和认知。例如，当我们说话的时候，我们没有把单词再细分，而是不带停顿地一个词接着下一个词。听者在词与词之间建立界限，给人一种一次只听到一个词的印象。这种事件的特殊感知技能，宝宝将在14～17周获得。

这个阶段的宝宝是这样的

此时，宝宝喜欢新鲜事物，当你注意到他获得新的技能或兴趣时，你要做出反应，这很重要，这将加速他的学习进程。

父母活动：从宝宝的视角体验世界

列出你每天看到、听到、做过或经历的10件事。这个列表比之前的飞跃列表更容易书写，因为我们成人察觉事件很容易。宝宝感知世界的方式已经越来越接近我们成年人了。

1. ______________________________
2. ______________________________
3. ______________________________
4. ______________________________
5. ______________________________
6. ______________________________
7. ______________________________
8. ______________________________
9. ______________________________
10. ______________________________

大脑的改变

脑电波记录显示，大约4个月大的宝宝脑电波会发生显著变化。此外，宝宝的头围在15～18周会突然增加。

神奇的飞跃：发现新世界

宝宝接触的事物越多，玩得越多，他对事物的理解就越深，操练起来就越熟练。在这个新世界里，他选择先探索什么并不重要。他可能密切关注音乐、声音或文字，或者可能选择观察事物，或者选择先进行身体活动。之后，他便很容易把学习一种技能过程中收获的知识和经验好好用于学习另一种技能了。

除了想要尝试在充满事件的世界有所发现，你的宝宝还会对他周围发生的一切变得非常感兴趣。这可能占据了他醒着的大部分时间，因为他想尽力观看和聆听周围的一切。他手臂距离内的所有玩具、家居用品、园艺或厨具都会被他拿走。你不再是他唯一的“玩具”。他可能会手脚并用地朝着新的物体、远离父母的方向前进，以此融入周围的世界。他现在可能没多少时间去玩拥抱游戏了。一些家长会因此感到失落。

即便如此，他仍然和往常一样需要你的帮助。你的宝宝在这个年龄段对周围世界的迷恋很典型。你可能已经开始感觉到宝宝这些新的需求，你要做的就是给宝宝提供足够的玩具，然后等着看他如何反应。只有当你注意到他无法完全理解一个玩具时，才去搭一把手。你还要注意观察宝宝，确保他在伸手抓东西时能够正确使用手、脚、四肢和身体。你还可以帮他做一些身体活动，例如翻滚、转身，有时甚至是爬行、坐或站起来。

你也可以帮助你的宝宝练习使用双手、手指去探索这个世界，让他听音乐，给他时间观察事物，进而学着去发现细枝末节。从现在开始，宝宝不仅会在你吃东西的时候看着你，他甚至会试图从你的嘴里夺食。你会注意到你的宝宝在做实验，你可以帮助他。例如，你可以用一个东西和他玩“躲猫猫”的游戏；或者你可以帮助宝宝发展语言技能，因为在这个年龄，他能够“牙牙学语”地造句，能够理解自己说的第一个字词。这个阶段，也是宝宝开始读书的好时机——阅读是一种享受，也是一种教育。

下面这些做法可以帮助宝宝探索这个新世界，你可以辅助宝宝完成。

教宝宝翻身的游戏

也许你已经看到宝宝可以躺着打转，或是趴着蠕动，试图翻身。你的小宝贝就是通过身体几个部位的一系列短小平稳的动作来玩耍的。他现在能做到了。然而，能够连续做出几个平稳的动作并不意味着他能够成功地翻滚或爬行。通常需要不断试错才能做到。

这里介绍一个好玩的方法，可以帮助你的宝宝练习从仰卧位翻身为俯卧位：让宝宝躺下，在他身旁放一个五颜六色的玩具。宝宝为了拿到玩具，会被迫伸展他的身体、转身，这样他就不得不翻身了。当然，对于他的努力，你需要予以鼓励；对于他的尝试，你需要给予赞扬。

你还可以通过一个游戏帮宝宝翻身：让宝宝趴着，把一个彩色的玩具放在他身后、左边或右边。当他转身去够的时候，把玩具移到他背后再远一点的地方。为了够到玩具，宝宝就会翻身，只不过有时候会在够玩具的时候翻得有点过了。宝宝沉重的脑袋会在这个过程中自动帮忙。

来自妈妈的心声

“我儿子正在疯狂地练习翻身，但当他面朝下趴着时，他会同时向上伸展双臂和双腿，像疯了一样绷紧身体、呻吟，目前只能做到这些了。”

——约翰的妈妈，第21周。

“我女儿尝试从躺着的位置翻身。不成功的时候，她会大发雷霆，完全没办法安抚。”

——阿什莉的妈妈，第20周

“我想我的宝宝可能想爬，但是我觉得他还不知道怎么爬。他扭动着身体，但是一动不动。这样他很沮丧。”

——弗朗基的妈妈，第20周

教宝宝爬行：有时管用

这个年龄段的宝宝经常尝试爬行。婴儿学习爬行的关键在于向前爬行。大多数宝宝都喜欢向前进。一些宝宝一开始姿势是对的——他把膝盖蜷缩在身体下面，把屁股翘在空中，然后向前推，但没有成功。有些宝宝跪在地上，双手着地，前后转移身体的重量。也有一些喜欢扭来扭去的宝宝因为用手推的作用，身体向后滑行。有的宝宝用一只脚蹬地，就在原地打转。一些幸运的宝宝摸索一段时间之后，似乎不经意间做出了向前的运动。

许多父母试图帮助他们的宝宝爬行。他们小心翼翼地向前推宝宝扭动着的屁股，或者把各种各样诱人的东西放在宝宝够不到的地方，试图引诱他们前进。有时候这些计谋会起作用，宝宝会不明原因地动一下。有些宝宝通过把自己甩出去完成第一次前行。另一些宝宝则躺在地上，用腿推动自己前进，同时用手臂调整前进的方向。

如果你模仿宝宝的动作，他可能会觉得非常滑稽，也喜欢看你向他展示如何正确爬行。几乎每个有爬行问题的宝宝都会对你的示范着迷。试试看吧！

让宝宝裸体扭动

如果你的宝宝想学会如何正确地翻身和爬行，那么就必须多加练习。如果他不穿衣服和尿布，就会更有趣，练习起来也更容易。大量的肢体锻炼会让宝宝有机会了解自己的身体，加强对自己身体的控制。

给宝宝练习用手和手指的机会

许多宝宝喜欢练习平稳地伸手、抓握、把玩具拉向自己，并且用各种方式操作玩具，比如摇晃、敲打或戳。你应该尽可能让宝宝探索更多的事物。多功能游戏桌［译者注：欧美幼儿的一种玩具。通常有一个基座板，其中有许多不同功能的活动单元。活动单元通过机械的方式（或简单的电动方式）实现动作，从而产生幼儿看得见或听得见的反应］，为手和手指提供了各式各样的练习。多功能游戏桌通常有一个可以转动、能发声的要件，可能有一个按下就发出声音的旋钮；可以有上下滑动的动物模型，旋转的圆筒和转动球等。宝宝摆弄的时候，每个单独的部件会发出不同的声音。很多宝宝喜欢多功能游戏桌，但是不要指望你的小宝贝一开始就能理解和正确使用这些特性物件。宝宝只是初学者！当你看到他尝试着做一些事情但没有成功时，你可以帮助他，牵着他的手告诉他该怎么做。或者如果你的宝宝喜欢观察事情是怎么做的，就让他看看你是如何用手完成的。无论哪种方式，你都要鼓励宝宝多用他的小手，宝宝用手机会越多越有利于智力发育。

来自妈妈的心声

“我的儿子博，正在展示他第4次发展飞跃获得的技能。这些日子以来，他学会了抓取物体、拿玩具往嘴里塞等。此时，他正在按自己的节奏小睡。”

——博的妈妈，第16周

允许宝宝探索这个世界

在充满事件的世界里，宝宝的胳膊、手和手指和身体的其他部分一样，能够连续做出几个平稳的动作。这样，他就可以检查他可以触及的物体。他可能会把这些物体扭一扭、摇一摇、敲一敲，再上下滑动一下，然后把认为有趣的部分塞进嘴里去感觉和品尝。

如果你的宝宝热衷于探索发现，你可以为他提供玩具和其他不同形状的物品，例如圆的或方的物品，或者不同材料的物品，例如木头和塑料，以此丰富他周围的环境。你可以给宝宝不同质地的面料，或者是柔软、粗糙、光滑的纸张来玩。许多宝宝喜欢空的薯条袋子，因为这些袋子会慢慢改变形状，弄皱时还会发出奇妙的噼啪声。给你的宝宝一些边缘不平或者凹凸不平的东西玩。大多数宝宝对不规则的物体都有偏好。例如，钥匙的形状会引起他们的好奇心。

来自妈妈的心声

“我们有一个多功能游戏桌，它在我儿子的婴儿床上挂了好几个星期。儿子不时就会看着它，但什么都不做。这周，他突然开始去抓游戏桌，现在他只是喜欢触摸和转动那些旋钮。你看得出来他真的在探索整个板子，虽然，他很快就累了，因为他一直得用一只手把自己撑起来。”

——保罗的妈妈，第18周

照顾好宝宝，为宝宝创造安全的家庭环境

你的宝宝现在越来越活跃，是时候做一次快速安检、确保他生活环境的安全了。

- 绝不要在宝宝附近遗留小东西，例如扣子、大头针或硬币。
- 当宝宝在你大腿上吃奶的时候，确保他不能突然抓起一个盛着热饮的茶杯或马克杯。
- 绝不要把热饮留在桌上宝宝能够到地方，也千万不要把宝宝留在较高的桌子上。如果宝宝试图够什么，甚至拉扯桌布，这就糟了——他可能把桌上的热饮洒得自己满身都是。
- 在火炉和壁炉周围设置护栏。
- 保证宝宝不会接触到如松脂、漂白剂和药物之类的有毒物质，可能的话，把这些物品装在安全容器中。
- 确保电源插座用插座盖盖好，家里没有可以拖动的电线。

宝宝会被小细节吸引

有些宝宝会被微小的细节吸引，就像小小的研究员。他们真的会不慌不忙、从各个方面仔细检查一个物体。他们可能需要很长时间才能完成摩挲、感受和摩擦纹理，探索形状和颜色这些事。似乎没什么能逃脱他们好奇的眼睛和探索的心灵。如果他们决定对你做一番检查，他们也会小心翼翼。如果他们研究你的手，他们通常会从一根手指开始，抚摸指甲，然后观察和感受手指如何移动，然后再到下一根手指。如果他们检查你的嘴，他们通常会检查每一颗牙齿。你可以给宝宝提供一些他感兴趣的玩具和物品，来刺激宝宝的视觉发育。

来自妈妈的心声

“我的女儿将来肯定会成为一名牙医。每次她检查我的嘴，我几乎都要窒息了。她到处探查，几乎把整个拳头都塞进我的嘴里。我闭上嘴，在她手上吻了一下，而她好像在明确表示，工作之时不喜欢被干扰。”

——艾米丽的妈妈，第21周

宝宝可能喜欢音乐

如果你的宝宝显露出对音乐的喜好，喜欢各种各样的声音，那么刺激和鼓励宝宝的兴趣是值得的。有些宝宝喜欢抓住玩具和物体，主要就是为了看看它们是否会发出声响。他们转动发声物体，不为检查，而是想探索物体转得快或转得慢的声音是否有所不同。这些宝宝会用各种方式挤压玩具，观察声音是否不同。你可以给宝宝一些发声玩具玩，帮助他正确使用。

宝宝可能是一个真正的“观察者”

每个家庭的日常生活都充满了宝宝可能喜欢观察的事物。许多宝宝喜欢看父母准备食物、摆放餐具、穿衣服或在花园里工作。他们现在能够理解各种活动涉及的不同动作或事件，比如把盘子放在桌上、切面包、做三明治、梳头发、修剪指甲、修剪草坪。如果你的宝宝喜欢观察事物，让他观察你的日常活动。你所要做的就是确保他处在一个能观察你在做什么的完美位置。这对你来说真的不是什么额外的麻烦，但是对他来说将是愉快的学习经历。

来自妈妈的心声

“我的小宝贝一看到我做三明治，就会咂嘴、踢腿、伸手。很明显，她知道我在做什么，她想吃。”

——汉娜的妈妈，第20周

宝宝可能什么都想吃一口、喝一口

你的宝宝想抓住你正在吃或正在喝的东西吗？大多数宝宝都是这样。所以，当宝宝在你的大腿上扭动时，注意不要喝热茶或咖啡。否则一不防备，他就可能突然抓住你的杯子，把热饮倒在他的手上和脸上。大多数宝宝在这个年龄仍然喜欢什么都往嘴里放。

来自妈妈的心声

“我的儿子会试着抢我的三明治，他会嘴巴张得很大，满怀期待。不管他抓到什么，都会立刻吞下去。有趣的是，他似乎什么都喜欢。”

——凯文的妈妈，第19周

帮助宝宝坐着探索世界

如果你的宝宝因为不得不用一只手把自己撑起来而变得疲累，你可以帮忙支撑他，这样宝宝就可以自由使用双手了。例如，把宝宝放在你的大腿上，和他一起玩玩具。宝宝喜欢舒服地坐着玩耍。此外，当他坐起来的时候，他能够从一个完全不同的角度观察玩具。你可以观察宝宝坐着的时候是如何观察玩具的，也许你会发现宝宝新的技能。

来自妈妈的心声

"我第一次把宝宝放在高脚椅上，还拿了个靠背撑住他。他突然发现坐着玩玩具会有一些趴在地上无法办到的玩法。后来我把塑料钥匙圈给他，他一开始往桌子上摔打，然后一遍又一遍扔到地上。他一口气大概扔了20次。他觉得特别好玩，笑个不停。"

——保罗的妈妈，第19周

跟宝宝玩"找到"东西的游戏

在这个年龄段，你可以和宝宝玩捉迷藏的游戏。宝宝一旦熟悉了充满事件的世界，他就可以识别某个玩具，即便他只能看到玩具的一部分。你可以用玩具跟宝宝玩捉迷藏的游戏，

把玩具移动一下，宝宝更容易识别。这个年龄段的宝宝仍然容易放弃游戏。物体是否真实存在与位置无关的道理，宝宝还不能理解。

宝宝可能“呀呀”造句

你的宝宝会“呀呀造句”吗？有时候，听起来好像你的小宝贝真的在给你讲故事。在这个充满事件的世界中，宝宝能够灵活地运用他的声音和身体。他开始重复已经学会的音节，然后串在一起形成一个“句子”，比如“哒哒哒哒”和“吧吧吧吧”。宝宝也可能会尝试不同的语调和音量。当他听到自己发出新的声音时，他可能会停下来笑一会儿，然后继续发音。

你要尽可能频繁地与宝宝说话，试着回应他的话，模仿他新发出的声音，当他“问”或“告诉”你一些事情的时候，回答他。你的反应将鼓励他练习使用自己的声音。

宝宝能听懂的第一句话

你可能会注意到宝宝能听懂一个字词或一个短句，尽管他自己说不出来。试着在熟悉的环境中提问，例如，“你的泰迪熊在哪里？”你可能会看到宝宝真的在看他的泰迪熊玩具。此时宝宝对语言的理解能力比他的说话能力更强。

当你发现宝宝能听懂第一句话时，你会非常激动和自豪。起初，你可能不相信发生了什么。你可以一直重复这个句子，直到你确信这不仅仅是个巧合。接下来，你可以创造一个新的环境来让宝宝练习已经掌握的小句子。例如，你可以把泰迪熊玩具放在房间任意位置，来测试宝宝是否知道它在哪里。你甚至可以给宝宝看泰迪熊玩具的照片，看看他是否认识。许多父母在宝宝的这个年龄改变了和宝宝的说话方式。当他们和宝宝说话时，他们会放慢语速，而且通常，他们只使用单个单词而不是整个句子。

来自妈妈的心声

“在我们客厅里，一面墙上挂着一幅花的画，另一面墙上是我儿子的照片。当我问他，‘花在哪里？’或‘保罗在哪里？’他总是看正确的图片。这不是我的想象，因为图片就在房间的两侧挂着。”

——保罗的妈妈，第23周

宝宝的第一本书

一些宝宝在这个年龄已经开始享受阅读书籍了。如果你的宝宝也是这样，他可能想自己用双手拿着书，惊奇地凝视书中的插图。他可能还会努力抓住书，专注于书中的图片，但没过一会儿，他就会用嘴咬书了。

耐心是一种美德

宝宝学习新技能时，他可能会展现出一些考验你耐心的技能。有些父母试图阻止宝宝做这些事情。打破旧习惯，学习新规则，这些都是培养新能力的过程。你和宝宝都必须适应这些进步，并重新就规则进行商谈，才能重返和平、重建和谐。记住，从现在开始，宝宝获得开心不必完全依赖你了，因为他现在与周围的世界有了联系。他能够完成和理解的比过去多得多，当然，他认为自己什么都知道。你可能会认为他很难搞定。他认为你才是！如果你发现了这种行为，表明你正在经历宝宝的第一次“独立战争”。宝宝第一次展示“拥有独立意志”很有意思，同时也是一种尝试。

宝宝的独立意志：有趣和尝试

许多宝宝想自己决定做什么，他们也不羞于让父母知道。他们想要坐起来，当来了兴致的时候，什么事都想插一脚，最重要的是，他们见到什么就想要什么。这让很多父母疲惫不堪。其他人觉得宝宝还太小，不能看到什么都去摸。当宝宝想要得到某些东西而在父母怀里扭动、蠕动时，父母可能试图通过拥抱来分散宝宝的注意力，但这种方法几乎都会产生相反的效果。宝宝会以更大的决心扭动，从父母的怀抱中挣脱出来。

吃饭和睡觉也是一样，宝宝想自己决定什么时候睡觉，什么时候起床。当他们想吃东西的时候就会要求提供食物，也会决定什么时候吃饱了。你可以说这是父母和孩子之间的第一次权力争夺。

来自妈妈的心声

“我的儿子变得很有个性，有自己的想法。他会清楚地让你知道他想要什么、不想要什么。”

——弗朗基的妈妈，第21周

抓拿的狂热

让许多父母最恼火的是宝宝，对任何触手可及或从他眼前经过的东西——植物、咖啡杯、书籍、立体声设备、眼镜——都有抓拿的想法，在双手探索之下，所有东西无可幸免。父母可能对宝宝的这种行为越来越恼火，还可能引起意外伤害，他们试图通过对宝宝坚定地说“不”来阻止这种狂热的想法，这种做法有时是有效的。

来自妈妈的心声

“我女儿每次和我一起坐在椅子上时，她都会试图抓住灯罩上的流苏。我真的不喜欢她这样做，所以我把她拉开，对她说‘不’。”

——珍妮的妈妈，第20周

咬人一点儿都不好玩

既然宝宝现在变得更强壮了，他就可能给别人的身体造成疼痛，例如他可能会咬或拉扯你的脸、手臂、耳朵和头发。他可能会掐住你的皮肤。有时候会很用力，让你真的很痛。没人觉得这种咬人、拽人和掐人的行为有趣。

有些父母会因为宝宝这种行为过激而责备他。他们会立即让宝宝知道自己做得太过分了，通常是口头上大声而严厉地说“哎哟”。如果他们注意到宝宝正准备发动新的攻击，他们会用“小心”来警告宝宝。这个年龄段的宝宝完全能够理解警告的语气。如果宝宝不停止这种行为，父母应该走开，让宝宝自己待在婴儿床或围栏里冷静一下。

没耐心很烦人

大多数父母认为他们的宝宝在这个年龄应该学会有点耐心。他们对宝宝的回应不像以前那么快了。当宝宝想要什么或想要做什么时，妈妈或爸爸可能会让他等一会儿。让宝宝等待几分钟再拿东西给他吃，是让他慢下来的一个方法。

父母活动：从宝宝的视角体验世界

最有趣的是，父母要理解宝宝为什么这么做？为什么你的宝宝喜欢翻身？他为什么想要坐起来？他为什么喜欢练习移动身体？这纯粹是生理欲望吗？或者你的宝宝想要探索更多的世界，他是不是有目的地移动自己的身体？在某种程度上，大运动纯粹是宝宝达到目的的一种手段，帮助他学习和实践充满事件的世界中的其他技能，如抓握、触摸等。

想想是什么促使你的宝宝用他的身体去做想做的事的。与你的伴侣谈谈，并仔细观察宝宝。相信你的直觉，因为没有人比你更了解你的宝宝。

你认为宝宝的动机是：

____

____

____

____

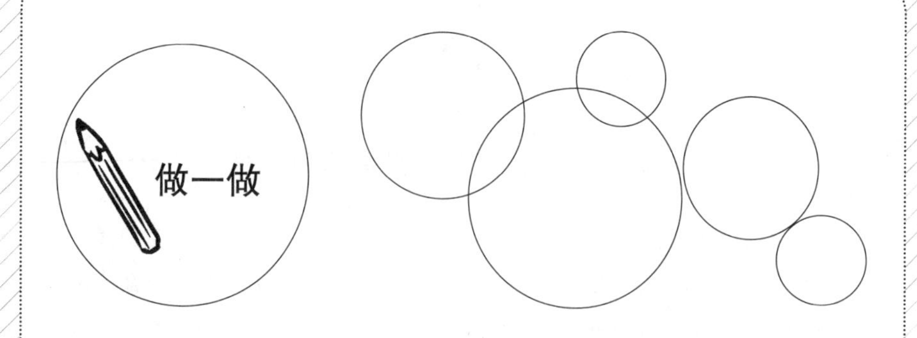

宝宝最喜欢的、利于大脑发育的游戏

这些游戏和活动可能是你的宝宝现在所喜欢的，可以帮助他练习获得的新技能。

勾出你的宝宝最喜欢的游戏。当你填写了这个列表，看看你的宝宝最感兴趣的东西和他喜欢的游戏之间是否有联系。你可能需要认真考虑，但这会让你了解宝宝的独特个性。

□ 和宝宝快乐“聊天”

尽可能频繁地和宝宝谈论他看见、听见、尝到以及感受到的事物。谈论他的行为。你的用语要做到短小精悍，强调重要字词。例如：“摸摸这种——草”“爸爸来了”“听——门铃”，或是“张开嘴。”

□ “接下来会发生什么？”的游戏

你先对宝宝说：“我要去捏你的鼻子啦。”（表情和动作夸张一些）然后轻轻捏宝宝的鼻子，还可以是捏耳朵、手和脚。找出宝宝最喜欢被你捏的部位。如果你和宝宝经常玩这个游戏，他就会知道捏完某个部位以后接下来要做什么，然后他就会激动地看着你的手，当你抓住他鼻子的时候，他会开怀大笑。这个游戏还能帮助宝宝熟悉自己身体的各个部位。

□ 看图片

给宝宝看颜色鲜艳的图片，多多益善。图片颜色要鲜艳、清晰，包含宝宝能识别的物体。你要和宝宝一起谈论图片上的事物，并指给他看。例如，图片上有个房子，给宝宝指一指房子里都有什么。

□ 唱歌

很多宝宝特别喜欢唱歌，尤其喜欢伴随歌曲做动作，例如“做蛋糕啊，做蛋糕啊，蛋糕师傅做蛋糕。”（译者注：“类似于你拍一、我拍一、一个小孩坐飞机，你拍二、我拍二……这样的拍手游戏”）他们也喜欢随着歌曲或童谣的节奏摆动。宝宝能通过歌曲的旋律、节奏和音调辨识歌曲。

□ 挠痒痒

跟宝宝玩挠痒痒游戏时，不妨给宝宝说说下面的童谣，宝宝可能会喜欢：

这只小猪去市场……

那只小猪待在家……

这只小猪吃牛排……

那只小猪没得吃……

这只小猪……

呲溜溜溜溜溜溜溜溜溜溜溜溜，一路跑回家。

说这话的同时，依次摆弄宝宝的每个脚趾，之后，用你的手指抚摸宝宝的身体，最后挠挠他的脖子。

□ 躲猫猫

用一块布盖住宝宝的脸，然后问：“……在哪里？”看看他能否把那块布拿开。如果宝宝还做不到，就握住他的手，帮他慢慢地把布拿开。当宝宝再次看见你的脸的时候，说“哇”——这有助于宝宝记住这一事件。在这个年龄，游戏一定要尽可能简单，否则对宝宝来说太难了。

□ 照镜子

和宝宝一起照镜子。通常宝宝一开始更喜欢微笑着看镜子中自己的样子，但是，之后他会看你的映像，然后转身看真正的你。这通常让他感到迷惑，他会来来回回看真正的你和镜子中你的映像，好像无法决定到底哪个是真正的妈妈或爸爸。如果你和他说话，他甚至会更加惊讶，因为突然发现声音来自真实的你。然后，他可能会大笑，偎依在你的怀里。

宝宝最喜欢的玩具

□ 浴室中的各种物件，例如肥皂盒、浇花水壶、牙缸等

□ 多功能游戏桌或可以在上面玩耍的柔软平台

□ 有抓握槽口或孔洞的球，最好里面还有个铃铛

□ 塑料或充气拨浪鼓

□ 一个装有米粒的带螺旋盖的容器

□ 揉搓起来噼啪作响的纸张

□ 镜子

□ 其他宝宝的照片或图片

□ 宝宝能讲出名字的物体或动物的照片、图片

□ 儿歌

□ 真的能转动的方向盘，例如玩具车上的方向盘

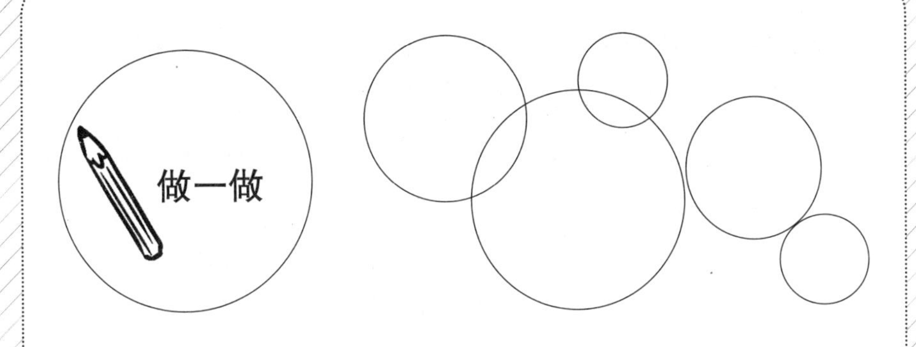

充满现象的世界宝宝如何探索

进入这个阶段的宝宝，会获得同样的感知能力，这个世界为他们提供了广泛的新技能来帮助他探索世界。宝宝会选择最适合自己的爱好、兴趣和体格的事情去完成。有些宝宝擅长感觉、观察或做体操，有的宝宝则想尝试所有事物，但不会进一步精进。每个宝宝是独一无二的。

从现在开始，你可能会注意到宝宝在探索列表中提到的技能，但要记住，你的宝宝不会把列表中的每一件事都尝试一遍。

填表说明：

在你的宝宝进入下一次发展飞跃前，在第一栏的空格中勾选宝宝可以做的事情。在列表中写下你注意到宝宝做某事的日期。他很有可能在一次、两次或三次飞跃之后才获得这些技能。请记住，这并不反映宝宝的智力。如果宝宝暂时还无法做某些事情，也不代表他落在其他宝宝后面，这只是他的选择罢了。这个列表比之前几次飞跃的列表更长，因为进入这个世界是一次巨大的飞跃。宝宝会获得新的技能，由于心智能力的提升，他会将之前几次飞跃获得的技能进行整合。这是一次很大的飞跃，你和宝宝都会注意到。另外，宝宝会对列表上罗列的事情很挑剔，有的事他立马去做，有的留待以后，即使这些都是无意识的决定。你还会注意到，与其他飞跃相比，你在这个列表中勾选的项目更少。宝宝的个性发展可谓日新月异。

宝宝进入这次发展飞跃的时间：____________________

在________时，再度“拨云见日”，现在，临近这次飞跃的尾声，宝宝可以做这些新的事情了。

身体控制

日期：

☐ 突然变得非常活跃。大人一把宝宝放在地上，他就开始活动全身。

☐ 会从俯卧位翻身为仰卧位。

☐ 从仰卧位翻身为俯卧位。

☐ 趴着的时候，能充分伸展他的手臂。

☐ 抬起屁股，试图推动自己向前移动，但没有成功。宝宝的尝试也许比成功更重要。

☐ 当趴着时，用手脚把自己撑起来，然后试着向前移动，但没有成功。还是太早了点。

☐ 尝试“匍匐”（爬行的前兆；不靠手和膝盖，推动自己在地板上前进）。

☐ 设法向前或向后移动一点点。

☐ 坐在大人面前，抓住大人的手指，把自己拉成坐直的姿势。

温馨提示：宝宝最早能够做到的时间是4个月，但有的宝宝可能要等到8个月才会出现第一次。平均年龄是5个月零3周。

☐ 靠在大人身上的时候，宝宝靠自己就能坐直。

☐ 宝宝试图坐直，很快就成功了。他依靠着自己的前臂，头向前用力就做到了。

温馨提示：宝宝在4～8个月、平均5个月零1周时，他可以第一次短时间地独自坐一会儿。但正如我们前面所说，宝宝在这个时间段内任何时候做到都是正常的。更早并不一定更好。请记住，你的宝宝是独一无二的。

□ 如果你向宝宝伸出你的两个手指，让他用拳头夹住，他可以把自己拉到站立位。

温馨提示：宝宝第一次这么做发生在5～12个月，平均发生在第8个月。最早的日期可能是在这次发展飞跃结束的时候。

□ 可以稳稳地坐在高脚椅上，依靠垫子能支撑住身体。

□ 喜欢动嘴。例如，以各种方式噘起嘴唇或伸出舌头。

抓取，触摸，感受

日期：

□ 现在能成功抓住物体了。

□ 即使不看，也能抓住与其接触的物体。两只手能一起抓握。

□ 现在左右手都很灵活，有时用左手抓物体，有时用右手抓物体。等宝宝再长大一些，才知道是左利手还是右利手！

□ 双手可以来回传递物体。

□ 不论用右手还是左手拿玩具，双手都可以做同样的动作。

□ 喜欢把别人的手放在嘴里。

□ 当别人说话时，摸他的嘴，甚至把整只手伸进去！

□ 把玩具或物品放进嘴里去感受。

□ 你把玩具或物品放在嘴里咬。

□ 可以从自己脸上扯下一截胶带，一开始动作很慢，但做得越多速度就越快。

□ 能认出一个玩具或其他熟悉的东西，即使它们被其他东西部分覆盖；会尝试移除障碍，但如果不成功，很快就放弃了。

□ 爱把玩具摔在桌上。这与攻击性无关，这是出于热情。

□ 故意把玩具从桌上扔到地上。这不是淘气，只是想探索会发生什么，喜欢听玩具击中地板的声音。

□ 试图抓取差一点就能够到的东西。

□ 试图摆弄多功能游戏桌。

□ 知道某个玩具的用途，例如，会按玩具电话上的按钮。

☐ 喜欢研究细节。对很小的玩具以及手、嘴等部位的微小细节特别感兴趣。

观看

日期：

☐ 迷恋地盯着“事件”看，比如一个孩子跳上跳下、锤钉子、剪指甲、切面包、梳头发、搅拌咖啡，等等。

☐ 大人说话的时候，会盯着大人的嘴唇和舌头痴迷地看。

☐ 寻找大人的时候能够转身。

☐ 能寻找一个部分被隐藏起来的玩具。

☐ 对着镜子里的自己做出反应：要么害怕，要么大笑。

☐ 会手里拿着一本书，盯着书里的图片看。

倾听

日期：

☐ 专心聆听从大人嘴里发出的声音。

☐ 能对自己的名字做出反应，同时也能识别房间里的其他声音。

☐ 能够在混合的不同声音中识别某个特定声音。

☐ 能真正理解一个或多个单词，例如，如果大人问：“你的泰迪熊在哪里？”你会看向泰迪熊玩具。注意，泰迪熊玩具必须在平时的位置，否则宝宝不会正确回答，因为寻找东西对现在的宝宝来说还是太难了。

☐ 对赞许或责备的声音会有恰当的反应。

☐ 能识别出儿童歌曲、曲调或自己最喜欢的电视节目的开头。

聊天

日期：

☐ 能用嘴唇和舌头发出新的声音；可以发出“若若若”，也就是我们熟知的唇音“r”。

☐ 宝宝发出最多的声音是：

  ☐ 呋呋呋特-呋呋呋特-呋呋呋特
  ☐ 唔唔唔唔唔唔
  ☐ 嗞嗞嗞
  ☐ 嘶嘶嘶
  ☐ 卟若若若
  ☐ 啊若若若
  ☐ 若若若
  ☐ 咯若若若
  ☐ 噗若若若
  ☐ 会使用辅音：d，b，l，m。

☐ 口齿不清地说话，使用的第一批“词”有：麻麻、大大、啊卟爸、哈达哈达、爸爸、塔塔等。并非每个宝宝现在都能做到，无论是否做到，他们都会很享受。你的宝宝最喜欢说的“词语”是：

____

____

____

☐ 打哈欠时会出声，并且意识到这种声音。

肢体语言

日期：

☐ 想要被抱起的时候会伸出胳膊。

☐ 饿了的时候会咂嘴，有时会挥舞胳膊和双腿来强调饿了。

☐ 会张开嘴，冲着食物和饮料的方向靠近。

☐ 吃饱了就“吐唾沫”。

☐ 喝够了就把奶瓶或乳房推开。

☐ 喝饱了就远离奶瓶或乳房。

其他技能

日期：

☐ 夸大自己的某个举动；例如，当你对宝宝的咳嗽有回应，他就会再次咳嗽，然后哈哈大笑。

☐ 觉得不耐烦的时候会变得暴躁。

☐ 如果没有完成试图完成的事，就惊声尖叫。

☐ 现在有了一个最喜欢的抱抱玩具：

  ☐ 毯子

  ☐ 拖鞋

  ☐ 绒毛玩具

  ☐ 其他：

____

____

____

金点子

你不需要很长时间就能完成这个列表。记得要去做哦，因为这个列表会对宝宝生命前20个周的选择、动机和兴趣做一个很好的概述。前20个周，大脑发育会为余生奠定重要基础。每次飞跃花几分钟时间完成这些清单，你就可以深入了解宝宝的独特个性，这是弥足珍贵的。

轻松时期：飞跃之后

大约21周的时候，另一段相对平静的时期开始了。许多家长赞扬他们的宝宝具有主动性和进取心了。

宝宝现在似乎有无穷无尽的精力。他坚定而享受地开始探索周围的环境。如果只和妈妈或爸爸玩，他会变得越来越不耐烦。他要行动。只要发现了感兴趣的东西，他就不会放过探索的机会，他会试图从你的腿上挣脱。现在，他显然更加独立了。

来自妈妈的心声

“我今天把儿子的第一件婴儿服收起来了，突然感到一阵遗憾。时间都去哪了？放手真不容易，是非常痛苦的体验。儿子好像突然就长大了。现在，我和他有一种不同以往的关系。他现在更是一个独立的人了。”

——鲍勃的妈妈，第23周

“我的宝贝现在背对着我喝瓶子里的奶，坐得笔直，仿佛不想错过周围世界的一丝一毫。她甚至想要自己拿奶瓶。”

——劳拉的妈妈，第22周

“我儿子坐在我的大腿上，然后试着平躺下来，这样他就能往后看，不会错过身后发生的一切。”

——弗朗基的妈妈，第23周

“我现在很少把宝宝放在婴儿围栏里。我觉得那个狭小的空间对他限制太多了。”

——鲍勃的妈妈，第22周

“我的儿子开始讨厌坐在宝宝背带里被带来带去。起初，我以为他想要更多的空间，因为他那么活跃。但当我让他面朝外坐好，他就高兴了，因为他什么都能看见了。”

——史蒂文的妈妈，第21周

好动的宝宝不再想要别人主动把他想要的东西递给他，而是想要自己去拿。

“我女儿可以从俯卧翻身为仰卧，还会满地扭来扭去找玩具，或者爬过去。她整天忙得像只小蜜蜂。她哭闹的时间甚至都没有了。我必须承认，她看起来比以往任何时候都快乐，我们也是。”

——珍妮的妈妈，第21周

“我的宝贝正在朝各个方向爬行、翻滚。我无法阻止。她试着从弹跳椅上爬下来，想爬到沙发上去。那天，我们发现她半个身子探进了狗窝里。她在浴缸里也是忙忙叨叨。浴缸里的水很快所剩无几，因为全让她给弄出来了。”

——艾米丽的妈妈，第22周

这是下一场“暴风雨”来临前的平静时期，大多数宝宝比以前更快乐了。甚至有肠绞痛的宝宝在这个阶段也更快乐。这也许是因为他们能做的事更多了，不太容易觉得无聊了。

“我的小宝贝现在心情很好。她开怀大笑，还会‘讲故事’。看见她这样，真是太好了。”

——朱丽叶的妈妈，第23周

“我很享受和女儿在一起的每一分钟，她是个小可爱，那么温和。”

——阿什莉的妈妈，第22周

“我儿子突然变得更容易相处了。他回归了有规律的生活，现在睡眠也更好了。”

——弗朗基的妈妈，第23周

“我的儿子特别可爱，总是逗我们开心。他睡觉时毫无怨言，这本身就是一大成就。与过去几周相比，他现在下午睡得时间很长。他和几个月前整天哭哭唧唧的时候也大不一样。现在，除了不时有点情绪波动，一切平稳发展。”

——保罗的妈妈，第22周

你真正需要知道的十件事

你的宝宝现在已经完成了心智发展的第4次飞跃。在这么短的时间里，他变化很大……真的长大了！许多家长认为充满事件的第4次飞跃对宝宝来说非常困难。这并不奇怪，真的，因为这次飞跃综合了以往飞跃的所有能力，并且是在它们的基础上进行的。正如你已经注意到的，你的宝宝年龄越大，变化就越强烈。因此，我们总结了一个你真正需要知道的十件事情的列表，让你更好地理解接下来的发展飞跃期间会发生什么。

关于宝宝心智发展飞跃，你需要知道的事

（1）你可以根据年龄预测每一次飞跃的时间，但你的宝宝是独一无二的。

（2）充分利用宝宝难以取悦的阶段——这提醒你要关注宝宝掌握的新技能。我们会告诉你注意什么，这样你就不会错过。

（3）这不是一场运动竞技赛！我们会帮你了解其他同样重要的发展。

（4）我们通过提供列表帮助你发现宝宝在难以取悦阶段的行为模式。

（5）你可以在飞跃期更积极作为。通过帮助、指导你的宝宝，可以与他建立安全和强大的联结，这是生命的礼物。

（6）技能是在一定时间范围内出现的！不要把注意力集中在可能出现的最小年龄上，因为大多数宝宝在这个时间范围的后半段才会表现出这些技能。

（7）重要的是宝宝自己的意愿，而不是父母期望的完美结果。

（8）记住，环境的改变——比如搬家或工作中断造成的压力——可能会让你没有识别出宝宝正处于难以取悦的阶段。这没关系。

（9）发展飞跃会给宝宝和整个家庭带来压力，有时候会导致宝宝抵抗力降低而生病（例如小感冒）！

（10）每一次飞跃都意味着进步，即使你觉得像是一次退步。

1. 宝宝基本都在相同的年龄经历飞跃

宝宝心智发展飞跃的年龄是从预产期算起的，我们只是预测出宝宝飞跃的平均年龄，但并不是说所有的宝宝都是一样的。随着每个宝宝在相仿年龄的每次发展飞跃，他们基本都会获得相同的新技能，会让他们以不曾体验过的角度感知这个世界。事实上，宝宝不可能立刻全部探索一遍，你的宝宝会选择他感兴趣的先行探索。

这些选择由本能驱使，为你的宝宝量身打造。他不会像成年人那样考虑什么技能更容易发展，或者从长远来看哪种技能更有利。宝宝关注的是最吸引他、他最感兴趣的事物。每个宝宝都是独一无二的。

观察宝宝的选择很有趣，因为他会以最纯粹的形式反映自己的个性，宝宝的个性并不是一直很容易被发现的。这就是为什么我们提示你要列出你可能注意到的“发现”。如果你在宝宝飞跃之后完成这些清单，你就会洞察到是什么驱使和激励着你的宝宝。

理解宝宝看世界的视角

每次飞跃，花10分钟完成相应的宝宝探索列表。你会发现他的行为模式，发现他的偏好，你会感到惊讶。当你10年以后再阅读这些列表和你的答案时，你会发现他10岁时显示出来的典型性格特征其实一直都在。现在是在发展过程中揭示宝宝独特个性的机会。多么难得的机会啊，你应该紧紧抓住。

2.熟能生巧

宝宝在现在可能做的所有事情中，会选择最适合自己成长阶段并且感兴趣的事。他会立即掌握所有新技能吗？是，也不是。作为父母，你在宝宝每一次飞跃中能立刻注意到新的事件发生，这是很普遍的。这些新事件似乎突然就冒出来了。当然，这不是真的。这些事件的出现都是基于宝宝获得的新的技能，你只注意到最终的结果罢了。

有些技能较难掌握。你的宝宝可能发现这些技能很有趣，并"选择"在飞跃之后掌握，但要想掌握需要时间和努力。宝宝需要你帮他实践这些他希望探索的技能。你可以帮助宝宝，让他发展最感兴趣的技能。如果你袖手旁观，他可能因为沮丧而放弃。你这样做最能帮到宝宝。

促进探索：这个术语可能听起来复杂，其实很简单。为了让宝宝探索事物，你必须控制一些条件，这样你的宝宝才能自主做一些事情，这样他才可以从经验中学习。如果你总是帮他做，越俎代庖，他便什么都学不到。这就是所谓的"促进养育"。以学习抓握物体为例。如果你每次都把玩具推到宝宝手上，他就学不会抓玩具。如果一个玩具他刚好够不着、拿不到，每次抓玩具又都失败的话，他很可能完全放弃。你要避免上述两种情况的发生。你要为宝宝设立付出努力，能够实现的目标。如果宝宝够不到玩具，你就把玩具放在离他更近的地方，这样他可以自己抓取。你这样做，是在给予宝宝学习和增加独立性的机会。是你在促进他主动探索，所以术语是"促进探索"。

表扬"尝试"，而不仅是成功：最近的研究表明，孩子的成长源于他用尝试和努力得到的鼓励和表扬。当宝宝尝试和学做一些事情时，会消耗他大量的能量，这是不容易的。宝宝是从你的赞美和鼓励中成长起来，通过自我挑战他可以做得更好。这让他从小就知道挑战自我达成目标当然是好的，但失败也是学习过程的一部分。你的鼓励会增加他的自信心和独立性，即使他不能立即成功也不会轻言放弃。所以，这是一个生命的礼物。

预防挫折过多：无论你如何促进宝宝的学习，给予他多少鼓励和表扬，如果事情不尽如人意难免会令人沮丧。我们作为成年人，太了解这种感觉了。宝宝和成年人一样，是可以从小小的挫折中学习的，挫折有时会给予宝宝再次尝试的额外动力，有些宝宝甚至会采取不同的方式来达到他们的目标。但要小心挫折太多。不断的失败可能会导致极强的失败感，让他彻底放弃，这并不是我们的目的。作为父母，你比任何人都了解你的宝宝，你会本能地感觉到适合宝宝的挫折应该是多少，什么时候挫折对宝宝来说太多了。如果宝宝遇到的挫折太多，就需要你的介入，推宝宝一把。对宝宝的尝试做出回应，让事情变得简单一点，或尽量帮助他，让他成功。

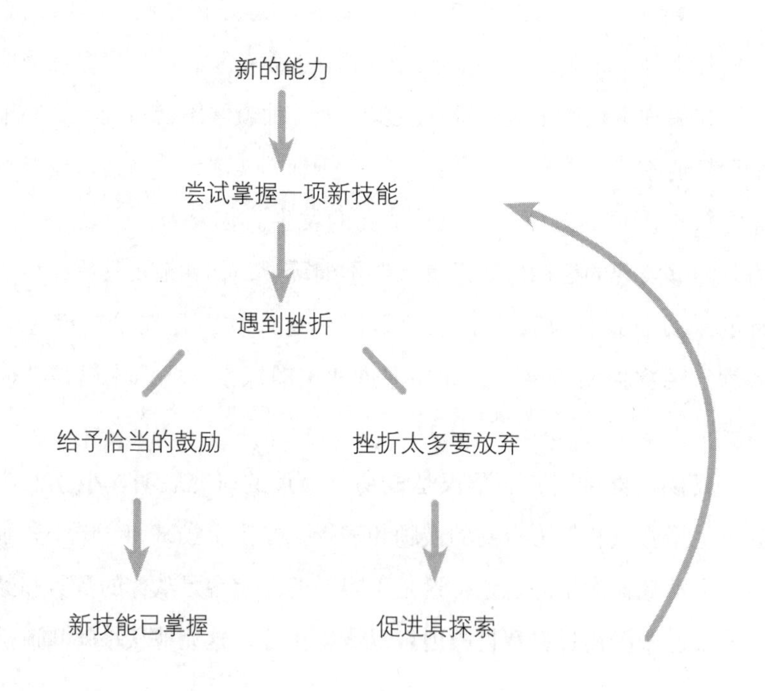

3. 这不是一场运动竞技赛!

天啊！宝宝还没学会走路怎么办？他还不会爬怎么办？这些问题把你逼疯，让你心难安。更重要的是，即使是最自信的父母也讨厌面对这些问题。

为了减轻你们的疑虑和不安全感，请记住，人类有7种智力形式，而体能只是其中之一。社会倾向于关注体能，不是因为它比其他形式更重要，而是因为它最容易观察和比较。

要想观察宝宝如何使用基本技能，如何通过感觉和触摸来探索这个世界并非易事。例如，通俗地说，宝宝的手指滑过物体边缘、体验摸起来的感觉，是不容易观察到的。作为一个社会人，我们不容易注意这些“小”事（应作：非常重要的），我们倾向于关注那些容易观察和衡量的事情：对婴儿而言，就是他的粗大运动技能。

4. 宝宝难以取悦的阶段，你会看到3C及其他一些特征

每个宝宝的心智发展飞跃发生在相同的年龄。不管你的宝宝是否愿意，这些变化都会发生。这些飞跃就好比青春期。每个孩子都在相仿的年龄经历青春期，但是青春期对每个人的影响却因人而异。有些青少年可能变得顽固、叛逆，而有些青少年可能变得孤僻。虽然青春期的变化与心智发展不同，但都是相对的。所有宝宝会在相同的年龄经历发展飞跃，然而在难以取悦的阶段他们会有自己的表达方式。另外，你可能发现你的宝宝可能在某个飞跃期比另一个飞跃期更麻烦，这是很正常的。

如果你的宝宝非常外向、富有表现力，那么要识别出他正在经历飞跃会相对容易。他的某些表现一定会让你知道的。而更安静、随和的宝宝可能不会那么清楚地表达。在这些情况下，父母必须更加注意

观察信号，看宝宝什么时候需要额外的安慰和支持。宝宝在经历飞跃期时，更需要父母的支持。

5. 你可以积极地面对

面对宝宝的发展飞跃，你绝不会孤立无助。如果你使用本书中的时间表计算出了飞跃的时间，那么你就会知道宝宝在什么时候会进行心智发展的飞跃。希望这本书让你在3C出现时更有把握应对。《神奇的飞跃周》为父母提供支持，也提供了如何在这段时间最大限度地安慰和支持宝宝的方法。当宝宝进入难以取悦的阶段时，你会想安慰和帮助他，想让他感受到安全和关爱。

在宝宝探索新世界的过程中，你也可以指导和支持他度过困难的阶段。通过阅读了解飞跃期，你就知道要注意些什么。你可以了解宝宝的大脑在发生什么，也可以在他学习的过程中给予他帮助和指导。

6. 我们列出技能可能出现的最小年龄

宝宝每一次心智发展的飞跃，我们都会列出宝宝可以做出某事的最小年龄。关键词是“可以做”和“最小”。正如我们之前提到的，宝宝不会一下子获得所有的技能，因此这里说的是“可以做”。这些技能首次出现的年龄差别很大，有时候可以差几个月。我们在每一章都解释了与年龄相关的飞跃和宝宝在这次飞跃中获得的新能力，且很自然地告诉你可能出现相关技能的最早年龄。通过列出这些技能，你可以观察和识别宝宝开始发展这些技能的迹象，你知道应该关注什么。为了说明技能出现的年龄差别之大，我们还介绍了一些运动技能的平均年龄和儿童掌握该技能的“最大”年龄。之所以这样做，是因为我们注意到父母很想知道这些内容。但请记住，即使你的宝宝不在平均年龄获得某项技能，也是正常的。

小贴士

每一个飞跃的章节，我们都会列出宝宝在难以取悦阶段可能表现出的特征。检查一下你真正注意到的宝宝的行为，记住，并不是每个宝宝都会表现清单上的全部特征，宝宝甚至可能会做一些你没有注意到的事情！回顾之前的列表非常有趣，因为你可能会发现宝宝的行为模式和难以取悦阶段的行为特征的变化。完成这些清单只占用你几分钟的时间，但在宝宝展现个性的时候会更有助于你的了解。

你现在已经知道，《神奇的飞跃周》关注的是宝宝在头20个月心智发展的飞跃。在那之后，你就"靠自己"了。我们总是收到询问第10次飞跃之后会发生什么的来信，但是我们没有以同样的方式收集这些数据。然而，如果你知道宝宝在这些难以取悦的阶段做何反应，那么随着他成长为幼童甚至更加成熟，你将更容易识别和应对。这就能帮到你和你的宝宝了。

相信我们：每个健康的人都能学会走路，在以后的生活中，你的宝宝学会走路是早还是晚并没有什么影响。让我们把注意力集中在那些对宝宝成长可能更为重要的身体技能以外的方面。

7. 重要的是意愿，而非完美的结果

当我们提到宝宝可以开始做某事的最小年龄时，有些人会感到震惊。例如，画一辆汽车、梳头发、削橙皮，或是穿衣服。是啊，这么小的孩子就可以做这些事情……难道不是不可思议吗？

如果你要求完美的结果，那么上面这些对于婴儿或蹒跚学步的宝宝也是不可能完成的任务。即使是3岁的宝宝可能也很难画出一辆漂亮的汽车、剥开一个橘子去掉所有的白色橘络、把头发梳整齐把所有的结都解开，或者给自己穿上合适的衣服，这些对他们来说都可能是挑战。

如果你只看重结果，设定高标准，这对宝宝是不公平的。宝宝在成长过程中，最重要的是遵循他的意愿，而不是一味追求完美的结果。如果一个小孩在一张纸上潦草地画了几笔，然后说是一匹马，那么这就是一匹马。如果他剥开一个橘子，去掉一半的橘子皮，那么我们就应该为他的成就感到骄傲。作为父母，我们为宝宝去掉另一半橘皮就好了。如果宝宝抓起一把梳子在头上摩擦，那就是在试图梳理自己的头发。如果宝宝把裤子穿反了，裤子口袋内胆还露在外面，他也应该赢得表扬。

如果你认真对待宝宝的第一次尝试并给予他表扬，那么你期待的完美结果往往会更快到来。正面评价和支持会鼓励宝宝再次尝试。毕竟，熟能生巧。

8. 环境可能妨碍你识别难以取悦的阶段的来临

我们都经历过家庭面临压力的时候，比如搬家、处于工作繁重的时期，更糟糕的是还可能经历某个家庭成员生病或死亡，等等。

如果宝宝的发展飞跃表现并不明显，且家庭中每个人都处于压力之下，就很难注意到宝宝正在经历的飞跃期。

你不能避免所有的压力。毕竟，我们是人，我们都经历过生活中的困难时期。但是通过互相支持，你的宝宝会知道你在他们身边。还有，你不必向宝宝隐瞒你的感受。当然，宝宝更喜欢看到快乐的父母，但不管你喜欢与否，宝宝能察觉到你的情绪。所以，不要试图和宝宝开玩笑。诚实地面对你的感受。但要让他知道，他可以给你带来安慰和快乐，即使他正处于难以取悦的阶段。

当宝宝开始经历难以取悦的阶段时，有些压力是需要考虑到的。停止母乳喂养会给宝宝带来压力，就像换成保姆照顾宝宝或宝宝第一次去托儿所一样。多变的生活也可以影响宝宝。简单地说，因为这些事件改变了宝宝的一切，要调整适应新的情况就会产生压力。宝宝经历发展飞跃时，也会面临压力。因此，生活中的事情要提前做好计划，避免和宝宝的飞跃时间冲突。这会让你和宝宝都更容易应对。

如果你无法避免这种变化和额外的压力，那么一定要特别关注你的宝宝，要陪在他的身边。

9. 飞跃带来压力，同时造成抵抗力降低

正如你刚刚读到的，飞跃对宝宝来说是有压力的，宝宝在困难阶段的行为会给其他家庭成员带来严重后果。压力会影响身体的生理功能，削弱身体的天然抵抗力。因此，宝宝进入难以取悦阶段后更容易生病也就不足为奇了。

10. 每次飞跃都值得庆祝

找到每次飞跃值得庆祝的理由并非易事，但请记住，宝宝难以取悦的阶段很快就会过去，然后你会注意到他的巨大发展。所以，尽管每次飞跃的第一阶段对于宝宝和父母来说都很困难，但这是宝宝经历心智健康发展、向前迈出一大步的标志。

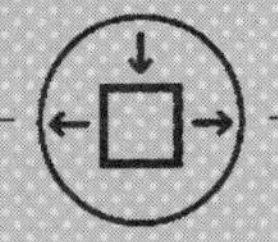

神奇的第26周

第5次飞跃

充满关系的世界

“分离焦虑现在开始抬头”

在第26周左右，也就是25～27周之间，宝宝会开始显露某些迹象，这预示着成长过程中的另一次重要飞跃即将来临。根据他们对事件的了解，他们现在能够开始理解构成世界的事物之间的多种“关系”。

宝宝现在能够感知的最为重要的一种关系，就是两个物体之间的距离。作为成年人，我们觉得这不算什么，但对宝宝来说，这个发现是一个让他感到惊讶的世界巨变。周围的世界突然变得非常宽广，而他只是沧海一粟：想要的东西被放在高高的架子上，他可能拿不到；父母可能离开他，即便只是去到隔壁房间，如果不能跟着，在他看来爸爸妈妈可能是去外地了；即使已经学会爬行，他也会意识到父母走得比自己快得多，可以轻易摆脱他。

这些发现真的吓坏了宝宝，从而也让父母在这几周中筋疲力尽。不过，如果你能理解孩子恐惧和不安的源头，你可能就会愿意做很多事来帮助他。一旦宝宝学会了控制自己和想要的东西之间的距离，他自然就能独立完成比以前更多的事情。但在那之前，他还需要你的大力支持。

通过所有这些事情，你的宝宝正在向你展示他正在经历一个飞跃式的发展。然而，他自己已经感觉到这种飞跃发生在大约23周（一般是22～26周）。这时你的宝宝通常变得比以前更加黏人。他注意到周围的世界已经改变，现在的体验已经不同了。他能看到、听到、闻到、尝到和感觉到之前不了解的事物，面对一些全新的事物时，他想要抓住一些已知的、熟悉的事物；他想要回到让他觉得最安全的父母那里。父母带给他的熟悉的安全感和温暖的感觉有助于宝宝放松，让新鲜感逐渐渗透进来，帮助他以自己的步伐成长并进入这个全新的世界。这个难以取悦的阶段通常持续约4周，但也可能短至1周，也可能长达5周。

宝宝在这次飞跃后获得的一项重要技能是学习处理与父母之间的距离问题。

进入难以取悦的阶段：飞跃开始的标志

当宝宝意识到他熟悉的世界正在改变，通常比以前更容易哭闹。在这一点上，许多父母可能会称自己的宝宝是“怪家伙”“坏脾气”“牢骚鬼”。如果你的宝宝个性比较要强，他可能会表现得比以往更加焦躁不安、气急败坏、令人讨厌。几乎所有的宝宝在被抱起来、拥抱着、依偎着父母，或者在玩耍过程中有人陪伴时，都会哭得少一些。宝宝不仅比以前更黏人、更暴躁、哭闹得更频繁，也可能睡眠不好、比以前更害羞、需要更多关注，不希望你打断他和妈妈之间的身体接触，他还可能会无精打采、食欲下降。父母经常会注意到一些特定的事情，比如宝宝拒绝换尿布，或是更频繁地伸手去抓、抱玩具。

简言之，你的宝宝正进入他现在应该已经很熟悉的难以取悦阶段。这个阶段不仅对宝宝很困难，对你也是，可能会引发你的焦虑、恼怒和与家长争吵。这使你很紧张，但并不全是坏事：因为你的担心会促使你更仔细地观察宝宝，发现宝宝实际上正在做许多新的事情。

来自妈妈的心声

“我的宝宝开始逐渐靠自己站起来了。她会提出要求，愤怒地命令我到她面前或留在她身边。这样，她就能确保我随时在那儿帮她拿玩具了。”

——汉娜的妈妈，第25周

“我儿子最近似乎有些不对劲，他不知道自己想要什么，他会伤害自己，然后哭。我没有什么可以用来安慰他的。我从没见过他经历这么困难的阶段。”

——奥蒂斯的妈妈，第24周

切记

如果你的宝宝很挑剔，仔细观察他，看看他是否在尝试掌握新的技能。参考本章第237页的探索列表，看看该注意些什么。

如何判断宝宝已进入难以取悦的阶段

除了3C表现（又哭又闹、过分依赖和脾气暴躁），你的宝宝可能会给你一些其他的信号，让你知道他进入了下一个难以取悦的阶段。

宝宝睡眠不好吗?

你的宝宝可能比平时睡得少。大多数婴儿难以入睡或比以前醒得早。一些宝宝不想在白天打盹，有些则晚上不想上床睡觉。甚至有的宝宝白天黑夜都不眠不休。

来自妈妈的心声

“我儿子睡觉和午休时间总是伴随着时断时续的可怕的尖叫声。他哭得那叫一个气急败坏，感觉都要上房揭瓦了。他会扯着嗓门大吼，感觉都快窒息了。我束手无策。我好像没再见过他安安稳稳地躺在婴儿床上。我由衷地祈祷，这只是暂时的情况。”

——鲍勃的妈妈，第26周

宝宝会做“噩梦”吗?

有些婴儿在这个时候会睡得不安稳。有时，他可能辗转反侧，扭来扭去，看起来像是在做噩梦。

来自妈妈的心声

"我女儿睡得很不安稳。有时候，她一闭上眼睛就大声尖叫，好像在做噩梦。所以，我会把她抱起来安抚一会儿。这些天，我晚上通常会让她在浴缸里好好玩一会儿，希望能让她冷静下来，睡得更香。”

——艾米丽的妈妈，第23周

宝宝在别人面前会变得害羞，他需要你的更多关注吗?

许多宝宝可能拒绝别人看他、和他说话，或是摸他，也更抗拒坐到别人腿上。从这个时期开始，他甚至可能要求爸爸或妈妈一直在他的视线范围之内，即便周围没有陌生人。现在几乎每位的父母都会注意到这一点。在这个年龄，宝宝很容易害羞，这是他经历这次发展飞跃后获得的新能力，他开始注意到自己和其他人之间的距离。

许多婴儿希望妈妈或爸爸始终和他待在一起，和他一起玩耍，或者只是看着他。你的宝宝可能坚持待在你怀里或大腿上。但是有些宝宝即使坐在父母的膝上也不会完全满意，他想要探索，希望离开爸爸妈妈的怀抱。

来自妈妈的心声

“我只要一动，我女儿必定会被吓得号啕大哭。”

——阿什莉的妈妈，第23周

“现在，我的宝宝一天比一天容易害羞。我得一直待在他能随时看到我的地方，一定得在他附近。如果我走开，他会试图跟在我后面爬。”

——马特的妈妈，第26周

“我的宝宝不喜欢在游戏垫上长时间地玩耍。我不得不把他放在我腿上，给他找点事做，或者带着他走来走去。”

——弗朗基，第27周

“我女儿总是调皮捣蛋，需要关注的时候就开始淘气，还发脾气。我不得不陪她玩，或者找个能让她一整天都有事做的方法。只要我做到了，一切都搞定了。”

——珍妮的妈妈，第25周

“我的儿子让我不胜其烦，他非要我把他抱到腿上。可是他一坐到我腿上，就不肯听话，在我身上到处爬，乱抓乱摸，像只猴子。只要是他的手能碰到的东西，就绝不放过。我快被他烦死了。我试着和他玩游戏，结果发现纯属浪费时间。看来他不想和我玩，好吧，至少他没那么难伺候了。说实话，他不想和我玩游戏的时候，我因为被拒绝还有点郁闷，所以我把他放回了婴儿床。可我刚把他放下，他就立刻大哭大闹，又要我把他抱起来。”

——马特的妈妈，第27周

宝宝食欲不佳吗？

母乳喂养的婴儿和配方奶喂养的婴儿在这一阶段都会减少奶的摄入或是完全拒绝喝奶。更有甚者还可能拒绝其他的食物和饮料。即使吃奶，宝宝通常也得花比之前更长的时间才能吃完，他似乎对吃喝不那么感兴趣了。

来自妈妈的心声

“在早晨或者晚上，我的宝宝总是拒绝喝奶。他会直接把我的乳房推开，那很痛的。可是等他上了床又睡不着的时候，就又想要喝奶了。他只喝一点儿，便开始打瞌睡了。”

——马特的妈妈，第26周

“有时，我那小家伙会突然一声不响地定睛凝视，或是左顾右盼。一天中她不止一次地这样做。这让我觉得很不安心，开始担心是不是哪里出问题了。我不习惯见到她那个样子，死气沉沉的，像是生病了一样。”

——朱丽叶的妈妈，第24周

宝宝拒绝换尿布吗？

当你要给宝宝换尿布或穿衣服的时候，他可能会大哭大闹。他就是不喜欢父母乱动自己的衣服。

宝宝是否更频繁地伸手抓玩具

一些宝宝会比以前更加频繁地伸手去抓泰迪熊玩具、拖鞋、毛毯或是毛巾。对大多数宝宝而言，任何柔软的东西都会成为目标。有的时候，他会一边抱着玩具，一边吮吸大拇指。这似乎能让他平静下来。

来自妈妈的心声

“我女儿终于意识到哭号和抱怨不能让她离开婴儿床，她放弃了。她坐在那儿，吮吸着大拇指，另一只手里还攥着毯子。那副模样真讨人喜欢。”

——阿什莉的妈妈，第24周

“现在，吮吸手指可是件大事。很多时候，我儿子觉得无聊了，就会把拇指伸进嘴里，然后头枕着泰迪熊玩具就睡着了。他这个样子真是可爱极了。”

——史蒂文的妈妈，第23周

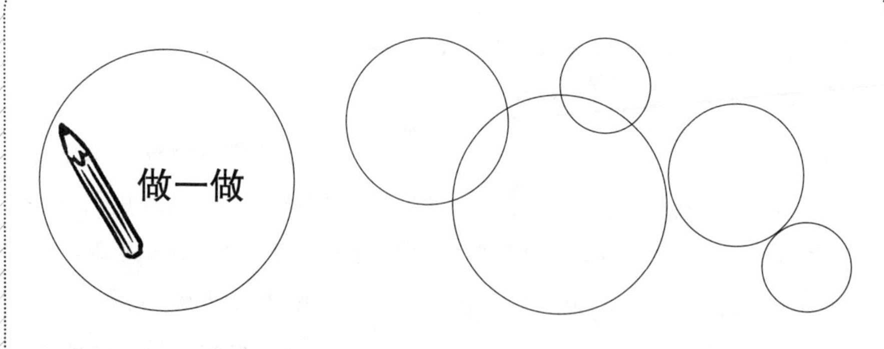

宝宝开始进入发展飞跃的迹象：

☐ 比以前哭得更频繁。

☐ 经常发怒，脾气暴躁，比以前更爱发牢骚。

☐ 要求爸爸妈妈一直让他有事做。

☐ 现想要持续的身体接触。

☐ 睡得不好。

☐ 可能做“噩梦”。

☐ 食欲下降。

☐ 不想换尿布或穿衣服。

☐ 在陌生人面前比以前更害羞。

☐ 比以前更安静，少言寡语。

☐ 不如以前那么活泼了。

☐ 吮吸拇指，或者比以前更频繁地吮吸。

☐ 伸手去拿毛绒玩具，或者比以前更频繁地这样做。

☐ 你还注意到宝宝有以下表现：

____

____

____

记住，你的宝宝不一定会表现出上述飞跃的所有特征。重要的不是你的宝宝做了多少，而是他做了什么。

你还好吗?

你可能觉得比以前更疲倦

这个阶段宝宝的父母可能容易筋疲力尽，特别是接近尾声的时候。他们会抱怨胃痛、背痛、头痛，以及精神过度紧张。

你可能担心宝宝长牙

每一次，你都觉得似乎出了什么问题，但又不明确到底是什么问题。宝宝长到这个阶段，爸爸和妈妈很快会想到其变得难以应付可能和出牙有关。毕竟，大多数宝宝都会在这个年龄段出牙。但是，是宝宝心智发展的飞跃让他更加黏人，这跟出牙没什么关系，只不过大多数宝宝都是在变得难以应付的同时才开始长牙的。当然，宝宝出牙的同时经历了心智发展的巨变，他就会变得超级烦人。

一般来说，下门牙是在婴儿6个月大的时候开始长出来的。到他1岁生日的时候，宝宝一般会有6颗牙齿。等到了2岁半，最后一颗臼齿长出来，宝宝一套牙齿就齐了。那时候宝宝就有20颗牙齿了。

来自妈妈的心声

“我女儿现在脾气非常坏，只想坐在我腿上。也许是因为她出牙的原因吧。牙齿的事情已经困扰她3个星期了。她看起来很不舒服，可是牙齿还没冒出来。”

——珍妮的妈妈，第25周

“我的小家伙哭得很厉害。据医生说，他有一连串的牙齿有待长出。”

——保罗的妈妈，第27周

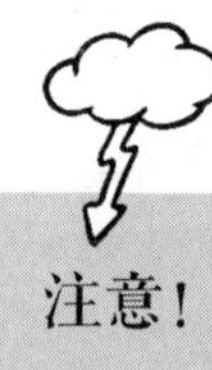

注意！

如果你的宝宝出现发热或腹泻，与出牙无关，那是他生病了，应咨询儿科医生。

你可能会被激怒

如果父母觉得他们已经尝试了所有的方法，而他们的孩子还是大惊小怪、难以应付，他们会变得恼火。越接近飞跃的尾声这种感觉往往越是强烈。一些父母，尤其是那些有苛刻孩子的父母，再也受不了了。

来自妈妈的心声

“我儿子的哭声如此急促，每一声都让我惶惶不安，我只想尽力忍着让自己不要哭出来。这种紧张感吞噬了我所有的精力。”

——史蒂文的妈妈，第25周

“一天晚上，我不得不来回奔走，为的就是一遍又一遍地把安抚奶嘴塞进我女儿嘴里。深液12点30分时，她突然醒了过来，我陪着她直到两点半才让她再度安睡。我已经忙了一整天了，为了她不停地走来走去。我觉得头疼，背也痛。我要崩溃了。”

——艾米丽的妈妈，第27周

“这一周真是太折磨人了，简直糟透了。任何事情都会让我的儿子大哭。他不断地要求得到关注，晚上到了10点也不睡觉，而且很烦躁。我得用婴儿背带一直兜着他。他倒是喜欢这样，可我觉得特别累。兜着他本就不轻松，那无止境的啼哭更让我筋疲力尽。夜里，他每次在床上发起脾气来，都弄得好像我做错了什么似的。我能感到自己真的很生气。在过去的一周中这股怒火经常被点着。”

——鲍勃的妈妈，第25周

一些父母可能觉得已经受够了宝宝持续不断的哭哭啼啼和哼哼唧唧。要知道，像这样不时涌起的愤怒和挫败感并非异常或危险，只要付诸行动去应对就是了。试着在自己失控前，尽早寻求帮助。

你可能已经黔驴技穷

父母和宝宝之间的冲突可能发生在喂宝宝吃饭的时候。宝宝不肯吃饭，大多数父母可不愿意看到这种情况，往往会继续喂宝宝。他们试着开些玩笑逗宝宝吃，或者强迫宝宝吃。不管他们用什么方法，通常都无法达到目的。

在这个年龄段，有的宝宝会非常固执，坚决不吃饭，这有时会让同样固执（但出于关心！）的父母非常恼怒。所以，吃饭时间的来临通常意味着“战争”的爆发。如果你也遇到了这种情况，请试着保持冷静。不要为此争执。无论如何，你都不可能强迫宝宝吃下饭。在这个难应付又难缠的阶段，很多宝宝的食欲都不怎么好。这只是暂时的。但如果你小题大做，宝宝就有可能持续拒绝吃饭，甚至在这一阶段结束之后仍无好转，形成习惯。

在这一阶段的尾声，父母可能会察觉到宝宝比他们认为的能干了。很多父母仍然需要去安慰、照顾他们的宝宝，但是你可以开始把宝宝导向不同的活动，或是尝试使用一个毛绒玩具分散他的注意力。

研究表明，父母尤其是母亲，只要知道还有家务没做完，即使是在安静的时候，也无法全然放松下来。但是，抽时间让身心得到放松，能更容易地完成育儿工作！

5分钟的放松时间：听一首古典音乐，即使古典音乐不是你感兴趣的。这很有助于放松大脑。

10分钟的放松时间：给你的另一半写一封饱含爱意与感谢的信，让他（或她）也给你写一封。

更长的放松时间：开始锻炼你的身体。缺乏锻炼，受损的不仅仅是我们的身体。运动现在经常被用作治疗轻度抑郁和焦虑的“处方”。对于我们中的许多人来说，做一些简单、积极、自然的事情例如散步，就可以让人放松下来。

想要获得更多有关放松以及对你家庭生活产生的美妙影响的信息，请参阅本书第22页。

宝宝的新能力开始“结果”

在大约26周的时候，你会发现宝宝再次开始尝试学习多种新技能。探索“关系世界”的旅程始于几周前，现在开始结果了，你的宝宝开始选择最适合他的新技能。你的宝宝会根据自己的脾性、倾向、爱好和身体构造做出自己的选择。作为一个成年人，你可以帮助他。

充满关系的世界

第一次，你的宝宝可以感知到各种关系并依照关系做出行动。整个世界是由关系组成的；一件事总是与另一件事相关。宝宝看到的可能和听到、感到、尝到或者闻到的其他事物有关。你的宝宝会向你展示无数类似的例子。如果你知道需要注意什么，你就能够予以识别。

这里有一些例子可以帮到你。

你的宝宝现在可以发现两个物体之间或者两个人之间是存在物理距离的。当然，他最先注意到的是和父母之间的距离感。他观察到了这一现象，同时发现你和他的距离可以拉到他不喜欢的程度。他还会认识到，他对此无能为力。现在他知道自己对距离没有控制力了，他害怕了，所以会哭泣。

你的宝宝现在明白了，物体可以在里面、外面、上面、旁边、下面，或者在其他物体中间。他喜欢琢磨这件事。

来自妈妈的心声

“整整一天，我儿子反复地把玩具从玩具箱里拿出来，又放回去。有时，他会把所有东西都抛到婴儿围栏里；有时，他会仔细地把每件东西穿过围栏的栏条。他还整理了储物柜和架子。当他把瓶子或其他容器里的水倒入浴缸时会特别兴奋。但最有意思的事发生在我给他喂奶的时候：他吮吸了几下便吐出我的乳头，一脸严肃地研究，上下摇晃我的乳房，然后又吮吸了一次，再看一番，就这样反复摆弄了好一会儿。他以前从来没这样做过。他似乎想要搞清楚妈妈的奶水是从哪儿冒出来的。”

——马特的妈妈，第30周

你的宝宝可以开始理解他可以促使一些事情发生了。例如，他可以按下一个按钮，让音乐播放。他想要探索一番，他会被诸如音响、电视机、电灯开关和玩具钢琴等物体所吸引。他现在可以开始理解人、物品、声音或事件可能相互关联，或者一个声音与某个物品或特定事件有关。他开始知道厨房里闹哄哄的，说明有人在准备晚餐；前门有钥匙插进锁孔的声音，这意味着爸爸（或妈妈）回家了；狗狗有自己的食物和玩具；他和父母属于彼此。这些获得的新技能可能会让你的宝宝感到警惕和不安。

来自妈妈的心声

“我注意到儿子害怕面包店的切片机。面包一被送进去，他就看我，好像在问：‘你确定这没问题吗？’当我对他微笑的时候，他终于平静下来，但不是马上。首先，他看起来很害怕，然后他看着我，然后又感到害怕了，然后又看着我。”

——保罗的妈妈，第29周

你的宝宝现在可以开始理解动物和人可以协调自己的动作。即使两个人各行其道，你的宝宝仍然会注意到他们会考虑到彼此的动作，这也是一种“关系”。他也可以告诉你什么时候出问题了。如果妈妈掉了什么东西，会大叫一声，立马弯下腰拾起来；如果两个人不小心撞到一起，或者狗从沙发上掉下来，他会明白这些事情不同寻常。有些婴儿觉得这特别有意思，别人被吓得魂不附体，而这些宝宝反而会好奇；但有些宝宝会对这些事严肃对待。毕竟，他们看到的是不该发生的事情。

宝宝可能开始发现他们可以协调自己的身体、四肢和双手的活动，发现它们可以一起协同工作。一旦理解了这一点，宝宝就能更好地玩玩具，也能够学习更有效地爬行。或者，他还可能尝试着自己坐起来、站起来，然后又自己坐下去。一些宝宝只需要一点点帮助，就可以迈出他的第一个步子了。在下一次发展飞跃开始前，一些宝宝甚至不需要帮助就能迈出步子。

学习掌握这些身体技能可能会让宝宝感到害怕。他可能自己站起来，同时意识到如何才能稳稳坐下而不跌倒。然后他可能会哭着求助。失去对自己身体的控制时，他能完全意识到。他仍然需要学习如何保持平衡。保持平衡与能够感受到距离存在密切相关。在“神奇的飞跃：探索新世界”内容中，我们会关注罗列在这里的所有技能，你也可以帮助你的宝宝。

当你的宝宝感知到“关系”，并以他独一无二的方式和这些关系“玩耍”的时候，他将会利用从之前的心智发展飞跃中获得的能力。他感知“感官”“图案”“渐变”和“现象”之间的“关系”

这种“看见”和与“关系”玩耍的能力会影响宝宝的一切行为。你的宝宝能理解这个世界充满了关系。他在人与人之间、事物之间、人与事物之间，在他自己和其他人、事之间，以及他自己的肢体之间体验着关系。

你可以想象，当所有这些降临到宝宝身上时，他会感到心烦意乱吗？对成年人来说，这些“关系”很正常，我们已经学会和关系一起生活，但你的孩子还没有。

大脑的变化

在22～26周，提示宝宝大脑活动的脑电波显著增加。

父母活动：从宝宝的视角体验这个世界

为了能够理解你的宝宝现在挣扎的问题，你必须能够进行想象。想象你生活在一个完全依赖某个人的世界里。而且，这是你第一次明白这样一个事实，那个人可以走开，而你无能为力。你不能去追他，因为你动不了。你可以想象这有多可怕。

活动1

看看你周围，想象着拍一张照片。你看到了什么？什么是你“知道”却看不见的？想一件非常简单的事情，例如，地板上桌子下面继续延伸，电缆连接着电脑屏幕的后面。即使你看不见，这些东西仍然在那里。或者看看你自己，你的腿在桌子底下，看不见，但你知道它就在那里。所以，有很多东西你虽然看不见，但是可以用大脑进行想象。

活动2

想想你生活中看到的物体都放在什么位置，以及不同物体间的位置关系。在之前的飞跃中，我们要求你列一个清单，我们不会要求你现在就这样做，因为清单会无穷无尽的。想想你每天观察、维持或者改变的关系的数量。你的宝宝第一次面对这些关系。一旦你意识到这一点，你就会明白，为什么这是孩子发展过程中的一次重大飞跃了。

神奇的飞跃：发现新世界

每个婴儿都需要时间（有时几个星期），以及大量的帮助来练习和实验他的新技能，掌握更多的新技能。作为父母，你可以帮助他。你可以给他机会、创造条件玩耍。当事情不顺利的时候你可以鼓励他、安慰他。你可以给他提供新的想法。

给你的宝宝每一次去接触各种关系的机会。只要你愿意，随时和他分享你的视觉、听觉、触觉、嗅觉和味觉的体验。这些事物他接触得越多，越能理解。

无论你的宝宝是否从观察、操纵玩具、语言、声音、音乐、身体部位中学到“关系”的概念，都不重要。随后，他会迅速、轻松地将这种理解应用到其他领域。他不可能一下子完成所有的事情。

宝宝可能喜欢“移动”的玩具

允许你的宝宝把他的玩具放在其他物体上面、里面、旁边或者下面。让他把玩具扔出去或者扔到什么物体上面或者牵引玩具穿过什么物体。在外人看来，似乎这像旋风一样的一个物体吹到另一个物体上，但这种疯狂的行为正是宝宝的大脑指挥的结果，可以帮助他理解这个全新的充满关系的世界。

来自妈妈的心声

“我的宝宝会把积木、安抚奶嘴、玩具小熊放在篮子里。如果她是站立着，她会从地上把玩具捡起来，扔到椅子上去。她还会把东西通过婴儿围栏的空隙推进去。如果她就在婴儿围栏里，她会把所有东西认出来。她喜欢观察自己的所作所为。”

——珍妮的妈妈，第30周

为宝宝准备一个属于他自己的架子或储物柜，这样他就可以随心所欲地把它倒空，你也可以轻松整理。给宝宝一个盒子，他就可以把自己的东西都放进去。把盒子倒扣过来，他又可以把东西放在盒子的上面。允许宝宝通过婴儿围栏的栏缝把东西推出来，或是从上面扔出来。尤其对于还不爱爬行的宝宝而言，这是他探索里面、外面、下面、上面等关系的理想方法。

宝宝可能喜欢打翻东西

另一个帮助宝宝认识充满关系的世界的途径，就是推翻东西和让东西掉落。这是他观察、倾听事件发生的方式。或许他想要知道某个东西究竟怎么破裂成许多碎片的。你可以看到他开心地推倒你辛苦堆起来的积木。当然，你得再堆一次了。宝宝不断地打翻废纸篓，打翻猫咪喝水的碗或饭碗，但他真的能从这一系列有趣的活动中获得乐趣。

来自妈妈的心声

“我的女儿喜欢观察物体落下的样子。手边所有东西都被她试了个遍——奶嘴、积木、茶杯。后来，我给了她从“大鸟”[1]那儿得来的羽毛，这让她惊奇了好半天。另外，她更喜欢能发出各种声音的东西。”

——妮娜的妈妈，第28周

“天呢，我失手碰掉了一个盘子，它摔得粉碎，在那儿哈哈大笑的是我的儿子吗？我从没见过他笑得这么开心、这么卖力。”

——约翰的妈妈，第30周

1 译者注：美国儿童教育电视节目《芝麻街》中的玩偶角色。《芝麻街》是美国迄今为止获得艾美奖奖项最多的一个儿童节目。这个节目综合运用了木偶、动画和真人表演等各种手段向儿童教授基础阅读，以及算术、颜色名称、字母和数字等基本知识。

如果你的宝宝试图让一个物体滚动，比如里面装了铃铛的球或者方块，那就把它变成一个游戏，你不妨把物体滚回给他。

“我女儿有一个不太重的球，她喜欢把球轻轻扔到空中或者在地板上滚一滚。当我把球滚回来给她时，她抓住了。”

——阿什莉的妈妈，第27周

“我把玩具熊颠倒着拿着，我儿子就咆哮起来。然后我把玩具熊放到了地上，他立刻就爬过去，翻来覆去地摆弄它，直至它发出声响。他对此特别痴迷，不断把玩具熊颠来倒去。”

——保罗的妈妈，第33周

宝宝可能对“含有某些东西”的玩具感兴趣

你的宝宝可能被“含有某些东西”的玩具所吸引，例如一个含有戏水鸭子的球、摆弄的时候会发出声响的毛绒玩具或者一架玩具钢琴。他还喜欢虽然不是玩具，但里面有东西的物品。

来自妈妈的心声

“我太爱第5次飞跃了！我真的注意到欧文正在努力把事情弄清楚，同时做更多有意义的动作。今天早上他意识到袋子里有东西，努力了10分钟想要拿到！”

——欧文的妈妈，第29周

宝宝可能试图拆开玩具

在充满关系的世界里，你的宝宝可能会发现东西是可以拆开的。他可能发现自己的玩具可以让他拆开来玩。他想要把玩具拆开，比如嵌套杯、砖块玩具，可以串在一起的珠子、鞋带。他会挑选、用力拉扯附着在物品和玩具上的任何东西，比如标签、名牌、贴纸、毛绒玩具的眼睛和鼻子、玩具车的轮子、插销和门，还有衣服上的纽扣、电气设备的按钮、拖出的电线，只要有可能，瓶盖也同样容易被打开。简而言之，他看着是在破坏东西，其实是在不断实验。

来自妈妈的心声

“我儿子总是把袜子扯掉。”

——弗朗基的妈妈，第31周

宝宝可能喜欢看着一个物体消失在另一个物体里

有时候宝宝喜欢把一样物体放在另一样物体里面，但这只是巧合。他只有到了下一次发展飞跃之后才能区分物体不同的形状和大小。

婴儿也喜欢观看一个物体如何消失在其他物体之中。

来自妈妈的心声

“我的女儿常常试图把各种东西套到一起。很多时候大小对了，可形状总嵌套不上。当然，她的动作也不够准确。但是如果不成功，她就会发怒。”

——珍妮的妈妈，第29周

“我的女儿喜欢观看狗舔光狗盆的过程。她觉得凑得越近越好玩。我却觉得太危险，因为我眼看着狗吞得越来越快。而当我女儿正在吃饭的时候，狗也似乎越来越关注我的女儿。她坐在饭桌边的高脚餐椅上，狗就在她旁边。你知道她对此做何反应吗？她把面包屑撒到地上，然后饶有兴趣地观察狗如何风卷残云地把它们舔光。”

——劳拉的妈妈，第31周

为宝宝创造一个安全的家

要知道，宝宝是有可能对有害的东西着迷的。他也许会把手指或舌头伸进任何孔洞或缝隙里，例如电源插孔、电器侧缝、排水管道和狗的嘴里。也许他还会拾起地上的小东西直接吃掉。让宝宝在房间里自由探索时，你一定要待在他身边。

宝宝可能会理解短句和身体姿势的含义

你的宝宝现在可能会开始掌握短句及其表述的内容含义，或是某些身体姿势所表达的含义。他也可以理解了字词与相关的身体姿势之间的关系了。但是，你会发现宝宝只能理解他周围环境中、生活惯例中的这些内容。如果你把他带到一个陌生的环境，他可能还是无法识别。这一技能要在很久之后才会完全成熟起来。

但是，即使宝宝的技能有限，他也已经学习很多新鲜事物了。如果你的宝宝喜欢玩味语言和身体姿势，就回应他的兴趣。帮助宝宝理解你的意思，如使用简短的句子，并配合清晰、鲜明的身体姿势。解释你正在做的事情。让他看到、摸到、闻到和尝到你说的这些东西。他的理解会比你以为得更深刻。

来自妈妈的心声

“我觉得儿子听得懂我的意思，特别是我试着缓慢而清晰地向他解释或提出建议的时候，例如，‘我们出去开开心心地散个步？’或是‘该上床睡觉了！’可爱的是——他不喜欢听到‘床’这个字！”

——鲍勃的妈妈，第30周

“当我们说‘拍手’的时候，我女儿真的会照做。当我们说‘跳跳’的时候，她会屈膝上下纵身，但是她的双脚还不会离开地面。”

——珍妮的妈妈，第32周

“我一边说‘再见，再见，再见’，一边向即将离开她的爸爸挥手，我的女儿一边挥手，一边目不转睛地盯着我挥动的手。她现在清楚地知道她向爸爸挥手是什么意思了。”

——艾米丽的妈妈，第32周

宝宝可能开始使用语言和姿势

你的宝宝现在可以开始理解声音、字词和事件之间的关系了。例如，“嘣”的一声表示东西掉在地板上。他也可以学习姿势和事件之间的关系，但他能做得更多。他可以开始使用字词和姿势。如果你的宝宝试图用声音或姿势“说”或“问”，确保他知道你对他的潜力感到兴奋，且给他及时的反馈。教宝宝说话的最好方法就是和他说话：说出日常用品的名称；问一些问题，比如当你放下盘子的时候，说“你想吃三明治吗？”；让他听童谣；和他一起玩歌唱游戏。简而言之，就是让你的语言更具吸引力。

来自妈妈的心声

“每次我儿子想要做什么，就会把手放到那东西上面，然后看着我，好像在询问：‘可以吗？’他也能理解‘不行’的意思。当然，这不会阻止他去尝试。”

——鲍勃的妈妈，第32周

“上周，我女儿摔倒的时候，她第一次说出‘哎哟’，她在抚摸猫咪或是我们的时候明显说出了‘啊’。我们还注意到她开始形成所谓的带声音的词。例如，‘大大’指爸爸，‘波’指狗狗波普伊，‘比’指

芝麻街的伯特。”（译者注：芝麻街是美国的一档儿童教育电视节目）

——珍妮的妈妈，第29周

“我的女儿简直是个话匣子。她在爬来爬去的过程中若是认出了谁或什么东西，就会变得特别能说。她会对着毛绒玩具说话，坐在我们腿上的时候就和我们说话。她好像在讲述一个完整的故事。她会用各种元音和辅音，各种变化似乎无穷无尽。”

——汉娜的妈妈，第29周

“我的儿子会在摇头表示‘不’的同时发出某种声音。我一模仿他，他就开始失控地咯咯大笑。”

——保罗的妈妈，第28周

宝宝说出的第一个字

一旦宝宝有能力去觉察、试验生活中的“关系”，他就可能发现自己能说出他人生中的第一个字了，但这并不意味着他会就此开始说话。宝宝开始说话的年龄差别较大。所以，如果宝宝说出第一个字的时间再推迟几个月也别担心。

宝宝可能喜欢看书

如果你的宝宝喜欢聊天，他通常也会喜欢看书中的图片。如果是的话，就对他的爱好做出回应。允许宝宝自己选书，他通常会有一本最喜欢的。有些宝宝所谓的喜欢看书，纯粹是为了练习打开和合上书页，另一些宝宝则喜欢看书中的图片。

来自妈妈的心声

“我儿子经常抓起一本塑料图书，不停地打开又合上，还专心致志地盯着书中的图片看。”

——保罗的妈妈，第29周

“我的小家伙真的很享受我发出她盯着看的动物的声音。”

——妮娜的妈妈，第30周

宝宝可能喜欢唱歌跳舞

如果你的宝宝喜欢音乐，你一定要给他多唱歌、跳舞，和他一起和着音乐拍手。这样，你的宝宝就可以练习使用语言和身体姿势了。现在网络资源丰富，可以帮助你找到很多不错的儿歌。

来自妈妈的心声

“我们在婴儿游泳课上唱歌，我的宝宝突然开始跟着唱了起来。”

——艾米丽的妈妈，第30周

“每当我女儿听到音乐或是我开始唱歌时，她立刻开始踢腿、扭肚子。”

——夏娃的妈妈，第32周

宝宝可能尝试自己坐起来：他能保持平衡吗?

宝宝各部分的骨骼是相互关联的，这需要所有肌肉的支持和连接，否则，身体就要散架了。经历这次飞跃之后，你的孩子可能开始尝试自己坐起来了。

来自妈妈的心声

“她晚上还是特别挑剔（她特别讨厌睡觉）！但是她现在可以在你打招呼的时候挥手了，而且似乎活动得特别多，她喜欢坐起来，在地板上玩玩具。”

——弗朗西斯的妈妈，第26周

如果你的宝宝坐得还不够稳当，对自己还没有足够的信心，你就帮帮他吧。试试看能不能通过玩耍的方式向他展示如何坐稳；也可以和他做保持平衡的游戏，让他每次晃动后都重新找回平衡，以此增强他的自信。

来自妈妈的心声

“我的儿子现在正学着坐起来。一开始，他需要用两只手平撑在面前的地面上来保持平衡。但是没过多久，他就只需要用一只手撑地了。现在，他完全不用手帮忙就能坐好。”

——马特的妈妈，第25周

“现在我的宝宝可以独自坐着，一点也不怕失去平衡。上周她还做不到呢。有时她还能抓起某个东西，双手举过头顶，然后扔出去。”

——珍妮的妈妈，第28周

“我的小家伙坐起来的时候，时常会用力过猛直接来个翻滚。他也会常常向前歪或向后倒。每次看到这番情形，我都会忍不住一下子就笑了。然后他也开始咯咯发笑。”

——鲍勃的妈妈，第26周

宝宝可能尝试站立：他能保持平衡吗?

如果宝宝有点站不稳或是害怕摔到，也请帮帮你的宝宝。和他玩保持平衡的游戏——让他更加熟悉和习惯身体垂直向下的感觉。你可以在“充满关系的世界，宝宝最喜欢的游戏”列表中找到宝宝可以玩耍的平衡游戏。

来自妈妈的心声

“这一周，我的宝宝一直在努力靠自己站起来，在某个瞬间，她成功了。当时她坐在床上，设法把自己拉起来。突然间她就站了起来，并且站稳了。现在她真的能做到了。她会利用床沿、婴儿围栏、桌子、椅子或某人的腿把自己拉扯起来。她也会站在婴儿围栏边上，伸一只手进去把里面的玩具拿出来。”

——珍妮的妈妈，第28周

宝宝可能在大人帮助下行走：他能保持平衡吗?

如果你注意到宝宝想要走路，就帮他一把。紧紧抓住他，因为他的平衡能力还不稳定。和他玩能帮他熟练掌握平衡的游戏，特别是他将身体的重心从一条腿转移到另一条腿的时候。切勿带着宝宝行走过长时间，他不可能学得那么快。目前，你的宝宝还不可能真正开始行走，得等他自己做好准备才行。

来自妈妈的心声

“我抓住宝宝双手的时候，她走得非常平稳。她的身体直立着，走过了椅子和电视机之间的狭窄通道。她可以沿着桌子的边缘，绕过桌角往前走。她还可以推着装纸尿裤的纸箱，在房间里走一圈儿。昨天，当她推着箱子走的时候，箱子滑开了一段距离，于是她自己独立走了三步。”

——珍妮的妈妈，第34周

宝宝体格发育良好是学会走路的基础

一旦你的宝宝具备了感知和试验“关系”的能力，他就能理解什么是走路，但是理解并不意味着他真的会这么做。他可能不会成功，因为他的身体还没有准备好。你的宝宝只有在骨骼的重量、肌肉的质量、四肢的长度与躯干的比例达到合理标准时，才能学会走路。

宝宝可能通过玩耍，了解身体各部位之间的“关系”

你的宝宝可以用两个手指一起行动，例如，拇指和食指。他能够拾起非常小的物体，如从地毯上拾起线头。他可以学习捡起草叶，或者可以从食指触碰和抚摸各种各样的物体表面中获得快乐。他可能会从检查非常小的物体的每一个细节中获得极大的乐趣，因为他现在可以用手指，而不是用整个手抓东西了。

来自妈妈的心声

“我的宝宝会将整个房间转个遍，寻找地上各种细碎的不平整的小东西或是面包屑，她会用大拇指和食指把东西拾起来，放进嘴里。我真的得小心，不让她吃下奇怪的东西。我现在开始让她自己吃一些小片的面包。起初，她一直把大拇指往嘴里送，而不是用手指捏住面包往嘴里送。她现在开始改进了。”

——汉娜的妈妈，第32周

你的宝宝现在也可以开始理解他的左手和右手之间的联系了。他可以更好地控制双手的活动了。这样一来，他就可以开始同时使用双手了。如果你发现宝宝正尝试着运用自己的双手，那么就让他用一只手拿玩具，用另一只手去拍打那个玩具。你可以拿开玩具让宝宝继续做这个拍打的动作，这样他就是在拍手了。还可以让宝宝用玩具敲击地面或墙壁，鼓励他将玩具从一只手递给另一只手，看看他能否把两件玩具同时放下再同时拿起。

来自妈妈的心声

“我女儿好像患上了‘击打综合征’。她拿到什么就打什么。”

——珍妮的妈妈，第29周

允许宝宝在房间自由爬行

如果你的宝宝已经会爬了，那么可以在保证安全的情况下让他在房间里自由爬行。当宝宝进入充满关系的世界，他就开始明白什么物体他是可以爬进去、爬到下面去、爬到上方去、爬到中间去，什么物体是他可以从中间穿过去。他喜欢围绕自己和周围物体之间的各种关系去玩耍。看看宝宝是否也在做下面的事情。

来自妈妈的心声

“我喜欢看我的儿子在客厅玩耍。他会爬到沙发上，看沙发下面，然后爬下来，迅速向壁橱爬过去，再爬进去，再次冲出去，爬到地毯上，看地毯下面，向椅子爬过去，爬到椅子下面，然后他又迅速爬到另一个柜子旁，他被卡住了，哭了一会儿，于是想办法爬出去，再关上了柜门。”

——史蒂文的妈妈，第30周

如果你的宝宝喜欢做这些事情，那么在他身边放一些鼓励他继续探索的物品。例如，你可以用卷起来的毯子、被子或枕头做成“小山”，让他爬上去。当然，你应该调整这个柔软的“游乐场”来适应宝宝的力量。你可以在地板上放一个大盒子，然后挖一个洞，这样宝宝就可以很容易地从洞中钻过去。你也可以用盒子或椅子建造一条可供宝宝穿越的“隧道”。你可以用床单搭一个帐篷，宝宝可以爬进去、爬出来或者钻到下面。许多宝宝喜欢开门和关门。如果你的宝宝也喜欢，你可以给这些自制“玩具”加上一两扇门。如果你和宝宝一起爬行，乐趣就会翻倍。在这个过程中，你还可以和宝宝玩捉迷藏的游戏，增加一些玩法的变化。

让宝宝知道你不会抛弃他

当宝宝进入充满关系的世界，几乎每个宝宝都在这个时候开始意识到，父母可以拉开与他之间的距离，可以走开，留下他独自一人。在这之前，虽然他眼睛能看见，但并不能透彻地理解离开的完整意义。现在，他理解了，问题也来了。他害怕了，因为他突然意识到父母的行为不可预测，可以随时把他抛在身后，即使他已经可以爬行，父母依然能够轻而易举地将他甩得很远。宝宝觉得他无法控制自己和爸爸或妈妈之间的距离。宝宝必须学会适应这种“发展”。这需要理解、爱心、练习，还有最重要的——时间。

并不是所有的宝宝都想让你尽可能频繁地靠近他。一般来说，婴儿大概29周的时候最容易产生恐慌的情绪。然后，情况会有所改善，直到下一次飞跃开始。

对宝宝的需求，你要及时回应，为他创造机会，允许他以自己的速度熟悉新的环境。这样，他就会感觉到，只要他真的需要你，你就在那儿。你可以更频繁地把他带在身边，或待在离他更近的地方，这就是在帮助他。如果你需要暂时离开，要提前告诉宝宝，当你走开去别的屋子时，要一直和他说话。这样，宝宝就会知道你仍然在那儿，即使他看不到你。

你和宝宝也可以练习“离开”的场景，例如玩捉迷藏的游戏：你坐在宝宝旁边的时候，可以躲在一张报纸后面，之后你可以躲在靠近宝宝的沙发后面，再之后躲在稍微远一点的储物柜后面，最后是躲到门背后。

来自妈妈的心声

“我女儿只要能看见我，就什么都好说。如果不能，她就会吓得大哭。”

——伊芙的妈妈，第29周

“我儿子要是尖叫起来，你就能知道他脾气可大了。他会一直叫到我把他抱起来为止。我这么做，他就笑了，那模样简直称得上是得意洋洋。”

——弗朗基的妈妈，第31周

“跟往常一样，我的小姑娘由保姆照看。可现在她不吃不喝，什么也不做，就只是哭啊哭。我从没见过她这样。难道是因为我抛下了她？我很自责。我正在考虑减少工作时间，但我不知道如何安排。”

——劳拉的妈妈，第28周

“我的女儿哪怕只是以为我要把她放到地上、让她自己玩耍，都会开始哀号，伴随着热烈的情绪爆发。她总是黏着我，所以现在我整天都把她兜着系在我的腰上。她也不再像以前那样爱笑了。就在上周，她还见谁都笑。现在她的笑容变少了。这种情况之前也出现过一次，但是那会儿她总会最终咧嘴一笑。现在是不可能了。”

——妮娜的妈妈，第29周

允许宝宝跟着你

如果宝宝比较好动，可以让他跟着你，以此帮他消除被抛弃的焦虑。试着每次都事先告诉宝宝你要离开了——这样宝宝就能明白他不用一直盯着你，他可以轻松地玩耍。记得要慢慢走开，这样宝宝便可以跟着你。一定要根据宝宝的速度调整你的速度。很快，宝宝就会明白，他可以控制你俩之间的距离。他也会相信，你去别的屋子拿东西并不代表消失，这样他就不会总是骚扰你了。

来自妈妈的心声

“起初，我的儿子总是抱着我的腿，像个猴子似的。我走路的时候，他就坐在我的鞋上。我到哪儿都得拖着这副“脚链”。几天以后，他开始与我保持一点距离。我走出好几步，他才会朝我爬过来。现在，我可以走进厨房了，这时他就会在外面爬来爬去。他不会真的爬进来找我，除非我在厨房里待上一会儿。”

——鲍勃的妈妈，第31周

通常，宝宝靠近你的愿望非常强烈，即便是没有爬行经验的宝宝也愿意加倍努力。最终，他的爬行能力将得到提高。和爸爸妈妈在一起的愿望，以及此时他拥有的身体协调能力，恰恰为他学会爬行提供了额外的动因。

通过提高期待值推动进步

打破旧习惯、设定新规则也是培养新技能的一部分。你可以要求宝宝完成他现在明白的事情，但要适度。当你的宝宝忙于观察“关系”，与“关系”共舞，他也可能表现出让你觉得不爽的行为。这是因为旧的做事方式和既定的行为规则不再适合宝宝现在的进展。父母和孩子都必须重新协商新的规则，才能恢复平静与和谐。

起初，当宝宝变得让人头疼，爸爸妈妈都会担心。当他们发现宝宝没什么问题，而是更加变本加厉时，爸爸妈妈反而会变得很烦躁。在这种情绪之下，爸爸妈妈会开始要求宝宝完成他们觉得宝宝应该做的事情。于是，他们推动了宝宝的进步。

宝宝黏人是很烦人的事情

这几周，如果父母无法继续之前的日常活动，他们会越来越感到恼火。一旦宝宝长到29周大，大多数父母都会尝试通过分散宝宝的注意力、让他哭一会儿或者哄宝宝睡觉的方式，慢慢地增加彼此的距离。无论你决定做什么，都要考虑你的宝宝的承受能力。

晚餐时的忧郁

在这个年龄段，许多婴儿开始意识到某些食物比其他食物更好吃。那么，他会想："为什么不挑更好吃的呢？"

许多父母一开始认为这很有趣。然而，很快，几乎所有的父母会开始担心，有时候会因为宝宝对食物太挑剔而生气。他们想知道婴儿是否得到了足够的营养。他们试图分散这些挑食宝宝的注意力，这样他们就可以在不经意间把勺子放进宝宝嘴里了。或者，父母整天拿着食物跟在宝宝屁股后面。不要做这些事！意志坚强的宝宝会更加抵制被强加到自己身上的东西。而焦虑的父母反过来会对此做出反应。这又让吃饭成了一场战斗。

别再挣扎了。你不能强迫婴儿吞咽，所以压根儿不要尝试。如果你这样做，你只可能会增加宝宝对食物的厌恶。采取不同的策略，利用你的宝宝现在能够学习的其他新技能。在这个阶段，他可以尝试用拇指和食指握住东西，但他还是需要很多练习，而自己吃饭有利于发展宝宝的手眼协调能力。这个年龄的婴儿也喜欢自己做决定，自己决定吃什么会让吃饭这事变得更有趣。允许宝宝用手指捏住食物喂自己吃可以让他心情更好。这可能会让宝宝吃饭的场面变得脏兮兮、乱糟糟，但无论如何请鼓励他自己吃饭。你可以在喂宝宝吃饭的同时，在他的盘子里一直放两片食物，这样他就不会闲着了。一般来说，宝宝很容易在自己吃或父母喂养之间切换。你也可以在宝宝面前放一面镜子，让他看着自己吃会更愉快。宝宝可以一边自己吃，一边看着你喂他吃。如果第一次尝试没有成功，不要担心。许多婴儿要经历进食困难的过程，他会克服的。

宝宝乱摸东西实属正常，但仍很恼人！

由于宝宝正在学习新的技能，许多爸爸妈妈发现他们得不断禁止宝宝做一些事情。一个会爬的婴儿特别容易检查你所有的东西。你可能想要夺回这些东西，但是要小心对宝宝造成人身伤害。更确切地说：宝宝不会因为被打手而“纠正”自己的探索行为。更重要的是，绝对不能打宝宝！即便“只是”打一下手。较好的做法是让宝宝远离他不可以触碰的东西。当他违背你的规则时，明确地说“不”。

宝宝是没有耐心的小人儿！

婴儿会因为各种各样的原因变得不耐烦。例如，他们不想等吃的做好才吃，会很急躁；如果他们没有完成某件事，如果某件事不被允许，或者如果他们没有足够快地得到关注，他们都会发飙。

来自妈妈的心声

“我的女儿变得非常没有耐心。她什么都想要，如果她拿不到，或是我对她说了‘不’，她会变得非常愤怒，然后她真的会开始号叫。这让我很生气，让我觉得她这样闹脾气是因为我在工作。她和保姆在一起的时候就很乖。”

——劳拉的妈妈，第31周

“我的宝宝在晚饭时总是折腾个不停，还大声尖叫。她觉得吃得不够快，于是她每吃一口都要大喊大叫、扭来扭去、躁动不安。”

——阿什莉的妈妈，第28周

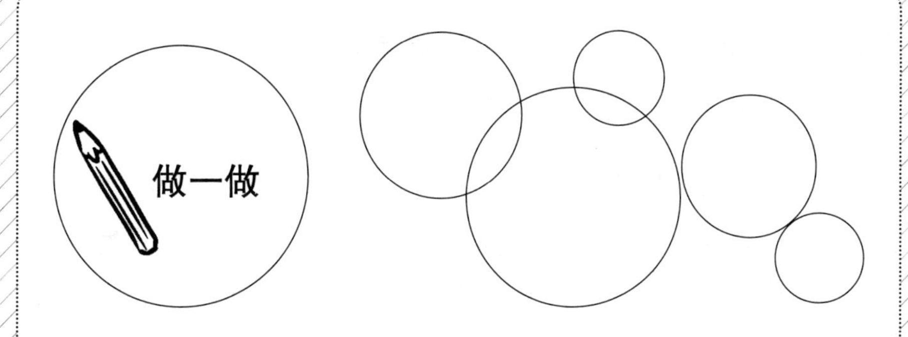

宝宝最喜欢的、利于大脑发育的游戏

这里有一些适合这个阶段宝宝玩的游戏和活动。

填表说明：

勾选你的宝宝最喜欢的游戏。填完这个表后，看看这一章接下来的“探索列表”，你可能会发现宝宝最感兴趣的事物和他在这次发展飞跃中玩的游戏之间的联系。你可以思忖一番，这会让你深入了解宝宝的独特个性。

捉迷藏游戏

这些游戏在这个年龄段的宝宝中非常受欢迎。游戏的玩法也可以变换。

□ 手帕版躲猫猫

将一条手帕蒙在你的脸上，看宝宝是否会把它拉开。询问：“妈妈在哪里？”或是“爸爸在哪里？”宝宝会知道你依然在那儿，因为他能听见你的声音。如果他没有做出任何拉开手帕的尝试，你就拿起他的手，和他一起把手帕拉开。当你再次露面的时候，说：“哇！”

□ 其他版本的躲猫猫

用手蒙住你的脸，然后把手拿开。用报纸或书隔在你和宝宝之间，然后突然从后面冒出来。你要是从植物后面或是桌子下面钻出来的话，宝宝也会很喜欢。毕竟，他还能看到你身体的其他部分。

□ 完全隐藏自己

你也可以藏在某个隐蔽的地方，例如窗帘后面，这样宝宝可以随着窗帘的摆动知道你就在那儿。在躲起来之前，要明确地让宝宝看见你是在哪儿消失的。例如，向宝宝宣布你要藏起来了（对于还不会爬的宝宝），或是要他来找你（对于已经可以爬行的宝宝）。如果他没看见你或是刚巧那会儿他被其他东西分了心，就叫他的名字。试试把门打开玩躲猫猫，这可以让他明白，你离开之后就会回来。每次他成功找到你，都要奖励他。把他高高举起，或是拥抱他——用他最喜欢的方式。

□ 你在哪里？

很多宝宝都发现，原来自己可以藏在某个物体后面或是下面。一开始，宝宝往往是在换衣服时用衣物把自己藏起来。如果宝宝像这样开始了一次游戏，你一定要抓住机会鼓励他。这样，他会意识到自己是可以主导游戏的。

□ 玩具捉迷藏

试着将玩具藏在毯子下面。一定要藏宝宝非常喜欢甚至是爱不释手的玩具。让他看见你是如何藏的，以及藏在了哪里。第一次做这个游戏时要安排得简单一些，确保宝宝依然能看见那个玩具的一小部分。

□ 浴室玩具捉迷藏

利用浴缸中打起的泡沫，教宝宝和泡沫玩耍。把玩具藏在泡沫下面，让他找出来。如果宝宝会吹气，试着教他吹泡泡；也可以给宝宝一根吸管，鼓励他用吸管来吹气。

鼓励交谈

你可以通过经常和宝宝说话、听他说话、和他一起"读"书、唱歌、玩文字游戏把说话这件事变得更有吸引力。

□ 一起看图书

把宝宝抱到你的腿上——通常他最喜欢这样了。让宝宝自己选一本书，和他一起看。发现宝宝在盯着什么看时，就要他叫出它的名字。如果是一本关于动物的图书，就模仿这种动物的叫声。宝宝一般都喜欢听爸爸妈妈发出类似小狗"汪汪"、老牛"哞哞"和鸭子"嘎嘎"的叫声。这也是宝宝能模仿的声音，真的可以让他乐在其中。只要宝宝愿意，就让他自己翻页。

□ 说悄悄话

大多数宝宝喜欢你用悄悄话的方式将声音或词句传进他的耳朵。你可以试着轻轻吹一口气。他的耳朵会痒痒，他也会觉得很有趣，因为宝宝现在能理解吹气是什么意思了。

□ 边唱歌边做动作的游戏

这类游戏是用来鼓励宝宝唱歌和说话的，也可以帮助宝宝练习平衡感。在网上，你可以找到很多视频教你如何配合一些儿歌做动作，例如，不妨试试边唱"快上路吧，快上路，摇摆的木马""女士这样来骑马""巴士的轮子"等，边做动作。

平衡游戏

许多唱歌游戏也是平衡游戏。你也可以不用音乐。

□ 坐着玩

找个舒服的姿势坐好。把宝宝放到你的腿上。抓住他的双手，拉着他轻轻地左右晃动，使他的重心反复地从一侧屁股变换到另一侧屁股。也可以小心尝试让宝宝前倾或是后仰。宝宝会觉得后面这个游戏最刺激了。你也可以让宝宝循着一个小圈或大圈的轨迹移动——左-后-右-前。你要调整自己去适应宝宝。这些让身体失衡的动作会带给宝宝足够的挑战。你也可以尝试坐着玩“钟摆”的游戏，同时随着摆动的频率唱：“嘀嗒，嘀嗒，嘀嗒……”。

□ 站着玩

找个舒服的姿势跪在地毯上，让宝宝站在你的前面，抓住他的屁股或是双手，轻轻地拉着他左右晃动，使他的重心反复地从一条腿变换到另一条腿上。变换不同方向做同样的事情，这样就能训练宝宝身体重心的前后变换。根据宝宝的活动来调整你的身体姿势。这些让身体失衡的动作会带给宝宝足够的挑战，让他想要自己找回平衡。

□ 飞着玩

紧紧抓住宝宝，把他举起来，带着他“飞越”房间、升起与降落、左转与右转、环线飞行、直线飞行、倒退飞行。方向和速度的变化越多越好。如果宝宝喜欢这个游戏，可以小心地尝试让他头朝下降落。整个飞行过程中，你要模仿飞机陡升和骤降时发出的轰鸣声或呼啸声。

□ 倒立

大多数好动的宝宝都喜欢到处乱爬或是倒立。但是，有的宝宝会觉得倒立很可怕或是太过刺激。只有喜欢惊险刺激的游戏的宝宝才适合玩这个游戏。这对宝宝是一项有益的活动。

用玩具和家庭用品玩游戏

目前，对宝宝来说最好玩的游戏其实是清空碗橱、架子，玩使玩具跌落和扔玩具的游戏。

□ 宝宝自己的储物柜游戏

为宝宝布置一个储物柜，放满他觉得特别有吸引力的东西。通常，宝宝的储物柜里可以放置空盒子、鸡蛋包装盒、卷纸的纸芯、塑料盘子，还有装着咯咯作响东西的带盖的塑料瓶子；也要有能让宝宝制造出很多声音的东西，例如一个平底锅、木勺以及一串旧钥匙。

□ “砰”地掉落

一些宝宝喜欢把东西弄掉，听东西掉落到地上的声音。如果你的宝宝也有这个喜好，你就可以和他玩这个“掉落”游戏。把宝宝安顿在高脚婴儿椅里，再将一个金属托盘放到地上，递给宝宝一块积木，然后向他展示如何让这块积木落在盘子上。

□ 掉落又拾起来

把宝宝安顿在高脚婴儿椅里。在他的一些玩具上系一条短绳。等宝宝把东西扔到地上以后，教他如何把东西拉回来。

其他活动

□ 宝宝的游泳游戏

很多宝宝都喜欢在水中玩耍。一些游泳池有特别为小婴儿配备的加热泳池，宝宝可以和爸爸妈妈在其中玩水，度过愉快时光。和宝宝在水中玩耍时一定要小心，不要让他无人看管。

□ 参观宠物园

参观宠物园、麋鹿苑或是养鸭池可能是让宝宝感觉最为激动的事情了。在那里，他可以看见图画书中的那些动物真实的样子。他会喜欢看到动物们摇摇摆摆、蹦蹦跳跳、轻快小跑的样子。宝宝会特别喜欢给动物们喂食，并观看它们吃东西。

宝宝最喜欢的玩具

- ☐ 自己的储物柜或置物架
- ☐ 门
- ☐ 不同大小的纸箱子，鸡蛋包装盒
- ☐ 木勺
- ☐ （圆形）叠叠杯
- ☐ 积木
- ☐ 大型建筑用砖或积木
- ☐ 球（轻到可以滚动）
- ☐ 图书
- ☐ 影集
- ☐ 儿歌
- ☐ 洗澡玩具：可以被装满又能被清空的物件，如塑料瓶、塑料杯、塑料滤勺、漏斗
- ☐ 有滚轮且可以打开车门的玩具汽车
- ☐ 倒置就会发声的毛绒玩具
- ☐ 吱吱作响的玩具
- ☐ 小鼓
- ☐ （玩具）钢琴
- ☐ （玩具）电话

切记

你的孩子会选择最适合自己爱好、兴趣、体格和体重的玩具。因此，不要把他和其他孩子做比较，每个婴儿都是独一无二的。

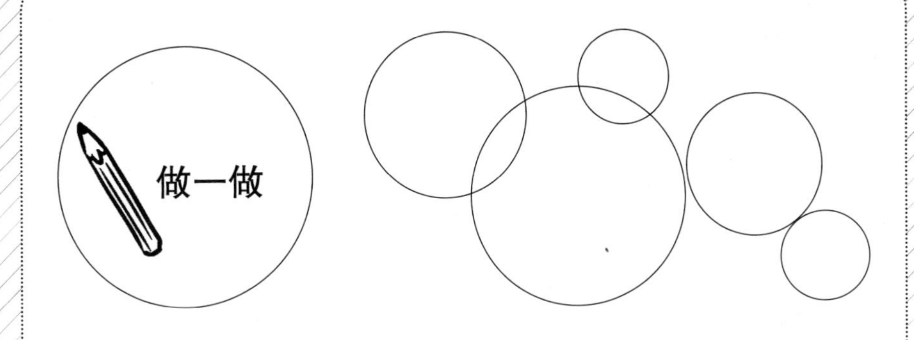

充满关系的世界宝宝如何探索

这些都可能是你现在开始会注意到的技能，但是要记住你的宝宝不会做清单上所有的事情。

填表说明：

就像其他发展飞跃一样，在下次飞跃开始前完成该表。批判性地看待你的宝宝开始做什么、不做什么，因为，他选择做什么和兴趣有关。生活是由选择组成的，选择很大程度上反映了一个人的性格特征。你会发现完成这个列表变得越来越困难，因为例子变得越来越多样，你往往不得不关注宝宝的意图和努力，而不是最终结果。这要求你要用不同于成年人习惯的方式来看待事物。例如，如果你的宝宝喜欢不停地关橱柜门，他这样做是因为喜欢柜门发出的声音，是因为他喜欢摔门？还是因为门会回到橱柜“里面”？简而言之：观察你的宝宝，试着发现他对什么感兴趣，是什么驱使他做此刻正在做的事情。这个列表会指导你，告诉你需要注意的事情。

宝宝做出这次发展飞跃的时间：____________

在__________，再度“拨云见日”，现在，临近这次飞跃的尾声，宝宝可以做出这些新的事情了。

看

日期：

☐ 当宝宝两只手上拿着不同物体，如玩具、食物的时候，能从一个看向另一个。

☐ 能看画着同样动物的另一本图书（之前在其他书中看过）。

☐ 能看同一个人的另一张照片（之前在其他照片中看过）。

☐ 能观察动物或人的动作。如果动作不同寻常，宝宝会很喜欢。

☐ 宝宝喜欢看的动作有：

  ☐ 有人在唱歌

  ☐ 有人在跳舞

  ☐ 有人在鼓掌

  ☐ 有人在倒立

  ☐ 一只狗在木地板上啪嗒啪嗒地跑

  ☐ 其他例子：

  ____

  ____

  ____

☐ 宝宝喜欢探索自己的身体——尤其是隐私部位。

☐ 宝宝非常关注玩具和其他物体的细节部分。他会检查：

  ☐ 标签

  ☐ 价签

  ☐ 玩具上的贴纸

  ☐ 其他：

  ____

  ____

  ____

☐ 宝宝自己选书。

☐ 宝宝自己选玩具。

把弄物体

日期：

☐ 掀起地毯看下面。

☐ 把一只玩具熊头朝下，听里面的声音。

☐ 在地板上滚一个小球。

☐ 总是抓住滚向自己的球。

☐ 喜欢把东西打翻，比如废纸篓，喜欢把里面的东西倒出来。

☐ 喜欢扔东西。

☐ 忙着用各种方式放下玩具。例如，把玩具放在篮子里面或者旁边，放进盒子里面或拿到外面，或者放到在椅子下面或上面，或者推到婴儿床外面。宝宝正在探索物体之间的关系。难道这不是聪明的表现吗？

☐ 试图把一个玩具塞进另一个玩具里。

☐ 把玩具如把杯子堆起来，再分开。

☐ 试着从玩具里面撬出一些东西，比如一个铃铛。

☐ 喜欢把自己的袜子全脱掉。

☐ 喜欢把鞋带拉松。

☐ 如果放任他不管，他会清空橱柜和置物架。

☐ 喜欢扔东西来测试物体是如何下落的。宝宝把东西扔在地上不是因为喜欢打碎东西，而是正在做实验。

☐ 喜欢把食物放进大人的嘴里，或者放进＿＿＿＿＿＿＿的嘴里。

☐ 喜欢把门关上。也许这是因为宝宝已在探索“进”和“出”的概念，也许只是喜欢关门，不得而知，但是宝宝做得兴致勃勃。

☐ 喜欢用手或布在物体表面摩擦。当然，他不是在忙着打扫，只是喜欢运动，喜欢模仿成年人。

倾听

日期：

☐ 宝宝真的已经开始理解更多的事物了，并且在字词或者简短的句子和相应的动作之间建立联系。例如，你注意到宝宝能理解下面语句的含义：

- □ 不，别这样
- □ 来吧，我们走
- □ 拍拍你的手
- □ 其他：

____

____

□ 能专心致志听大人的解释且似乎能听懂。

□ 看动物图片的时候，喜欢听动物的叫声。

□ 对大人的手机很感兴趣。大人打电话的时候，会专注地听着电话机里传出来的声音。

□ 能注意与某项活动有关的声音。这些声音大人经常不怎么留意，而是通过观察宝宝，才意识到。各种各样的声音，包括：

- □ 擦窗户的声音
- □ 挡风玻璃刮水器发出的吱吱声
- □ 大人电话震动的声音
- □ 敲击键盘的声音
- □ 其他：

____

____

□ 愿意听自己发出的声音，比如：

- □ 宝宝用指甲划墙纸时发出的声音
- □ 宝宝光着屁股在地板上滑行时发出的声音
- □ 其他：

____

____

谈话

日期：

☐ 宝宝能明白语言和动作之间的联系。例如，他可以把以下词语和动作、行为联系起来：

词语	对应的动作
☐ "哎哟"	有人摔倒时发出的声音
☐ "啊"	抚摸动物或人时发出的声音
☐ "阿嚏"	有人打喷嚏时发出的声音
☐ 其他：	

____

____

亲子距离

日期：

☐ 大人走开的时候表示出抗议。

☐ 试着跟在爸爸妈妈后面爬。

☐ 玩耍的时候不断确认大人陪伴在身边。

模仿大人的姿势

日期：

☐ 会挥手道别。

☐ 会拍手。

☐ 会用舌头模仿咔嗒声。

☐ 会模仿摇头和点头，虽然大人注意到宝宝经常只是用眨眼睛代表点头！

维持平衡

日期：

- □ 靠自己从卧位到坐起来。

  温馨提示：6～11个月的婴儿，可以利用一件家具让自己坐起来。记住，在这段时间内的任何时间点都是好的，更早不等于更好，晚一点也不表示更糟。

- □ 靠自己站起来。

  温馨提示：6～11个月的婴儿会学会依靠家具让自己站起来。

- □ 当宝宝站起来抓住某样物品后，又能独自坐下来。
- □ 当宝宝靠抓住某样物体站起来的时候，有时会放手！
- □ 大人可以扶着宝宝走几步。

  温馨提示：宝宝现在独立行走还为时过早。婴儿在7个月（本次飞跃末期）到12个月之间会迈出第一步，平均时间为9个月。不要太在意年龄，每个健康的宝宝都会在适当的时候迈出人生的第一步。

- □ 在这次飞跃的末期，宝宝能扶着物体的边缘行走，例如婴儿床、桌子等。

  温馨提示：现在所有的婴儿本该都有这种能力，但大多数婴儿仍然因为生理原因无法做到这一点。原因可能是这些宝宝对此不感兴趣，忙于发展其他技能；要么就是身体还不够强壮。

- □ 宝宝有时会从桌子那边冲到椅子旁，且迈出第一步。

  温馨提示：尽管所有的婴儿都有这样的心智能力，但很少有婴儿能做到这一点。

- □ 能做跳跃动作，但是双腿还不能离开地面。
- □ 能从头顶上的架子或桌子上抓起一个玩具。
- □ 能随着音乐起舞：看到宝宝前后摆动的小肚子，真是太可爱了！

控制身体

日期：

☐ 大多数婴儿此时还爬得不好，但是在努力探索自己的身体。宝宝喜欢爬来爬去，例如，爬到壁橱或大盒子上，爬到椅子或楼梯的下面。

温馨提示：婴儿开始爬行的年龄有很大的差别；可能在5～11个月。平均而言，婴儿7个月大时会爬。

☐ 能在有轻微高度的地方来回爬行。

☐ 能在房间里爬进爬出。

☐ 能在桌子周围爬行。

☐ 能弯下身子或者趴在地上从沙发下面拿东西。

☐ 能越来越多使用拇指和食指去触摸或抓取东西。很少有父母会对此发表看法，因为他们关注的重点是宝宝的爬行和行走。但是精细动作同样重要，甚至更重要！

温馨提示：婴儿一般在6～10个月开始会同时使用拇指和食指。

☐ 喜欢两只手各拿一样东西。例如，把双手的两个玩具相互砸。

温馨提示：婴儿在6～10个月的时候第一次这样做。

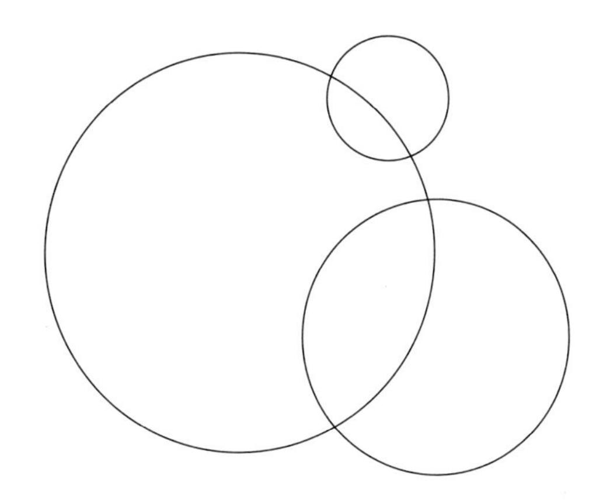

轻松时期：飞跃之后

大约31周，另一个相对轻松的时期就开始了，持续1～3周。这期间，婴儿的快乐、独立和进步达到令人钦佩的地步。

来自妈妈的心声

“弗朗基特别开心，要想和他快乐地玩耍也不再是什么难事。看他更加好动、更有活力，我也很高兴。当他观察别人的时候，他的状态是最好的。他也非常健谈，真是个伶俐的孩子。”

——弗朗基的妈妈，第30周

“显然，我的女儿从身体到心智都成长了。她对我们做的任何事情都有反应。她什么都看。我们有什么，她也都想要。我想说，她正努力成为我们中的一员。”

——阿什莉的妈妈，第34周

“持续变化好长一段时间后，终于可以休息一下了。这周真是太棒了，他又有了一些变化。他哭得少了，睡得多了。我能感觉到他的成长有一定的规律性，我和她会多次重复所说的话。现在，我做任何事都会向他解释。去准备他的奶瓶时，我会告诉他该上床睡觉了。我也会向他解释他为什么需要午睡。这些解释似乎对我也有好处。现在，他在日托中心也挺好的。”

——鲍勃的妈妈，第30周

“现在，我们似乎发展出了一种特别的交流方式，好像脐带终于剪断了，被完全依赖的感觉消失了。我很快为他找了个保姆。我注意到，可以放心地给他更多自由，不用每时每刻都盯着他了。”

——鲍勃的妈妈，第31周

神奇的第37周

第6次飞跃

充满类别的世界

“把世界分成组”

在大约第37周（或36～40周）时，宝宝又有了新的能力，想要做出新的尝试，他将进入另一个心智发展的飞跃期。在这个年龄，宝宝的探索行为看起来往往很有条理。例如，你可能注意到你的小家伙从地板上捡起一些灰尘颗粒，用拇指和食指捏着仔细检查；或者你家这位初露头角的“大厨”正探索盘子里的食物，他用小手将香蕉压扁或是菠菜挤扁。研究过程中他的表情很投入。事实的确如此——这些探索将帮助这个小“研究员”开始对他周围的世界进行分类。

大约第34周（或第32～37周），你可以预期宝宝会比过去的1～3周更加烦躁。这段时间，婴儿的脑电波再次显示出剧烈的变化。此外，宝宝的头围显著增加，这时大脑中的葡萄糖代谢发生变化。这些变化将开始改变宝宝感知世界的方式。他会看到、听到、闻到、尝到和感觉到一些未知的事物，这一开始会让他感到不安，会想紧紧抓住一些让他心安和熟悉的事物，例如妈妈或爸爸。这个阶段通常会持续4周，也可能持续3～6周。

进入难以取悦的阶段：飞跃开始的标志

所有宝宝现在都比过去几周更容易哭闹了。他可能看起来情绪多变、牢骚满腹、坐立不安、脾气暴躁、难以满足和管束、浮躁焦虑以及心烦意乱。这一切都是可以理解的。

你的小家伙现在承受着额外的压力，在经历过上一次的飞跃之后，他明白了爸爸妈妈随时有可能离开自己。这一发现起初会让大多数宝宝苦恼上一阵子，但在过去几周里，他已经学会了以自己的方式处理。一切似乎进展得顺利多了——然而，下一次飞跃接踵而至，一切又都毁了。现在宝宝又想和爸爸妈妈黏在一起了，因为他非常清楚，爸爸妈妈可能会随时走开，这让他感觉更加不安、紧张。

切记

当你的宝宝进入这个难以取悦的阶段时，密切关注他试着掌握的新技能。参照本章第276页的探索列表，看看会发生什么。

和上一次一样，在这次飞跃中，你可能注意到宝宝会烦躁不安，随时准备制造麻烦。他与平时相比，似乎更加害羞了，更想要待在你身边，更想要你给他找事做。请记住，这是一个困难的时期，尤其对你的宝宝来说。他可能睡眠不好，甚至会做噩梦。白天他可能比平时安静或者异常温柔。你的宝宝可能会再次拒绝换尿布。有的家庭甚至每到吃饭就像变成了战场。

来自妈妈的心声

“过去的这几天，我女儿毫无理由地非要让我一直把她放在腿上。我没法带她的时候她就尖叫。我用手推车带她出去散步时，她只要感觉我停了下来，就会立刻要我抱她。”

——阿什莉的妈妈，第34周

“我的宝宝最近总闹情绪，她看上去似乎是因为无聊。她会把每一样东西都捡起来，却只是再扔到一旁而已。”

——劳拉的妈妈，第35周

宝宝和父母在一起时，通常就能哭得少一点，特别是当所有的注意力都集中在父母身上并意识到爸爸妈妈只属于他一人的时候。

如何判断宝宝已进入难以取悦的阶段

除了3C表现之外，当你的宝宝进入下一个难以取悦的阶段时，他可能会表现出以下一些特征。

宝宝是否比以前更频繁地黏着你?

当父母走来走去的时候，还没学会爬行的宝宝会焦虑不已，但他只能哇哇大哭。对一些宝宝而言，父母每走开一步，都让他在真切的恐惧感中寸寸深陷。宝宝有时会紧紧地缠住爸爸妈妈，让人寸步难行。如果爸爸或妈妈出其不意地突然放下他，他可能会怒目相视。

来自妈妈的心声

“又是困难的一周，家里充满了哭声。我儿子真的伸手抓着我的裙子。我离开房间的时候，他就开始哭泣，还跟着我身后爬。我做饭的时候，他则爬到我身后，紧紧抱住我的腿让我动弹不得。把他放回床上又是一场挣扎。他现在睡得也很晚。只有我陪着他时才肯好好玩耍。”

——鲍勃的妈妈，第38周

“我管我的宝宝叫小水蛭。她整天拽着我的裤子。再一次，她要我一直待在她身边，要和我在一起。”

——艾米莉的妈妈，第36周

“我的儿子想被一直抱着，可如果我把他抱起来，他就会一直缠着我的脖子，拽我的头发。”

——马特的妈妈，第36周

“似乎一切麻烦都和宝宝的床有关。我抱着她上楼时，她还睡得很熟，可她一粘到床上，眼睛就睁开了。天哪，她又开始惊叫了！”

——劳拉的妈妈，第33周

宝宝会害羞吗?

在有其他人在场的情况下，即使是他的兄弟姐妹，宝宝可能仍愿意和爸爸妈妈更亲近。通常，妈妈或爸爸是唯一被允许关注他、和他说话、触碰他的人。

来自妈妈的心声

“如果有陌生人和我儿子说话，或者把他抱起来，他就立刻开始大喊大叫。”

——保罗的妈妈，第34周

“客人刚进门，我儿子就会飞快地爬上我的腿，跟我肚子贴肚子地紧紧抱着我，然后他才会看看是谁来了。”

——凯文的妈妈，第34周

宝宝要求（比以前更多的）关注吗?

大多数宝宝在这个阶段要求更多的关注，甚至一贯宽容的宝宝也会介意总是被独自留下。一些宝宝要等爸爸妈妈将注意力全部投注在自己身上才肯满足。他们希望父母全身心关注自己，无时无刻不看着自己玩耍。一旦发现爸爸妈妈竟然注意到了其他人或事物，他就淘气起来，让爸爸妈妈重新注意到他。

来自妈妈的心声

“当我和其他人说话时，我儿子总是会马上开始尖叫，声音大到我不得不关注他。”

——保罗的妈妈，第36周

“我儿子再也不喜欢一个人在游戏垫上玩了。他需要别人的关注，只有身边总有人时，他才会感到快乐。”

——弗朗基的妈妈，第34周

宝宝睡眠不好吗？

大多数宝宝比以前睡得少了。他们可能抗拒上床，不像平时那样容易入睡，而且比平常醒得更早。有些宝宝白天很难睡上一会儿觉，有些宝宝则在晚上难以入眠。还有的宝宝不管白天晚上醒着的时间都更长。

小贴士

如果你想了解更多关于睡眠和飞跃的内容，请参阅“睡眠的飞跃”一章的内容。

来自妈妈的心声

“我儿子一晚上要醒来好几次。有时，他凌晨3点醒来，在他的摇篮里玩上一个半小时。”

——马特的妈妈，第33周

“我女儿晚上很晚才睡觉，总是不想上床。她睡得不多。”

——汉娜的妈妈，第35周

“我女儿总是在半夜尖叫着醒来。当我把她从婴儿床上抱起来时，她又安静下来了。然后，我把她放回去，让她继续睡。”

——埃米莉的妈妈，第35周

宝宝会做“噩梦”吗？

宝宝可能睡着之后还是不安分。有时候他翻来覆去，让人觉得是在做噩梦。

来自妈妈的心声

“我儿子经常在夜里醒来。有一次，他好像在做梦。”

——保罗的妈妈，第37周

宝宝表现得异常可爱吗?

在这个年龄段，你的宝宝可能会采用全新的“战术”来和爸爸妈妈保持亲密关系。他不再哼哼唧唧地抱怨，而是亲吻你、依偎在你怀里。通常，宝宝会在捣蛋和卖萌之间反复转换，测试哪种方式见效最快，能获得最多的关注。平时很独立的宝宝的父母此时往往惊喜地发现，宝宝终于喜欢依偎着他们了!

来自妈妈的心声

“有时候，我的宝宝很独立什么都不想要。有时候，她变得让人忍不住想抱她。”

——阿什莉的妈妈，第36周

“我儿子从来没这么可爱过。不论何时，只要我靠近他，他就抓住我并紧紧地搂着我。我脖子上全是红印，那都是他依偎在我怀里时用嘴嘬的。他不再很快把我推开。有时，他一动不动地坐着，我还能和他一起看书。我真喜欢这样!不过他最后还是要和我玩一会儿的。”

——马特的妈妈，第35周

“我的宝宝会露出可爱、深情的样子来表达他对我的依恋，他会和我一块儿躺下，依偎在我的怀里。”

——史蒂文的妈妈，第36周

宝宝变得“更安静”了吗？

你的宝宝可能会有一阵儿无精打采。你能听见他喋喋不休的时候少了，你能看见他爬来爬去、自娱自乐的时候间少了。有时宝宝可能暂时什么都不做，只是躺在那儿，看着远方。

来自妈妈的心声

“我的儿子更安静了。他经常躺在那儿，眼神放空。我在想是不是有什么让他觉得不舒服了，或许是他生病了。”

——史蒂文的妈妈，第36周

宝宝拒绝换尿布吗？

当你准备帮宝宝穿衣服、脱衣服或换尿布时，大多数宝宝可能会抗拒、尖叫、扭动，表现出一副不耐烦的样子，这种状况让你很难处理。

来自妈妈的心声

“给朱丽叶穿衣服、脱衣服、换尿布对我来说简直就是噩梦。我一把她放下来，她就开始尖叫。我都快疯了。”

——朱丽叶的妈妈，第35周

宝宝现在更孩子气了吗？

这时，一些父母会发现，原本以为已消失的小婴儿行为在宝宝身上重新出现了。父母不喜欢看到宝宝退步。这让他们觉得不安。但是这些迹象真的再正常不过了。短暂的退步在每个难以取悦的阶段可能都会发生。

来自妈妈的心声

“我的宝宝入睡困难。她只是哭，就和刚生下来那时一模一样。”

——朱丽叶的妈妈，第32周

“每天晚上，我又得像以前那样抱着我的儿子摇来摇去，唱歌哄他入睡了。”

——史蒂文的妈妈，第35周

宝宝食欲下降了吗?

大多数宝宝似乎都会在这个阶段变得对吃喝不怎么感兴趣了。有些宝宝没有食欲，完全拒绝进食。有些宝宝则只吃由自己放进嘴里的食物。还有一些宝宝依旧挑剔，不断吐出食物、把食物弄得到处都是。因此，你们花在用餐上的时间可能会变得更长。让宝宝吃饭，可能是件很难办的事。你把食物准备好了，放在那儿，他不想吃，可你刚一拿开，他就要吃了。或者宝宝可能前一天吃得很多，第二天却拒绝进食。各种变化都是可能的。

来自妈妈的心声

“我儿子拒绝我的乳房已经有3天了。太糟糕了。我觉得我快要“爆炸”了。之后，正当我决定开始减少母乳喂养，因为又快到每年穿T恤的时候了，他又要我一整天都喂他吃奶了。于是我又害怕奶水不够，因为除此之外，他什么都不吃。不过一切还算顺利，至今我还没感觉到他的抱怨。”

——马特的妈妈，第34周

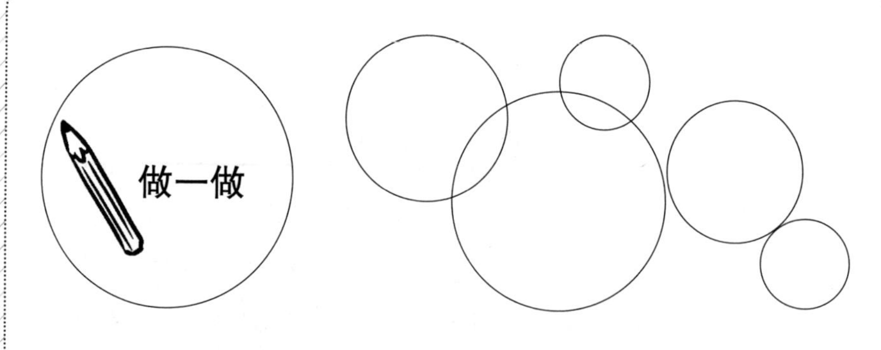

宝宝开始进入发展飞跃的迹象：

☐ 比以前更频繁地哭泣。
☐ 经常发怒，脾气暴躁。
☐ 要求得到比以前更多的关注。
☐ 前一秒还开心，下一秒就哭成泪人儿。
☐ 更频繁地需要有事做。
☐ 爱黏着你，或者比以前更爱黏着你。
☐ 表现得异常可爱。
☐ 爱发脾气，或是比以前更频繁地发脾气。
☐ 爱害羞，或比以前更害羞。
☐ 你不再抱他的时候，抗议得更多、更频繁。
☐ 睡眠不佳。
☐ 似乎比以前更频繁地做噩梦。
☐ 食欲下降。
☐ 牙牙学语的时候比平时少了。
☐ 不如以前活泼了。
☐ 有时只是坐在那里，安静得像在做白日梦。
☐ 抗拒换尿布或穿衣服。
☐ 吮吸拇指，或者比以前吸得更频繁。
☐ 能伸手拿毛绒玩具，或更频繁地抓毛绒玩具。
☐ 比以前更加孩子气。
☐ 你还注意到宝宝其他的表现：

____

____

记住，婴儿不需要表现出上述所有特征。重要的是你的宝宝做了什么，而不是他做了多少。

你还好吗？——父母的挑战

你可能觉得心神不宁

一个难以取悦的宝宝通常会让父母心神不宁，爸爸妈妈想知道是什么原因让宝宝如此难缠，只有当他们找到合理解释时才会有些许放松。对于这个年龄段的宝宝，大多数家长认为一定是宝宝出牙的疼痛让情况变糟，不过飞跃期和长牙的时间没有必然联系，但宝宝也有可能同时面对这两个问题！

来自妈妈的心声

“她非常沮丧，我以为她在长牙，但牙齿迟迟没有长出来。我意识到她到了另一个难以取悦的阶段了！”

——莎拉的妈妈，第34周

“他很容易受到惊吓，半夜醒来就哭。有时一晚要闹3次，唯一的安抚方法就是把他带到我们的床上。”

——史蒂文的妈妈，第33周

你可能筋疲力尽、怒不可遏

面对不想睡觉又苛刻的宝宝，父母可能觉得特别疲倦，特别是在这个阶段快结束的时候，他们可能觉得自己已到了强弩之末。一些父母会抱怨头痛、背痛、胃部不适。他们厌倦了宝宝的臭脾气、不耐烦、哭闹、抱怨，以及不断要求的肢体接触或关注。

放松时刻

你已经做了这么长时间的父母了。不要忘记生活中的调味品！以下是为你准备的令人振奋、让你能量满满的放松时刻：

5分钟的放松时间：进行10次“FS式呼吸”。通过呼吸尽可能释放压力，呼气的时候，发出“呋呋F呋呋呋”的音，几乎完全呼出时，发出“嘶嘶嘶嘶”的音。这让你比平时呼气更深。

10分钟的放松时间：体验“反差式淋浴”——热-冷-热-冷。冲冷水似乎不那么令人放松，但是之后你的身体会感到重生、充满活力！

更长的放松时间：让信得过的家庭成员或保姆临时照看孩子几个小时。和你的伴侣或朋友一起，喝一杯葡萄酒，享受一两个小时的轻松时光，谈论除了为人父母之外的任何事情。这会让你精神焕发。

想了解更多的放松时刻以及对你的家庭生活产生的美妙影响，请参阅本书第22页。

争吵

在宝宝难以取悦阶段的后期，大多数母乳喂养的妈妈都会考虑停止母乳喂养。宝宝喜怒无常，有时要喝奶、有时又不要喝奶，这会激怒妈妈。小家伙不断地为所欲为是让妈妈郑重考虑放弃母乳喂养的重要理由。

来自妈妈的心声

“我儿子一高兴就要吃奶，并且一刻都不能等。如果碰巧我不方便，他就会乱发一通脾气。我觉得他爱发臭脾气恐怕已经成为一种习惯了，他只要想任性妄为，就会乱踢一通、乱叫一气。”

——史蒂文的妈妈，第36周

如果夫妻双方不能就宝宝想要的肢体接触和关注的程度达成共识，也可能引发争吵。

来自妈妈的心声

“宝宝的黏人和哭闹让我越来越烦躁。我们去朋友家做客时，他几乎不放开我。我真想把他推开。有时我真的这么做了，但那只会让他更生我的气。”

——凯文的妈妈，第37周

宝宝的新能力开始“结果”

大约在第37周的时候，你会注意到宝宝变得更安静了。如果仔细观察，你还会发现他在尝试做一些新鲜事，例如他可能正以不同的方式摆弄玩具、体验着新奇的感觉，或是表现出更专注和好奇的样子。通过探索这个充满类别的世界，宝宝获得了新的能力，现在正是开始“结果”的时候。宝宝会选择最适合自己的新技能，会选择任何与自己的能力、爱好和性格相匹配的事物。此时爸爸妈妈要帮助他。

来自妈妈的心声

“我觉得又陷入僵局了。我儿子将玩具丢在某个角落里，已经好几周了。我想我需要为他提供更能带给他挑战、更能激发他潜力的玩具了。在户外，他就非常活泼，因为有足够多的东西可以看。他在室内却很无聊。”

——鲍勃的妈妈，第36周

充满类别的世界

上次发展飞跃之后，宝宝开始理解他见到、听到、闻到、尝到、感觉到的不同事物之间的关系，既包括外部世界的，也包括内部世界的，还有他自身的。宝宝正在越来越熟悉这个世界的方方面面。他发现自己和爸爸妈妈是同一种生物，他完全可以像爸爸妈妈那样站起来走路。他还了解了其他事物也能够移动，但移动的方式和人类不同。他还知道有一些东西完全无法靠自己移动，等等。

宝宝一旦学会了觉察事物的类别，开始了对事物进行分类试验，他就开始明白自己可以对世界进行分类。他将领会到某一些东西好像是一类的，因为它们看起来很相像，或是它们会发出类似的声音，又或是它们尝起来、闻起来、摸上去差不多。简而言之，宝宝会发现不同的事物可能有着相同的特质。

例如，宝宝现在了解"马"这个字的含义了。他可以将见到的每一匹马都归到这一类，不论是棕色、白色或是斑点；不管这匹马是在田野上、马厩里、照片上、图画里，还是书本中；也不管是泥做的马，还是真正的马。

当然，这种新的认知能力，宝宝不可能在一夜之间完全掌握。他首先必须恰当地了解人类、动物和物品。他必须认识到，事物必须具备某些相似性，才能被归属到某个类别中。因此，他们需要具备辨识这些相似性的能力，而这需要练习，也需要时间。当宝宝获得辨识类别的能力之后，他将开始用这一能力对万事万物做试验。一开始他们会以一种特定的方式研究周围的事物。他会观察比较，并根据某种相似性对它们进行排列，然后把它们放进特定的类别。他就像一个科研人员一样进行诸多研究。他会观察、倾听、触摸、品尝，并且做很多比较异同的试验。你的宝宝正在努力探索。

此后，当宝宝开始说话时，你会发现他已经明白了很多我们使用的类别，有时宝宝还会自己为这些类别起一个名字，例如，他可能把车库叫“汽车房子”，把公寓楼叫成“大楼房子”，将蕨类植物称为“羽毛草”。宝宝起的这些名字直接表明了他发现的事物最独特的特点。

宝宝一旦习得了依照类别划分这个世界的能力，他就不仅要调查是什么令一个动物称其为马、狗或熊，他还要调查是什么使某个东西呈现出大、小、重、轻、圆、软或黏，以及是什么会让他感觉悲伤、快乐、甜蜜。

关于这个阶段宝宝玩的游戏的研究表明，从这个年龄段开始，宝宝的反应有了质的不同。一些研究人员相信，直到这个年龄段，智力才第一次露面。乍一看，似乎真的是这样，但这并不足以断定宝宝在这之前都没有思维。事实上，宝宝有适于各个发展阶段的完美思维能力。不幸的是，作为成年人的我们已经遗失了这些思维能力。我们只能想象，这些能力可能是什么样的。当宝宝开始像我们一样，为世界的事物分类，他们的思维能力和方式就变得更像成人了。宝宝开始像我们一样思考，我们就能更好地理解他们了。

37周大的宝宝，获得了感知类别的能力，此外，他还可以利用之前发展飞跃中获得的能力。你的宝宝已经学会“分类”“感官变化”“图案”“渐变”“现象”“关系”这些概念了。

辨识事物类别以及对事物进行分类的试验将影响宝宝的行为以及他所做的每一件事。他的整个感知世界已经改变。他发现人、动物、事物和感情可以被分成具有共同特征的群体。他们都有名字。

你可以想象一下，当你的宝宝意识到这一点的时候，他是多么不适应和不安惶恐。对于我们成年人来说，“类别”是正常的，我们的思想和语言中充满了类别。我们实际上依赖于它们。但是，你的宝宝是第一次意识到这一点。

大脑的变化

宝宝的脑电波在大约8个月的时候会再次显示出剧烈的变化。此外，头围显著增加，大脑中的葡萄糖代谢也发生变化。研究证明，9个月大的婴儿（这次飞跃之后）在观看了一系列真实动物的简笔画之后，能够将其分类，比如不同种类的鸟或马。

父母活动：从宝宝的视角体验世界

通过这个活动，你会明白宝宝把他的世界划分成不同的类别是多么的困难。这是宝宝每天都在做的事，但还不能用语言来表达是如何做到的。宝宝的大脑忙于一些无法解释的事情。

想象一下，你仍然需要学习分类，而且你不得不将你在房间里找到的所有东西重新分类。尝试有目的地做5个“错误”的分类。例如，“壁挂”分类包含绘画、海报和镜子。做什么样的分类并不重要，重要的是要意识到对事物分类的过程。这就是你的宝宝整天做的事。成长是一项艰苦的工作！

神奇的飞跃：发现新世界

每个宝宝都需要时间和帮助来理解为什么某个东西属于这个类别而不属于那个类别。你可以帮助他，让他有充分的机会和时间去做试验，让他可以通过玩耍明白某物为什么属于某一特定类别。在需要的时候，你还可以鼓励、安慰他，为他提供新点子。让宝宝有机会将自己对类别的理解扩展开来。宝宝首先探索哪些类别并不重要。

一旦宝宝明白了某一个或两个类别的概念，他们就能很容易地将这一理解应用到对其他类别的理解上。有些宝宝喜欢从识别某一类物品起步，另一些宝宝则会先识别人。要让宝宝自己主导。毕竟，他们不可能一次学会所有事物。你可以鼓励宝宝，给他机会和时间去探索和玩要，让他学习探索充满类别的世界，帮他实现这次飞跃。

宝宝是这样的

宝宝喜欢新鲜事物，重要的是当你注意到他在发展任何新技能或兴趣时，都要及时给予回应。只要你和他分享这些新发现，他就会很高兴，也会进步得更快。

让宝宝探索什么是类别

当宝宝开始试着对他周围的事物进行分类，你将注意到，实际上，他正忙着对事物的全部特征进行调查和比较。他在利用“关系”来弄清“类别”是怎么回事。这个方法可以让他了解他所检验的任何东西的最重要特性。他会发现某个物体能否弹回来，是轻还是重，摸起来感觉如何，等等。他会从方方面面进行调查，例如，让某样东西倒立看看或是自己歪着脑袋看看，快速或缓慢地移动这个东西试试。现在，宝宝只有用这种方法去发现“这是一个球，而那个不是”或“这个积木是圆的，但另一个不是”。你可曾留意到宝宝是如何看着那些远处的吸引他注意力的东西的？他注视着，通常还会左右转一转脑袋。宝宝这么做是为了确认，即便他在移动，那东西还是会保持原来的大小和形状。这是宝宝正在探索呢。找出你的宝宝喜欢探索的事物，了解他想如何去探索，为他创造机会。

来自妈妈的心声

“浴缸中的水龙头打开了，我儿子试着去抓自来水。他一定以为那是他能抓到的东西。他的手冲着自来水张开、合上，再张开，什么也没有抓到。他觉得这事怪异极了。但他可以玩上好一阵子。”

——保罗的妈妈，第43周

“她整天都在检查东西，角落、洞、各种布料，以及她能拿到的任何东西。我以前从没见过她这样做。”

——爱丽丝的妈妈，第43周

让宝宝探索“一个”和“不止一个”的概念

在你的宝宝面前堆些积木，他会一个一个地移除。你也可以把不同尺寸的甜甜圈摞在一根棒子上。还可以给他一堆杂志，他可以一本本地拿下。看看你的宝宝还利用他掌握的“一个”和“不止一个”的概念，做了什么游戏。

来自妈妈的心声

“我的小家伙先把一个珠子放进一个透明的罐子里，摇晃罐子。然后，他加入更多的珠子，再摇晃。他听得专心，玩得开心。”

——约翰的妈妈，第41周

允许宝宝探索“粗暴”和“小心”的概念

有些宝宝喜欢用既粗暴又小心的方式对待人、动物和物品，以此来展开他对新世界的探索。如果你的宝宝也喜欢这么做，就要让他知道有些物品会破碎、会弄痛自己。他可以完全理解自己在做什么。

来自妈妈的心声

“我儿子经常咬我，有时他也粗暴地对待他的玩具和其他东西，但有时他又会以一种夸张的方式表现他的小心谨慎。他用一根小手指抚摸花朵，然而几秒钟之后就用力捏。然后，当我说‘嘘，小心’，他就会用那根小手指重新抚摸花朵。”

——鲍勃的妈妈，第40周

“我的宝宝用他细小的食指先查看了我的眼睛、耳朵，然后是鼻子。她越来越兴奋，渐渐地就变得有些粗暴。她按压、戳弄我的眼睛，拉扯我的耳朵和鼻子，还将一根手指塞进了我的鼻孔。”

——妮娜的妈妈，第39周

允许宝宝探索不同的形状

一些宝宝对不同的形状特别感兴趣，例如圆形、方形、凹凸不平的造型等。他会看着这些形状，再伸出小小的手指顺着表面游走。然后换另一个不同的形状，做同样的事。可以说，宝宝是在比较各种形状之间的不同，在一堆积木中宝宝通常会先找出圆形的，这表明他能够识别圆形。如果你的宝宝看上去对形状很着迷，就给他一套形状各异的积木。你可能也会注意到，宝宝会在房间中找出很多他感兴趣的形状的物品。

允许宝宝检查物体的构成

许多宝宝都喜欢将一个物体的各个部件研究个遍。如果你的宝宝也是这样，他可能会依次吮吸一个物体的不同侧面，还会将某个物体的顶部、中部和底部一一按压一遍。但是，宝宝的探索可能伴随着惊人的破坏力。

来自妈妈的心声

“我儿子喜欢摆弄橱柜和门上的锁。即使他只能扭动钥匙并转过四分之一圆弧，他仍然能设法将其打开。”

——约翰的妈妈，第37周

“我的宝宝特别喜欢球形突起的东西。这周，他探索吸尘器的每一个角落和缝隙。他触碰了吸尘器的按钮。好意外，他按对了。呜呜呜——吸尘器启动了。他被吓得魂飞魄散。”

——鲍勃的妈妈，第38周

让宝宝探索物体摸起来的感觉

一些宝宝喜欢用手触碰各种物体，且体会其摸起来的感觉。宝宝通过摸索，能分辨出什么物体是结实、黏性、粗糙、温暖、滑溜的。请允许你的宝宝尽情探索。有些很棒的木制书有不同纹理，可以让宝宝玩好几个小时。

来自妈妈的心声

“我儿子玩耍时变得更专注了。有时，他甚至可以同时研究两个东西。例如，他会有效利用时间，一手捣碎一片香蕉，另一手压榨一片苹果。与此同时，他会看看这只手，再看看另一只手。”

——弗朗基的妈妈，第42周

“我的宝宝在研究沙子、水、石子和砂糖时，他会先抓一把攥在拳头里，感受很长一段时间，然后放进嘴里。”

——鲍勃的妈妈，第40周

“我在门口给儿子弄了一个秋千，那椅子下面的绳结是他的最爱。他喜欢坐在秋千底下，双手抓住门框将自己的身体撑起来一点，这样绳结晃过的时候就会碰到他脑袋顶上的头发。他就坐在那儿，体验这种感觉。”

——鲍勃的妈妈，第39周

允许宝宝探索“重”与“轻”的概念

你的宝宝会比较玩具和其他物体的重量吗？如果你的房间设施在这方面够安全，请为他提供足够的机会。

来自妈妈的心声

“我的宝宝会把她路过时遇到的每一件东西提起来，掂量一下。”

——珍妮的妈妈，第41周

允许宝宝辨析“高低”“小大”概念

一般来说，宝宝会通过爬行、站立和行走来研究“高”与“低”、“大”与“小”的概念。他会攀上某个地方，翻越某些障碍物，还会爬到某个设施下面。他会不紧不慢地行事，似乎一切都在他的掌控之中，好像在计划着怎么做一样。

来自妈妈的心声

“我的儿子试图爬进并穿过任何东西。他往往只是四下看看就开始行动了。昨天，他在楼梯后面玩儿，卡在了最下面一级台阶了，把我们都吓坏了！”

——约翰的妈妈，第40周

为宝宝提供观察和探索的空间

从这个年龄段开始，为爬来爬去的宝宝提供足够的空间和机会变得越来越重要，这样可以帮助他探索各种类别的事物。你可以站在一旁协助，鼓励他在家中爬来爬去、穿进穿出、爬上爬下，牵着他在窗沿上行走。家里有楼梯的家庭，可以在楼梯的第二或第三级台阶装上安全护栏，由大人护着让宝宝练习上下楼梯。

来自妈妈的心声

“每一样东西，我儿子都能往上爬。他甚至想蹭着光滑的墙壁往上爬。”

——约翰的妈妈，第42周

“我的小姑娘本来坐在桌边的高脚餐椅上，我还没回过神来，她就已经爬上了桌子。我想我的后脑勺上现在也需要一双眼睛。有一次，她甚至坐着椅子向后倒下去了（不是一把高椅子，而是一把普通椅子）。她吓了一大跳。”

——埃米莉的妈妈，第42周

你的宝宝在户外也能学到很多东西，给他一些空间。例如，和宝宝一起在树林里、沙滩上、湖边、沙坑里和公园里散步。只要别让他离开你的视线就好。

为宝宝创造安全的环境

确保宝宝探索空间的安全。尽管如此，你的眼睛也一刻都不要离开他。宝宝总能找到一些可能很危险而你却没考虑到的事情去做。

给宝宝“表演”的机会

如果你的宝宝天生是个“社交高手”，那么他从这时起就能佯装悲伤、可爱或是苦恼。这些情绪状态也是他认识充满类别的世界的体现。这意味着宝宝可以开始巧妙地“控制”你或“利用”你了。爸爸妈妈通常一开始会上当。一些家长拒绝相信他们的孩子，认为宝宝还只是婴儿，就能故意做出这样的事情；还有些家长则暗自骄傲。要是你发觉小家伙开始装模作样了，就让他尝尝成功的滋味吧，但同时也要让他清楚地知道自己在干什么。这将使宝宝明白，运用情绪很重要，但不能用来控制爸爸妈妈。

来自妈妈的心声

“白天，我的女儿非常难应付，真的很烦人，但是到了晚上该睡觉的时候，她就变得像一个小天使。她好像是这么想的：‘只要我规规矩矩的，就不用上床睡觉了。’不管怎么说，她如果还不困就无法让她上床，因为她拒绝躺着。上周五，我们晚上十点半才睡觉。”

——珍妮的妈妈，第37周

“如果我开始和别人说话，我儿子就会突然迫切地需要帮助，或是假装自己磕到且受伤了，从而引起我的关注。”

——马特的妈妈，第39周

“我儿子在镜子里看到自己和别人时的反应是不同的。他喜欢观察自己。他研究身体如何移动，研究自己“喋喋不休”、自言自语时是如何发声。当他在镜子里看到另一个孩子时，他变得非常热情，开始挥动手臂和腿，向镜子里的孩子喊‘嗨’。”

——托马斯的妈妈，第40周

切记

打破旧习惯和制订新规则也是学习使用新能力的一部分。你只能要求宝宝遵守他能理解的新规则——不能多，但也不能少。

有时宝宝会做角色扮演。因为在现阶段，他已经明白了自己是一个独立的人，和其他人一样。换句话说，他发现自己和其他人是同一类人。所以，其他人能做的事情他也能做。宝宝或许会把自己藏起来，就像爸爸妈妈之前做过的那样，他会让爸爸妈妈来找自己。他想玩玩具的时候，便可以自己去拿。你一定要对宝宝的这些行为做出回应，即使只是短暂的回应。你的回应会告诉宝宝，他已经将自己的意思表达清楚了，并且他在你心中是重要的。

来自妈妈的心声

“这周，有个比我儿子大一点的孩子来我家做客，我儿子和那个小孩一人抱着一个奶瓶。突然那个小孩把她的奶瓶塞到我儿子嘴里，开始给他喂奶。她一直扶着奶瓶。第二天我把儿子放到腿上给他奶瓶（我只有这个时候才能把他放在腿上），突然，他拿过奶瓶塞进了我的嘴里，然后开始大笑，他自己喝了一点，接着又塞回我嘴里。我都惊呆了，他之前从没做过类似的事情。”

——保罗的妈妈，第41周

一些宝宝喜欢玩“给予”和“接受”的游戏。他给什么不重要，只要他能不断给予也不断接受——最好是后者。如果你的宝宝什么都给予，不用猜他一定期待能立刻拿回来。这样的宝宝通常能理解“可以给我……”和“请”的意思。所以你不妨将给予、接受的游戏和语言结合起来，这将大大提升他对事物理解的能力。

来自妈妈的心声

“我的女儿喜欢微笑着向每个人展示她的饼干。当然，别人是不能拿走饼干的。如果她觉得饼干有可能被拿走，就会迅速将手收回来。那天，她骄傲地伸出手，向爷爷家的狗展示她的饼干，但是狗一瞬间就把饼干吞了。她目瞪口呆地看着自己空空的手掌，然后发出了愤怒的叫喊。”

——维多利亚的妈妈，第41周

对宝宝的“非理性”恐惧表示理解

当宝宝探索新技能时，他可能会发现一些无法理解的事物或情况。一些宝宝会感到害怕。他或许也会同时发现一种新的危险，进而感到恐惧。恐高就是一个例子。当你的宝宝突然表现出害怕的样子，你要同情他。

来自妈妈的心声

“以前我陪宝宝练习走路时，她总是很开心。现在她突然停了下来。她似乎有些害怕。如果她怀疑我可能放开一只手，她就会立刻往地上一坐。”

——阿什莉的妈妈，第46周

“我的儿子现在不能忍受被束缚。当他被固定在汽车安全座椅上时，他会歇斯底里。”

——保罗的妈妈，第40周

前后一致的重要性

爸爸妈妈第一次看到宝宝的进步时，总是感到骄傲。他们会情不自禁地做出激动而惊喜的回应。一开始宝宝的“恶作剧”通常被视为“进步”，或者逗人发笑。爸爸妈妈的惊喜回应，宝宝可能视为赞同。他认为自己很有趣，并一次次重复这种行为，即使将来爸爸妈妈对他说“不”。你需要从现在起就前后一致地对待你的宝宝。如果第一次你不允许他做某事，那下一次最好也不要违背原则。通常宝宝喜欢试探你的态度。

来自妈妈的心声

“我的宝宝越来越好笑了，她变得淘气了。她满嘴稀粥的时候会说‘噗噗噗’，弄得我满身都是。她还打开我们不准她碰的橱柜，还把猫咪喝的水弄得厨房里到处都是。”

——劳拉的妈妈，第38周

“我的女儿不听话。我说‘不’，她就笑，即便我真的生气了。但是保姆说‘不’，她就哭。我在想是不是因为我需要外出工作，因此回到家我出于内疚对她太没有底线了。”

——劳拉的妈妈，第39周

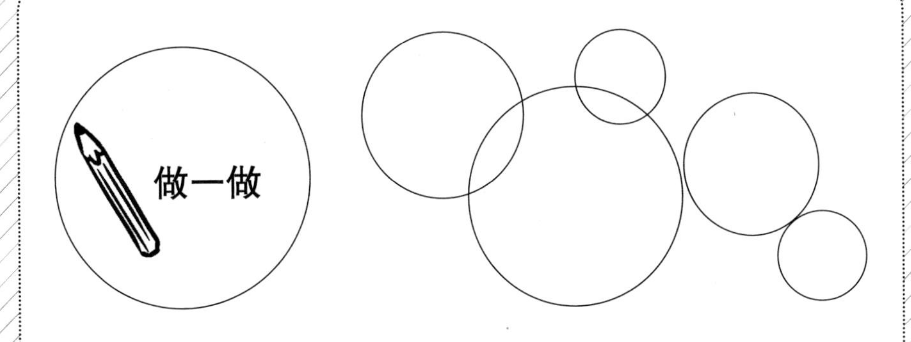

宝宝最喜欢的、利于大脑发育的游戏

宝宝最喜欢玩的游戏和活动，是和他新获得的技能相匹配的。

填表说明：

选出以下你的宝宝最喜欢的游戏。当你完成了后文探索列表后，看看他最感兴趣的事情和他喜欢玩的游戏之间是否有关系。花一点时间填写这个表，你就会发现宝宝的性格特点。

一起探索

有些事物看上去绝对会吸引宝宝，但是让他独自探索是不可能的，他需要你的帮助。

□ 门铃和开关

允许你的宝宝按门铃玩。他立刻就能听到自己做了什么。在电梯里，你也可以让他摁按钮。之后，他也能感觉到自己做了什么。房间里光线变暗的时候，让宝宝去开灯，这样他能明白这个动作能带来什么效果。有时，也可以让他按人行横道前用来变更交通灯的按钮，同时向他解释接下来会发生什么。这些都会让宝宝了解他的行为能带来什么样的结果。

□ 户外探索

大多数处于这个年龄段的宝宝在户外待多久都不够。带宝宝走出家门，他能见识到更多的新事物，也能看到更远处的物体。用婴儿车带他在小区附近转一转，一定要不时停下来，让他可以更仔细地观察、聆听和触摸。

□ 穿衣服、脱衣服

许多宝宝似乎没时间穿衣打扮。其他事物已经让他应接不暇了。但宝宝喜欢看自己，如果有什么事情发生在他身上，他甚至会更感兴趣。你要好好利用这一点。跟宝宝一起照镜子，在镜子前面擦拭他的身体，给他穿衣服、脱衣服，仿佛他正在和镜子里的自己玩耍。

语言游戏

你的宝宝往往比你想象的懂得更多，他喜欢证明这一点。他现在开始享受扩展自己理解的字词量了。

□ 叫出物体的名字

如果你发现宝宝正在盯着或正聆听着什么，你就说出那个物体的名字。当宝宝用身体姿势表达他想要什么的时候，用语言帮他把他的问题说出来。这能教会他用语言来表达自己的想法。

□ 叫出书中事物的名称

让宝宝坐在你的腿上，或者让他依偎着你。让他自己选择看什么书。这样，他就可以自己翻书看。指着宝宝所注视的图片中的事物，叫出名字。你也可以模仿你指着的动物的叫声，这样也鼓励宝宝发出声音。如果宝宝没兴趣了，就不要勉强继续。有些宝宝每看一页书都需要你抱一抱，或是让你给他挠完痒痒才能继续集中注意力。

□ 完成简单的小任务

询问宝宝是否愿意将他手中的东西递给你，例如，你可以说："给妈妈"。或者让他给屋里的其他人。你也可以让宝宝帮你拿东西——例如"把牙刷递给我""去找你的球"。当他不在你视线范围内时，叫唤他："你在哪儿？"让他回应。也可以让他到你这儿，对他说："你可以过来吗？"如果他按照你说的做了，就表扬他。只要他喜欢，就继续这个游戏。

模仿游戏

你的宝宝对研究他人有着极大的兴趣，喜欢模仿他看见的人的动作。

□ 行动与复制

首先，让宝宝模仿你的动作，然后你再模仿他。通常宝宝能够一直做下去，一遍一遍地和你轮流做同样的动作。在这个过程中，你可以尝试稍稍改变一下姿势，动作做得快一点或慢一点。换一只手做，或是双手一起开工，可以试着在做动作时发出声音，等等。在镜子前做这个游戏是个不错的尝试。一些宝宝喜欢在镜子前一边重复某几个姿势，一边观察自己是如何做到的。

□ 看着镜子"说话"

如果你的宝宝对嘴巴的形状感兴趣，就让他在镜子前练习。把这变成一个游戏。和他一起坐在镜子前发一些元音、辅音或是宝宝喜欢的字词等。给他时间观察和模仿。很多宝宝都喜欢在模仿他人的同时看着自己，有时会加上手和头的动作。如果你的宝宝可以在模仿你的同时看着镜子里的自己，他立刻就能发现自己的动作和你的是否一致。

□ 加入边唱边跳的游戏

例如，你唱"做蛋糕啊，做蛋糕啊，蛋糕师傅做蛋糕"，然后让宝宝看你伴随着歌曲做的每一个动作。还可以握住他的手，和他一起做拍手的动作。有时宝宝会自己模仿拍手，而有时他只是举起手来晃悠。在这个年龄段，宝宝还不会依次模仿大人所有的动作，但他很享受这个游戏。

角色转换游戏

鼓励你的宝宝扮演各种角色，他会从中学到很多。

□ 追逐游戏

你可以认为这个游戏是和宝宝玩的第一场捉人游戏。你们既可以爬着玩，也可以走着玩。当你爬开或走开时，应向宝宝清楚表明你期待他能跟过来。如果宝宝试图抓住你，就尝试逃脱；如果宝宝的确抓到了你，或你抓到他了，就把他抱起来，高举到空中。

□ “……在哪里”

你藏起来，让宝宝找你。也可以假装你把他弄丢了，正在到处找他。有时宝宝会很快藏起来，例如安静地待在床后面或是某个角落里。通常他会选择你刚藏过的地方或是前一天他很喜欢的藏身之处。你们找到彼此时，记得给宝宝热烈的回应。

宝宝最喜欢的玩具

□ 像门和抽屉那样可以开合的物体

□ 带盖子的平底锅

□ 门铃、巴士上的按钮、电梯按钮、交通灯按钮或自行车铃

□ 闹钟

□ 螺钉

□ 可以用来撕的杂志和报纸

□ 盘子和餐具

□ 个头比宝宝大的物体，例如纸箱和水桶

□ 可以坐在上面玩耍的枕头

- ☐ 容器，尤其是圆形的容器如锅和瓶子
- ☐ 任何可以转动的物体，如门把手、锁或旋钮
- ☐ 任何可以晃动的物体，例如影子、摇动的树枝、闪烁的灯光或随风飘动的晾晒的衣物
- ☐ 各种尺寸的球
- ☐ 纺纱陀螺
- ☐ 五官清晰的洋娃娃
- ☐ 各种形状和尺寸的积木，越大越好
- ☐ 幼儿游泳池
- ☐ 沙子、水、鹅卵石和铁锹
- ☐ 秋千
- ☐ 每一页有一两幅巨大、鲜明图片的图书
- ☐ 有清晰图画的海报
- ☐ 玩具汽车

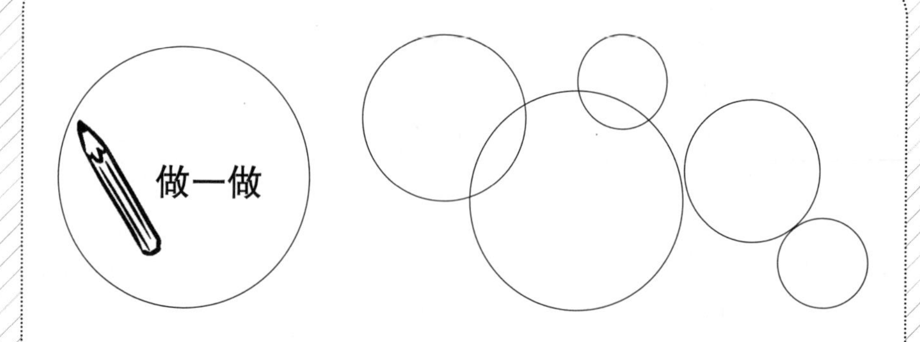

充满类别的世界宝宝如何探索

这些是你的宝宝在这个年龄有可能展示出的技能，但宝宝并不会表现出列表上所有的技能！

填表说明：

像之前一样，在下次飞跃之前完成这个清单。但是这次若你在飞跃中定期阅读这几页，你就会知道要注意些什么了。这次飞跃，宝宝新的技能不易被察觉，因为对周围的一切事物分类其实有点抽象。尽管所有宝宝在这个年龄段都在做这件事，但他们都以自己的方式去做。那你的宝宝在做什么呢？从你作为父母的角度来看并不容易理解。如果能坐下来和你的孩子好好聊聊，把事情搞清楚会更容易一些，但这显然行不通。因此，有时候必须依靠直觉和观察。

下面的内容是根据其他父母注意到的宝宝的行为总结的，所以你很有可能也会看到你的宝宝展现出这些新技能。至少，你知道可以预期什么。我们留有空白处，这样你就可以写下你的宝宝独特的探索方式。宝宝会选择自己感兴趣的事物。正如我们之前所说，宝宝有其独特的做事方式、感兴趣的事物。你可以补充下面的内容，通过记录了解宝宝独一无二的性格。

宝宝做出飞跃的时间：__________

在__________，我们再次“拨云见日”，这次飞跃过后，我看到宝宝做了这些新的事情。

识别动物和物品

日期：

☐ 无论在图片、电影、照片或现实生活中，宝宝都能识别一些事物。

☐ 你注意到宝宝确实认得出以下几种：

☐ 飞机　　☐ 汽车

☐ 鱼　　☐ 鸭子

☐ 猫　　☐ 狗

☐ 鸟　　☐ 马

☐ 其他事物：

____

____

____

☐ 能够区分各种形状，例如“圆”，因为他可以在一大堆物品里不断挑出圆形的东西。当然，你的宝宝也可能对另一种形状有偏好。

☐ 碰到脏东西时会做出反应，例如，皱起鼻子。

☐ 当认为某些东西很有趣或好吃时会有表现，通过发出某种典型的声音或是做出特别的动作，或是通过________________。

☐ 能理解某些事物的名称，例如牙刷、小羊羔、猫、鸭子或手机。当我问：“在哪里________________？”宝宝会看着它。当我说：“拿起你的______________。”宝宝就拿起来了。

☐ 会重复说某些字词。

☐ 喜欢透过一件物体看另一个物体。例如，透过纱门的网眼或者玻璃看对面。

能识别其他人

日期：

☐ 能清楚地用声音和手势向他人传达信息。

☐ 能经常模仿其他人做的事情，例如：

____

____

____

☐ 能更频繁地明确表达想和其他人玩游戏。

☐ 能“叫”自己熟悉的人，对每个家庭成员都有其特定的“称呼”。

识别不同情境中的人

日期：

☐ 在不同的情境出现时，都能识别出这个人。

☐ 能在镜子里辨认其他人。例如，宝宝会在镜子里找房间里对应的那个人。

☐ 能认出在照片、镜子里的人。

☐ 例如：

- ☐ 对着镜子里的自己做鬼脸。
- ☐ 伸出舌头，对着镜中的自己大笑。
- ☐ 其他：

____

____

____

识别情绪

日期：

☐ 能看明白爸爸妈妈对家里另一个孩子的态度。如果爸爸妈妈关爱另一个孩子，就会嫉妒；如果爸爸妈妈生另一个孩子的气，就不会嫉妒。

☐ 当毛绒玩具掉到地上或被他故意扔在地上时，他会安慰玩具。虽然有时这个安慰很短暂，但确实会这么做。

☐ 想索要什么东西时会表现得特别乖巧。

☐ 会放大情绪，让每个人都清楚地知道他的感受。

☐ 显然能够了解别人的情绪了。例如，听见别的宝宝哭的时候也开始哭泣。

扮演妈妈的角色

日期：

☐ 可以调整角色，自己发起一个游戏。

☐ 和年龄更小的宝宝玩捉迷藏游戏。

☐ 会用瓶子假装喂爸爸妈妈喝奶，或____________________。

☐ 用这样的方式“请”爸爸妈妈唱一首歌：

　☐ 拍手

　☐ 双手摩擦

　其他：

　______________________________

　______________________________

　______________________________

☐ 爬到某物后面或者拿毛巾盖住头，“要求”玩捉迷藏。

☐ 把积木交给大人，让他把积木堆起来。

☐ 还能发起以下这些游戏：

　______________________________

　______________________________

　______________________________

小贴士

宝宝探索事物的类别能够显示他个性的很多方面。他会选择哪些类别？他是更偏向运动、言语还是情感呢？

切记

所有的宝宝都获得了观察和识别“类别”的能力。一个崭新、充满各种可能性的世界正向宝宝敞开。你的宝宝会告诉你他在这个世界里喜欢的是什么，什么让他与众不同。在充满类别的世界里，他会在第37～42周如此行事，宝宝也将从广泛的可供试验分类的事物中做出选择。他会选择最适合自己这个阶段的发展水平，最匹配自己兴趣、体格和体重的活动。不要拿自己的宝宝和其他宝宝做比较；每个宝宝都是独一无二的。仔细观察你的宝宝，看看他对什么感兴趣。在充满类别的世界探索列表中，你可以在空白处写下宝宝第37～42周的选择。你在浏览清单过程中可能捕捉到宝宝喜欢的事物。

你的宝宝不可能完成所有活动

这次飞跃的第一阶段（表现为黏人）大约在第34周。大多数宝宝在预产期后第37周，开始这次飞跃的第二阶段。他对充满类别的世界的最初感知促进了他对一系列概念的认知，例如“动物”“汽车”。然而，他对第一批类别的概念是通过经验、比较事物和试验获得的。心理能力（能力）和实际行为（技能）之间的差异取决于宝宝的喜好。因此，不同宝宝之间掌握某些类别的能力可能相差数周甚至数月。《神奇的飞跃周》中列出了技能和活动可能出现（只是可能但并非一定）的最早年龄，所以你可以留意、识别它们（起初可能是很初级的迹象）。这使你能够回应和促进宝宝的发展。所有宝宝都在相同的年龄获得同样的能力，不同的是他们在什么时候用这种能力做什么。这使得每个宝宝都是独一无二的。

轻松时期：飞跃之后

在大约第39周的时候，另一个相对平静的时期悄然而至。接下来的1～3周，许多宝宝会因为取得的进步、变得更独立和活泼而受到赞美。现在，各种各样的事物都让他感兴趣，不管是骑马的人还是花朵、树叶、蚂蚁或蚊子。很多宝宝希望能有更多时间待在户外。其他人也突然开始在宝宝的生活中扮演起十分重要的角色。宝宝和这些人更加频繁地交流，也更愿意和他们玩游戏。总之，宝宝的天地变得宽广了很多。

来自妈妈的心声

“现在，我那小子成了个洋娃娃。整天笑嘻嘻的。有时，他还能自己玩上一个小时。与上一周的他相比，简直判若两人。他看上去不再是气呼呼的样子了，给人的感觉也柔和了一些。他还有点笨拙，但是现在似乎放松了许多。他变得更具活力、更有能量和冒险精神了。”

——弗朗基的妈妈，第42周

“我儿子能理解的事物比以前多多了，他已经占到了家里的一个新‘位置’。他更是家里的一员。我需要和他更轻松地说话，所以他在餐桌旁有了自己的椅子，保持和我说话的距离。这一点现在很重要。在户外，他对别人的关注也多了许多。他会吹出唾沫泡泡、发出某种呼喊的声音，或是若有所思地歪着头，他还能立刻和其他人打上交道。”

——鲍勃的妈妈，第40周

神奇的第46周

第7次飞跃

充满顺序的世界

“一前一后做两件事”

宝宝是天生的“捣蛋鬼”，在之前的心智发展飞跃中，这种天赋显现得尤为明显。当他们拆卸、翻折、压扁见到的所有东西时，你可能急切地想知道宝宝无与伦比的破坏力究竟源自哪里。在第7次飞跃，大约46周（一般是第44～48周）时，你可能会松口气，之前的情况会有所变化。或许你会突然发现宝宝做着与之前截然相反的事情。他将首次尝试把东西组合在一起。

你的宝宝现在具备了察觉并且使用“顺序”的能力。从这个年龄开始，他开始意识到，要达到许多目的，必须按照某种特定的顺序去做事。

就像其他飞跃过程一样，这次飞跃也以难以取悦的阶段开始。在第42周左右（一般是40～44周），宝宝眼里的世界突然变了模样，他将会以全新的方式来体验这个新世界。他或许会看到、听到、闻到、尝到和感觉到前所未知的事物，这太令人沮丧了，以至于他会紧紧攥住你这个对他来说最熟悉的“港湾”。这个挑剔的阶段通常会持续5周，但也有可能持续3～7周。

进入难以取悦的阶段：飞跃开始的标志

这个阶段的宝宝又变得挑三拣四、情绪多变、牢骚满腹、眼泪汪汪、性急易怒、难以管束、不知疲倦。有的宝宝会使出浑身解数只为了和你在一起，一整天他都在琢磨这件事；而有的宝宝很少有这种表现。一些缠人的小家伙一旦感到即将与爸爸妈妈分离，就变得更加烦躁、哭闹。他们会竭尽所能地和父母待在一起。如同之前的飞跃一样，你或许会发现宝宝变得更加害羞，想和你有更多的肢体接触。许多宝宝变得嫉妒心很重，易出现情绪波动。由于不佳的睡眠质量和比以往更多的噩梦，夜晚的时光也是麻烦不断。在白天，宝宝显得比以往更安静，但当你给他换尿布的时候，他会坐卧不宁，有时候甚至拒绝换衣服。有些宝宝或许会表现出不同寻常的可爱，以求为所欲为；

另一些宝宝则变得特别顽皮。有一些宝宝会展现出所有这些特质，另一些宝宝则只展现一部分。

简言之，宝宝正在进入可以被3C（又哭又闹、过分依赖和脾气暴躁）和其他典型性格特点所描述的挑剔阶段。

无论对妈妈还是宝宝来说，这段时间都显得格外难熬。焦虑、愤懑、争吵可能接踵而来，让你倍感压力。另一方面，当你近距离地看着自己的宝宝，你可能会发现有很多新奇的事情在他身上发生。和他待在一起，尤其是给予他不间断的关注，宝宝可能会哭得更少。当然，这可能很难持续太长时间，有时候事情并不如人意。

来自妈妈的心声

“不论什么时候只要哥哥稍微靠近他、碰到他，宝宝就立刻开始哭喊，因为他知道，这样我就会有反应。”

——凯文的妈妈，第41周

“做家务时我把宝宝兜在腰间，或是用一条胳膊搂着她，否则她会抱着我的腿，让我寸步难行。我会向她解释我在做什么，例如，我是怎么泡茶的、怎么叠毛巾的。我们通常一起洗澡。如果我一个人洗，便会把门打开。起初我这么做是为了看见她，确保她没有进行危险的活动，但是后来她看见了我，就心满意足地跟着我。她总是这样。只有这样做事，我们彼此才能安心。”

——艾米丽的妈妈，第43周

切记

如果你的宝宝很挑剔，仔细观察他，看看他是否在尝试掌握新的技能。查看第312页的宝宝如何探索世界，看看该注意些什么。

如何判断宝宝已进入难以取悦的阶段

除了3C表现（又哭又闹、过分依赖和脾气暴躁），你的宝宝可能会给你一些其他信号，让你知道他进入了下一个难以取悦的阶段。

宝宝现在更黏人吗?

你的宝宝可能会不遗余力地待在你的身边。他真的可以把自己缠在你身上，即使此刻周围并没有陌生人。有一些宝宝不一定会缠在妈妈身上，但也会尽可能地待在妈妈身边，这样他就能一直留意妈妈的一举一动。还有一些宝宝会反复地察看父母是否在身边，以寻求安慰。

来自妈妈的心声

“我的儿子整天坐在我的腿上，骑在我胳膊上，在我身上爬来爬去，有时候他还会坐在我头顶上或是抓住我的大腿不放，就像依附在鱼身上的某种寄生虫一样。只要把他放下来，他就立刻号啕大哭。”

——鲍勃的妈妈，第41周

“这段时间，我女儿常常会待在我身边，但她还能做自己的事情。她就像绕着地球的卫星一样。如果我在客厅，她会在我身边做一些事；而当我去了厨房，她便会把我身边的橱柜清空。”

——珍妮的妈妈，第47周

宝宝在陌生人面前会害羞吗?

当附近有陌生人看着宝宝、想和宝宝说话或是向他伸出手来，小家伙可能变得更害羞。

来自妈妈的心声

“这周，我注意到宝宝真的开始一个劲儿地黏着我了。现在，只要有陌生人伸手想要抱她，她都会抓紧我。但是如果对方可以缓一缓，给她点时间，最后她还是会主动凑过去的。他们只是需要注意，别太快地把她抱起来。”

——阿什莉的妈妈，第47周

“我的儿子有点害羞。当他看到陌生人或是有人突然走进房间，他就会把自己埋进我的肘窝里，但是持续时间并不长。他只是需要一点时间来适应陌生人。”

——马特的妈妈，第42周

宝宝不愿意失去与你的肢体接触吗?

一些小家伙一旦抓住父母，或是只要坐在他们腿上，就会用尽全力紧紧抓住他们，仿佛绝不给父母离开的机会。如果被放下，或是爸爸妈妈走到房间另一侧取东西或是做其他事情，有些宝宝就会怒不可遏。

来自妈妈的心声

“如果我们不得不分开，哪怕只是一小会儿，我女儿都会怒吼。我再回来的时候，她会先对我又打又闹、又掐又推地折腾一番。如果我们的宠物狗在身边，她会马上对狗下手，有一次，我发现她手里攥着一撮狗毛。”

——艾米丽的妈妈，第43周

宝宝如果没有得到更多的关注，会变得嫉妒心很重吗?

需求很多的宝宝喜欢被大人日夜陪伴着。他想要让父母把全部的注意力都放在自己身上，当爸爸妈妈的注意力转到了其他人或事上时，他会变得格外暴躁、调皮捣蛋。为了重新吸引父母的注意力，他有时会表现得异常可爱。这一行为上的变化有时会让父母好奇宝宝是否吃醋了。这一发现通常让人出乎意料。

来自妈妈的心声

“喂我儿子喝奶的时候，如果我同时做点别的事情或是和别人说话，他就会大哭。我不得不看着他，哄着他，或是轻轻拍着他。只要我稍稍停顿一会儿，他就会无法控制地扭动不安，并且愤怒地踢打，好像在说：‘我在这儿’。”

——马特的妈妈，第43周

“除了我的儿子，我还要帮助别人照顾一个四个月大的女宝宝。以前，每当我给她瓶子时，我儿子都会觉得很有趣。但是这周，他做不到了。他不断做着平常不会做的事情。他真的在制造麻烦，这很让人讨厌。我想他是有点嫉妒了。”

——约翰的妈妈，第44周

宝宝表现得异常可爱吗?

挑剔的宝宝现在会找到更好的方式来寻求肢体接触和父母的关注。这种情况发生地越来越频繁，方式也越来越高级。宝宝可能会拿着他的书或玩具去找爸爸妈妈，“要”爸爸妈妈陪他玩。他可能用各种可爱的小诡计迷惑你陪他玩游戏，比如把他的小手放到你腿上，或是依偎在你身上，又或是把头枕在你肩头。通常，为了获取渴求的抚摸或关注，他会在“讨人厌”和“惹人爱”之间摇摆，什么管用用什么。对于那些独立性较强、一般不怎么寻求肢体接触的宝宝的父母而言，这是一段让人喜出望外的时光——终于可以给宝宝一个拥抱了。

来自妈妈的心声

“我女儿会时不时来找我，要我抱抱。她这周特别讨人喜欢。”

——阿什莉的妈妈，第46周

“我儿子这周变得十分可爱，让人想抱他。他也总是缠着我。”

——马特的妈妈，第42周

“我儿子坐在自行车座上或是童车里时，总是会回过头确认我是不是还在旁边，然后他会将他的小手递给我。”

——保罗的妈妈，第44周

宝宝是不是特别淘气?

一些父母注意到他们的孩子比以前更加淘气了。宝宝似乎偏爱做你不允许的事情，或者在父母忙碌时表现得特别顽皮。

来自妈妈的心声

“我们简直无法做自己的事。否则，那些我们不让碰的东西都会突然变成我女儿认为很有趣的玩具，例如电话、音响上的旋钮。我们每一秒都得看着她。“

——珍妮的妈妈，第47周

“我的女儿总是跟着我爬，太可爱了。但如果她不跟着我，就会把东西弄得一团糟。她会把书本从书架晃下来，把土铲到花盆外面。”

——阿什莉的妈妈，第47周

宝宝会喜怒无常吗?

这个阶段宝宝的情绪可能变化无常。前一天他还精神百倍，快活地忙着做什么；第二天就哼哼唧唧地发起牢骚，像变成了“霜打的茄子”。宝宝的情绪波动往往出乎意料，妈妈也找不出明显的缘由。有时，这会让妈妈觉得缺乏安全感。

来自妈妈的心声

“我的宝宝本来还缠着我嚎啕大哭呢，下一刻她却开心地无以复加——就好像按开关一样，可以想开就开，想关就关。我真不知道该怎么办。我在想，她是不是突然受到什么伤害了。“

——尼娜的妈妈，第43周

宝宝睡得不好吗?

大部分宝宝可能睡得不如以前好了。他们要么拒绝上床、入睡困难，要么早醒。一些宝宝白天睡觉特别困难；另一些宝宝则是晚上睡得更糟；还有一些宝宝无论何时都不愿上床。

来自妈妈的心声

“我的宝宝一晚上会醒来两三次，下午的时候她也睡不好。有时候我要花三个小时才能让她入睡。”

——珍妮的妈妈，第48周

“我的儿子现在总是坐立难安。该睡觉的时候，我不得不强迫他静下来。而且，一晚上他会醒来好几次。”

——弗朗基的妈妈，第45周

宝宝会做“噩梦”吗?

有的宝宝睡觉时可能会辗转反侧，让你不禁猜测他是否是在做噩梦。

来自妈妈的心声

“托马斯像是在做噩梦。他在睡梦中号啕大哭了很长时间，真的，很长一段时间。他以前从未这样哭过。从那以后他偶尔会在梦中发出尖叫声。”

——托马斯的妈妈，第43周

宝宝“更加安静”了吗?

有些宝宝可能会暂时变得有点冷漠。他们没有以前活泼了，咿咿呀呀学说话的时间也少了。他们可能会暂停所有活动，只是躺着观望。这种情况是父母不愿意看到的。他们会认为这不正常，或许还会尝试让这些做白日梦的小家伙重新动起来。

来自妈妈的心声

“我的女儿不再那么活泼了。现在她就只是坐在那儿，睁大眼睛四处看。”

——汉娜的妈妈，第45周

“我儿子变得更安静了。有时，他一动不动坐在那儿，两眼放空。我一点也不喜欢他这样。他好像有点不正常。”

——鲍勃的妈妈，第41周

宝宝会拒绝换尿布吗?

当你给你的小家伙穿衣、脱衣或是换尿布时，他可能变得更不耐烦、更难应付。可能你刚一碰到他，他就开始哼哼、尖叫、扭动。有时，父母会因这个令人讨厌、不断乱动的“小东西”而生气或担心。

来自妈妈的心声

“给我的女儿穿衣、脱衣、换尿布这种事情对我来说简直是一场噩梦。这种状况一段时间以前也发生过。那时候，我以为她是后背部不舒服。我越来越担心。于是带她去看了儿科医生，可医生说她的后背一点儿问题也没有。我也不知道是怎么回事。但后来，这个问题自行消失了。”

——朱丽叶的妈妈，第46周

宝宝食欲不好吗?

这段时间，很多宝宝似乎对食物和饮品都失去了兴趣。你的宝宝可能十分挑剔，只在他想吃的时候吃他喜欢的食物。宝宝食欲下降会令人担心，他挑剔的饮食习惯也会惹爸爸妈妈不高兴。

来自妈妈的心声

“我的儿子最近胃口不好。有时候在中午他就突然要喝我的奶，他会开始哼哼唧唧、拉扯我的上衣，非喝不可。他晚上也经常醒来要喝奶。我想知道，他这样能获取足够的营养吗？”

——马特的妈妈，第43周

宝宝会表现得更加孩子气吗?

有时，某个你认为早已消失的顽皮行为会突然重现在宝宝身上。父母不喜欢看到这种情况。他们会将其视为宝宝的退步，如果可以，他们一定很想阻止。但是，在宝宝难以被取悦的阶段出现这种退步是正常的。这种情况往往预示着一次巨大的心智发展飞跃的到来。

来自妈妈的心声

“这周我的女儿已然退化到爬行阶段了。但愿这不意味着她的腿部有什么问题，因为她很早就开始走路了。”

——珍妮的妈妈，第44周

“我儿子不再愿意自己举着奶瓶了，他喜欢躺回我的怀中，让我像喂小婴儿那样喂他。但是，不久以前，他一定要自己拿着奶瓶的。说实话，他的退步真让我感到不安。我心里一直在想，‘别这样啊，儿子，我知道你可以自己来的。’有几次，我把他的手放到瓶子上，但他就是不让步。”

——鲍勃的妈妈，第41周

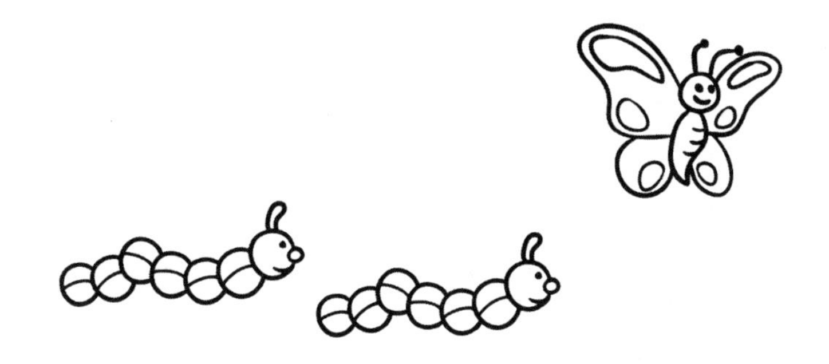

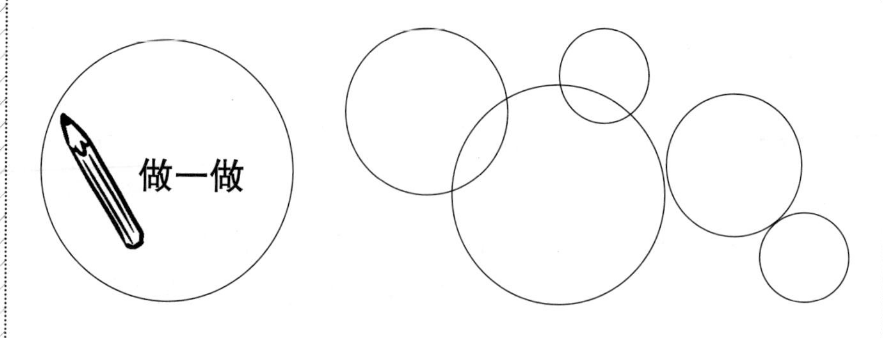

宝宝开始进入发展飞跃的迹象：

☐ 比以前哭得更频繁。

☐ 比以前脾气更坏，更暴躁。

☐ 喜怒无常。

☐ 想让你比以前更频繁地给他找事做，让他忙起来。

☐ 比以前更黏你，更想待在你身边。

☐ 表现得异常可爱。

☐ 格外淘气。

☐ 爱发脾气，或更频繁地发脾气。

☐ 开始有嫉妒的情绪，或是比以前更爱嫉妒。

☐ 在陌生人面前比以前更害羞。

☐ 如果你拒绝肢体接触，宝宝会不高兴。

☐ 睡不好。

☐ 会做噩梦，或比以前更频繁地做噩梦。

☐ 食欲下降。

☐ 比平时“说话”少了。

☐ 不如以前活跃了。

☐ 有时只是坐在那里，安静地像是在做“白日梦”。

☐ 拒绝换尿布、穿衣服。

☐ 开始吮吸拇指，或是比以前更频繁地吮吸拇指。

☐ 会伸手去抓毛绒玩具，或是比以前更频繁地抓毛绒玩具。

☐ 看起来又变得顽皮了。

☐ 你还注意到宝宝其他的表现：________________

记住，宝宝不一定会表现出上述所有特征。重要的不是你的宝宝做了多少，而是他做了什么。

你还好吗？——父母的挑战

你会感到不安

当宝宝不高兴时，父母都很担心。他们想知道为什么宝宝会哭得更多。是牙疼的原因吗？是没睡好吗？还是受到恼人的兄弟姐妹的侵犯？也许是因为处在飞跃期吧！

你可能觉得筋疲力尽，甚至觉得宝宝有点讨人嫌

通常来说，在这个阶段的尾声，父母们总是会累趴下。他们已经厌倦了为孩子的心血来潮而东奔西忙，尤其是因为，在这个时候孩子可以独立地完成很多事情了。

意志之争

在宝宝难以取悦的阶段，母乳喂养的宝宝需求增加。看起来他们整天都在喝奶。所以有些母乳喂养的妈妈开始考虑断奶，或时不时拒绝宝宝吃奶的要求。但小家伙觉得这是不能接受的，你还没回过神来，他已经和你“吵”上了。

来自妈妈的心声

“我真是越想越生气，因为我必须把儿子放到乳房旁边才可能哄他睡觉。要是他睡不着，就还要折腾一番，我只能再一次把他抱在胸前。现在，这已经开始变成一种习惯了。此外，他频繁地要喝奶，不能马上喝到就开始尖叫。我再也不想这样迁就他了。”

——马特的妈妈，第47周

对于坚持母乳喂养的妈妈而言，有个好消息是，这个难熬的阶段一结束，正常的喂奶模式就会自动恢复。等一切再次安定下来，妈妈似乎就忘记了自己的愤怒。

另一个战场则是父母和宝宝针对肢体接触和关注度的拉锯战。你可能感到生气，但这些情绪是很正常的，千万不要使用暴力。伤害你的孩子，永远不是用来教他规则的方式。

放松时刻

我们希望你能妥善安排每天的放松时刻。即使每次不到5分钟，每天只能放松两次也是好的。只要你给自己留点时间。

5分钟的放松时间：专注地盯着你喜欢的事物看几分钟，即使是一株植物或者天空。这样做是完全可以的，这几分钟属于你，属于你所钟爱的那个事物。

10分钟的放松时间：每天给自己10分钟时间读一本书或一本杂志。每天都这样做，至少要坚持到你把书或杂志读完……也许接下来你想继续阅读同系列的书或杂志。

更长的放松时间：安排好时间，不受干扰地看你最喜欢的肥皂剧或电视节目。

想了解更多的放松时刻以及对你的家庭生活产生的美妙影响，请参阅本书第22页。

宝宝的新技能开始“结果”

在大约46周的时候，你会看到宝宝平静下来了，尝试做一些对他来说全新的事情。你会看到他以不同的方式玩玩具，享受进行一些新的活动。他的行动将比以往任何时候都更加精准，现在他更加注重细节了。几周前，你的宝宝开始了“顺序世界”的探索之旅，现在开始“结果”了，你的宝宝会选择最适合他的新技能。宝宝会根据自己的喜好和脾性做出选择。作为一个成年人，你可以帮助他。

充满顺序的世界

上一次心智发展飞跃之后，宝宝明白了某些事物有很多共同点，因而他们属于某个团体或一类。为了给这些事物分类，宝宝会频繁地把它们分解、拆卸开来，然后逐一查验比对。例如，他可能会把堆好的积木一个个拿开，把钥匙从锁孔中取出，或是松一松抽屉柜上的把手。

随着观察、实践“顺序”的能力开始起飞，你的小家伙开始琢磨修建、把东西凑在一起或连接在一起。例如，他现在可能从桌上拿起一把钥匙，试着插进柜子的锁孔。他可能学会了先用铲子挖起沙子，再把沙子倒进桶里。无论你是否给予帮助，他都可能学着去追球、瞄准、踢球。在唱诸如“做蛋糕啊，做蛋糕啊，蛋糕师傅做蛋糕啊”之类的歌曲时，不用你示范，他也能连续做出不同的动作。他可能会学着用勺子舀起食物，再送进嘴里。你的宝宝可能会尝试自己穿鞋，他先把鞋子拿出来，然后坐下来用鞋子摩擦小脚丫，试着把鞋子穿上。他还可能学着拾起你刚脱下、扔在地上的衣服，然后放进洗衣筐（那是脏衣服本应该在的地方）。

宝宝开始逐渐意识到，他总是需要按照特定的顺序去做他想做的事情才能成功。你现在可以看到，宝宝在组装东西之前，总是先看看哪个东西合适，如何放置才是最好的方式。比如，当他试图把一块积木放到另一块积木之上的时候，总是要先瞄准；当他想把东西放进洞里之前，总是要先比较下洞口大小和物体大小是否合适。你会看到他的行动相较以前“目的”更加丰富，他知道自己在做什么。

仔细观察宝宝的反应，你会发现他意识到了事情发展的特定顺序，甚至这一步发生时，他就知道下一步会发生什么。

来自妈妈的心声

“一首歌放完了，我儿子会抬头看着我的手机（音乐的出处），而不是音箱。他现在知道，我要对我的手机做点什么他才能继续听歌。”

——鲍勃的妈妈，第48周

宝宝现在能依次指出不同的人、动物或物体了，还能叫出其名字。当他独立做这件事时，还不会使用恰当的词语。当他和你一起做时，他可能指着某个物体，可能想要你叫出它的名字，或是发出恰当的模拟声音。宝宝有时也会喜欢反过来玩这个游戏，让你来指，他来告诉你这个物体叫什么。当你抱着他四处闲逛时，你可能开始注意到，宝宝会指出他想去的方向。

来自妈妈的心声

“亚当现在最喜欢做的事情就是指向发出声响的物体。这俨然变成了一项日常活动，以至于无论我们走到哪里，我都会制造声响，这样他就能指向声音产生的地方了。你真该听听我在公交车站突然像头牛一样哞哞地叫时，那些青少年的笑声……哈哈哈。”

——亚当的妈妈，第47周

在这个年龄，宝宝或许第一次开始为周围的人、动物、事物或只是其中的一部分命名。命名的举动本身是一种将口语或发音与某个人、动物、事物建立联系的方式。叫出名字之后再用手指出来或是用眼睛盯着看，其实也是一种对顺序的探索和认知。

父母活动：从宝宝的视觉体验这个世界

试着在一天中观察所有由顺序构成的动作。你会有不少发现。宝宝也是这样进行第一次学习的。因此，在你的日常活动中，大声说出你正在做的事情。比如说，告诉宝宝你正在拾起东西以及你准备拿它做什么。你做一系列动作的时候，阐明这一切。注意说些简单易懂的话语，这样你的宝宝才能听懂。

神奇的飞跃：发现新世界

每个宝宝都需要时间和他人的帮助才能很好地运用新获得的技能。作为父母，你要给他创造时间和机会。当他成功时给予鼓励，当他失败时送上安慰。你可以提出新的想法。给宝宝足够多的机会去近距离了解“顺序”本身。允许他观察、倾听、感觉、闻、品尝和沉迷于他喜欢的任何事物。宝宝接触的“顺序”越多，对于“顺序”的理解就越好。无论他喜欢通过观察、把弄玩具、说话、发出声响、音乐还是走路来学习，都不重要。很快他就能把在一个领域中掌握的能力毫无困难地应用到其他方面。但要记住，宝宝无法一下子做到所有事情。

你会注意到，宝宝想要自己做各种各样的试验。如果失败了，他会很沮丧。有的宝宝期盼与大人互动，因此你应该告诉他，哪些事情他做“对”了，哪些做“错”了。你现在也可以做宝宝喜欢的事情来分散他的注意力。你或许会注意到宝宝已经会“告诉”你一些事情了。和之前每一次心智发展飞跃一样，记住不要强迫宝宝去做他不愿做的事情。宝宝会选择他最感兴趣、最适合他此阶段发展的事物。

宝宝可能尝试非常规的方法

当宝宝探索充满顺序的世界时，他平生第一次明白，如果要想成功，他必须依照一定的顺序做事。他已经观察到了成年人是如何实施一个特定系列，但是他自己要通过试错才能掌握其中的窍门。他的“解决方法”通常有点古怪。

宝宝或许会尝试能否以不同的方式来做事。他或许会沿着不同的路径爬楼梯，试试能不能用左手办到右手可以办到的事情。他也许会到处乱晃，把东西放到它们本不属于的地方。如果你的宝宝在做这些事，那么他是正在做试验，看看改变了“顺序”，事情会怎样。宝宝会想为什么只能把脏衣服放进洗衣筐，而不是垃圾桶或马桶呢？当宝宝做这些试验时，一定留意他，保证他的安全。

来自妈妈的心声

“我的儿子把插头从电源插座里拔出来，然后往墙里塞。他也试图把其他有两个凸起的东西往电源插座里插。为了安全，我现在必须更密切地注意他的一举一动。”

——鲍勃的妈妈，第48周

“当我儿子坐在高脚椅上时，他会把所有东西都扔到地上，然后观察我是否以及如何捡起来。当我们在超市的时候，他也这样扔我的购物清单。我对他说：‘请抓紧我的单子。’但托马斯仍把它扔在地上，然后看着我把它捡起来。他会连续做10次左右。”

——托马斯的妈妈，第42周

“我的女儿想要爬上我们的床，她会先拉开我们床头柜的抽屉，然后踩上去，最后爬上床去。如果她把抽屉拉得太开，整个柜子就开始前后摇晃，这让我非常担心。”

——珍妮的妈妈，第49周

宝宝知道大人是如何走上楼梯的，但那一级级台阶对他而言太高了，于是他不得不攀爬上去。但是，每上到一个台阶，他都要站起来一下。

宝宝可能什么事都想自己做

很多宝宝会拒绝他人的帮助，或任何形式的干预。这些宝宝想要亲自完成他能做或是他以为自己能做的每一件事情。你的宝宝也想这样吗？宝宝可能想要自己吃饭、刷牙、洗浴甚至自己走路，或者在没有你的帮助下上下楼梯。请尽可能照顾他的感受吧。现在正是许多小家伙想要开始自己独立的年龄。

来自妈妈的心声

“我的儿子以前很喜欢让我陪着他练习走路。可现在只要我抓住他的手，他就一屁股坐下。等我放开他，他才会愿意再试一次。每一次尝试成功，不管多微小，他都会得意洋洋地看我一眼。”

——保罗的妈妈，第46周

“我的儿子一直在尝试像他哥哥那样用铅笔在纸上涂鸦。但只要他哥哥握住他的手，想要教他怎么画，他就会把手抽走。”

——凯文的妈妈，第48周

“我的儿子只在自己把食物弄进嘴里的情况下才肯吃东西，如果我帮他，他就会吐出来。”

——托马斯的妈妈，第42周

对宝宝会遇到挫折表示理解

宝宝只是想自己做些事情。他开始觉察什么事物属于彼此以及完成某件事情需要遵循的顺序。他并不是拒绝你的帮助，他只是确信自己了解一切，自己有把握做好所有事情。他不再希望你来干涉，告诉他该做什么事情。他想自己做出决定。但是，作为家长，你不会习惯于此。你会像之前一样很自然地帮助宝宝。你完全知道，宝宝并不能做好他想要做的事情。你也知道，如果他这样做，只会弄得一团糟。

因为立场不同，父母和孩子感受也不同。你可能觉得宝宝难应付，宝宝觉得你在自找麻烦。我们都知道青春期的孩子会经历叛逆阶段，其实养育婴儿、儿童期的孩子你也会面对这样的问题。

如果宝宝为自己无法做到或者不被允许做的事情而懊恼，你仍然可以轻而易举地用他喜欢的玩具或游戏来转移他的注意力。当然，具体情况因人而异。

宝宝或许在考验你，必要的时候要纠正他

在这段时间里，许多父母花费大量时间把宝宝手里的东西拿走，或是纠正他的行为。重要的是，要考虑到你的宝宝不一定是不听话，他只是想自己做事，因为他做不了或不被允许做一些事情，他可能觉得你妨碍了他。如果你能让他清楚地知道自己什么时候做错了，以及为什么这样做是不好的或危险的，他就能从中学到很多。

来自妈妈的心声

“我们现在陷入了一种‘不，不能碰’和‘不，不能做’的境地。但我儿子清楚地知道自己要什么，当他要反对什么事的时候，他会显得非常愤怒。最近有一次，他特别烦躁，就连自己站起来了他都没注意到。”

——弗兰克的妈妈，第49周

切记

打破旧习惯、制订新规则也是锻炼新技能的一部分。你只能要求宝宝遵守他能理解的新规则，但这些规则要适量，不能太多，也别太难了。

为宝宝的良好行为及自我纠正而喝彩

通过给予表扬，宝宝知道他正在做“对”的事情。大多数宝宝都想得到表扬的。当他做对了某件事，特别是你曾经表扬过的，他就会看着你笑，一副自豪满满的样子，或是要求得到你的关注。当然，他也有可能多次重复这种行为，每完成一次都要一次赞扬。

来自妈妈的心声

“我女儿每次把戒指套在圆锥戒指座上之后，都会转头看着我，一边傻笑一边拍手。“

——伊芙的妈妈，第49周

“这周，我儿子爱上了踢足球。他冲着球用力一脚，然后拉着我的手，飞快地追赶。这让他放声大笑，有时他不得不在地上躺一会儿才能停止发笑。“

——保罗的妈妈，第48周

“我儿子一直想帮忙。他觉得帮我的忙是最棒的事，每次想帮忙时就冲我笑。和他一起做事，我确实不能着急。在他的帮忙下，我得花上10倍的时间才能把一叠尿布放进衣橱。他会把尿布一张一张分开然后递给我，但在递给我之前，他要把尿布放在肩膀上，用下巴蹭一蹭。”

——马特的妈妈，第48周

宝宝可能玩味字词

现阶段，爱说话的宝宝可能开始指着不同的人、动物或物体，同时叫出名字。如果你注意到你的宝宝也会这样做，就回应他，听他说，告诉他你认为他很棒、你理解他。不要试图修正他的发音，你只要发音准确、用词标准就可以，这样你的宝宝会及时且自动地习得正确的发音。

来自妈妈的心声

“我女儿现在开始说一些字词了，还会边说边指着她说出的事物。这一阵她特别喜欢马。当她看见一匹马，就指着它说‘嘛’。昨天在公园，一条阿富汗猎犬从她身边跑过，她也管它叫‘嘛’。”

——汉娜的妈妈，第48周

“我儿子突然对着一只玩具猫咪叫‘娜娜’，但我们从未使用过这个词。他有很多玩具动物。我问他：‘娜娜在哪里？’他就一直指着那只猫。”

——保罗的妈妈，第48周

宝宝或许想要告诉你什么事

一些宝宝能通过肢体语言或声音来告诉你，他还记得某个情景或他之前见过某个人。如果你的宝宝这么做了，就及时和他说话，向他解释你听明白了什么，对他之后告诉你的相关内容做出回应。

来自妈妈的心声

“我们每周都会去游泳。通常，我们会在那儿见到同一群人。有一天，我们在街上看到了其中一位妈妈。我儿子突然开始嚷嚷‘噢噢’，还伸手指着她，他好像认出了她。后来，他在游泳池里看见了一个住我们家附近、只见过几次的女孩，他也做出了同样的反应。”

——保罗的妈妈，第49周

“我儿子向我请求看少儿电视节目。他看看电视，再看看我，再看看遥控器，再重新看看电视。他还‘咕咕’叫，想要更清楚地表达他的意愿。几天前他就开始这样提出‘请求’了，但他还不能说一句完整的话。”

——托马斯的妈妈，第42周

让宝宝主导对话和活动

当你注意到宝宝对你尽力想让他融入的活动不感兴趣的时候，停下来。他可能忙着做那些更吸引他的事情。

来自妈妈的心声

“我一直和我的儿子练习唱那首‘爸爸’，玩‘你的鼻子在哪里’之类的游戏。但是到现在为止，我们一点儿进展也没有。他只是大笑，蹦来蹦去，更愿意咬我的鼻子或是扯我的头发。不过，看着他变成了这么活泼的小家伙，我也够开心的了。”

——弗朗基的妈妈，第49周

“我试着和儿子唱歌，但我觉得这些歌好像没什么用。他好像不怎么感兴趣，反而似乎更关注周围的环境。”

——约翰的妈妈，第47周

对宝宝“非理性的”恐惧表示理解

宝宝在学习新技能的同时，可能也会遇到自己还不能完全理解的事物。从某种意义上来说，他可能发现了之前一直没有真正意识到的危险。当他更好地理解了这些危险，他的恐惧就会消失。所以，向宝宝表达你对他这种情绪的理解是必要的。

来自妈妈的心声

“我的女儿一直想在她自己的小马桶上坐着。即使她什么都没做，她还是会把她的马桶拿进厕所，往大马桶里倒，然后冲水。她一方面对抽水马桶很好奇，一方面也表现出害怕。她自己冲水的时候没这么害怕，只有别人冲水的时候她才会被吓到。后来她就一点儿也不喜欢抽水马桶了。”

——珍妮的妈妈，第50周

“我女儿特别喜欢飞机。不管飞机在哪儿她都能认出来：在天上、照片里或是在杂志上。这周，她突然对飞机的声音感到害怕了，要知道，这声音她以前是听过的。”

——劳拉的妈妈，第46周

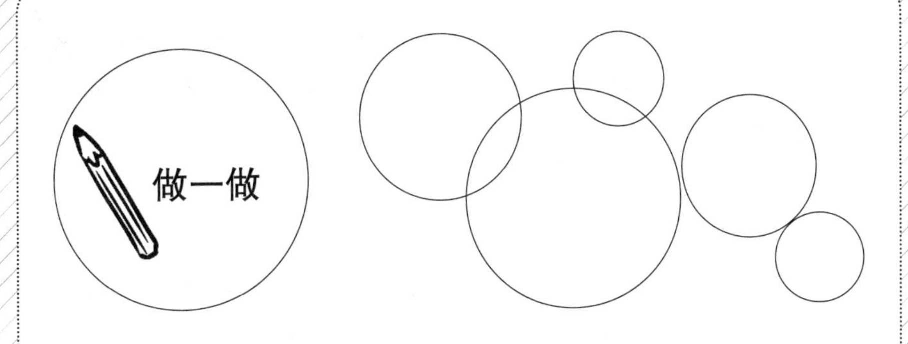

宝宝最喜欢的、利于大脑发育的游戏

这些游戏最适合宝宝已经获得的新能力，也正是宝宝喜欢玩的游戏和活动。

填表说明：

勾选你的宝宝最喜欢的游戏。看看你是否能发现宝宝这次飞跃中的兴趣和他最爱的游戏之间的联系。

帮忙

宝宝喜欢那种被需要的感觉，所以欢迎他给你提供帮助。或许他帮不上什么忙，但这有助于他理解很多日常活动。此外，也可以为他的下一次心智发展飞跃做好准备。

□ 帮忙做家务

向宝宝展示你如何烹饪、打扫卫生。向他解释你在做什么，让他给你递东西。给他一块抹布，这比他用自己的衣角擦拭灰尘有趣多了。当你烤蛋糕的时候，也给他一个专用的塑料搅拌盆和一把勺子。

□ 配合穿衣服

在镜子前进行这项活动最有趣了。让宝宝在能够看到自己的情况下，给宝宝脱衣服，用浴巾擦他的身体，给他穿衣服。叫出你正在擦的部位的名称。如果你注意到他在配合你，就让他帮忙。在你要给他穿毛衣或袜子的时候，教他抬起一只胳膊或伸出一条腿。他这样做了以后别忘记夸奖他。

□ 打理自己

允许宝宝时不时地打理自己。在镜子前进行这项活动最有意思。这样宝宝可以亲眼看见自己在做什么。他可以学得更快，也能获得更多乐趣。在镜子前给他梳头，然后让他自己试试。刷牙也可以这样进行。你还可以让宝宝试试能否自己洗澡。泡在浴缸里的时候，给他一块洗澡巾，对他说诸如“来来，洗洗脸”这样的话。对他的每一次尝试给予赞扬，你会看见他感到很骄傲。

□ 自己用勺子吃饭

允许宝宝自己用勺子吃饭。你可以给他一把婴儿餐叉来叉取面包片和水果块。在餐椅下面铺上一块塑料布，这样你就能在他用餐之后轻松处理那一片狼藉了。

“指出来”“叫出名字”的游戏

你的宝宝能理解的通常比你以为的多得多，他喜欢你给他证明自己的机会。

□ 这是你的鼻子

触碰宝宝身体的某个部分，然后叫出这个部位的名字，这有助于宝宝探索自己的身体。你可以在给他穿衣、脱衣的时候，或者与他坐在一起的时候玩这个游戏。也看看他是否知道自己的鼻子在哪里。

□ 指出来，叫出名字

对很多宝宝而言，指出某个事物，并叫出名字，或是发出相对应的声音都是非常有趣的游戏。这个游戏在哪里都能玩：户外、商店、更衣室或是读书的场合。如果宝宝指错了，也别忘了享受当下这个滑稽的时刻。

“一边唱歌一边手舞足蹈”的游戏

现在，宝宝或许会积极地唱歌跳舞，乐在其中。他可能也会随着音乐做一两个动作。儿歌对大脑发育有好处。首先，音乐对大脑的发育有促进作用；其次，当宝宝观赏歌舞节目的时候，他也可以学到很多动作。他会主动模仿一些手势。你或许会留意到，宝宝要你反复播放这些歌曲。他可能会非常微妙地表达，比如看着你、拍拍他的小手。这往往意味着他此时愿意去唱“做蛋糕啊，做蛋糕啊，蛋糕师傅做蛋糕”。别忘了，你可以在视频网站找到很多幼儿歌舞视频。你可以和宝宝一同观赏并参与其中。

捉迷藏游戏

很多宝宝都喜欢寻找突然消失的玩具。

□ 拆礼物

当着宝宝的面，用一张纸或一个包装袋把一个玩具包裹起来。然后把包裹递给宝宝，让他把玩具找回来。玩具的出现就像变魔术一样。他的每次努力，你都要给予及时的鼓励。

□ 在哪个杯子下面

在宝宝面前放一件玩具，用一个杯子把它扣住。再在旁边扣一个一模一样的杯子，问宝宝玩具在哪里。他每次去寻找隐藏的玩具，都要表扬他，即便他没有立刻就找到。如果你认为这个游戏太复杂，就用一块布来代替杯子。宝宝能通过布料看见玩具的大致轮廓。这个游戏也可以反过来玩——让宝宝藏起某个东西，你来寻找。

宝宝最喜欢的玩具

- □ 木制火车模型
- □ 玩具汽车
- □ 带有玩具奶瓶的洋娃娃
- □ 可以敲击的鼓、罐子和盘子
- □ 有动物图片的图书
- □ 配有小桶和铲子的沙盒
- □ 各种尺寸的球，从乒乓球到海滩充气球。
- □ 大的塑料珠子
- □ 衣服夹子
- □ 挤压就发出音乐的毛绒玩具
- □ 儿歌
- □ 装满了各种拼图的拼图盒
- □ 宝宝可以坐在上面的自行车、汽车或拖拉机模型
- □ 大块的乐高积木或是建筑积木
- □ 小型塑胶公仔
- □ 镜子

宝宝的选择：塑造宝宝性格的关键

所有的宝宝现在都可以识别一些事物的顺序了，并开始玩一些相关的游戏。充满无限可能的新世界已经向他敞开大门，你的宝宝会根据自己的喜好做出选择，而这恰恰决定了他的与众不同。在第46～51周，他会从充满顺序的世界中选出他最喜欢的新技能。在这个阶段，他将根据自己的心智发展、兴趣爱好、体格发育做出选择。你可能忍不住拿自己的宝宝和其他宝宝做比较，但请记住，每个宝宝都是独一无二的。仔细观察你的宝宝，你会发现他的兴趣所在。你可以在探索列表的空白部分中写下宝宝在第46～51周的选择。你也可以再观察一下，看看能否想到宝宝感兴趣的其他事物。

谁先学会走路的比赛

我们想再次强调，宝宝的大肌肉运动技能并不是他成长过程中唯一需要关注的事情。在这个年龄以后，有的宝宝很可能学会走路了（这不是开玩笑，最早学会走路的宝宝在这次飞跃的末期通常可以迈出第一步。）但是，大多数宝宝仍不会走路，这是因为他们正忙着探索其他技能，或是因为体格发育还不健全。这绝对正常，一定要记住，宝宝就算先学会走路，也并不意味着他就能快人一步。所有健康的宝宝到最后都能学会走路，而且，学会观察和交流也同样重要。

以下是婴幼儿学习走路的一般规律：9～17个月大的宝宝可以在没有人帮助的情况下学会走路。正如你所看到的那样，这其中有个很大的窗口期；在最早和最晚年龄之间有8个月的时间差。即便如此，有的宝宝还要多等几天才踏出最初的几步。这没什么大不了。简而言之：让你的宝宝自行决定何时走路吧。这不是比赛。

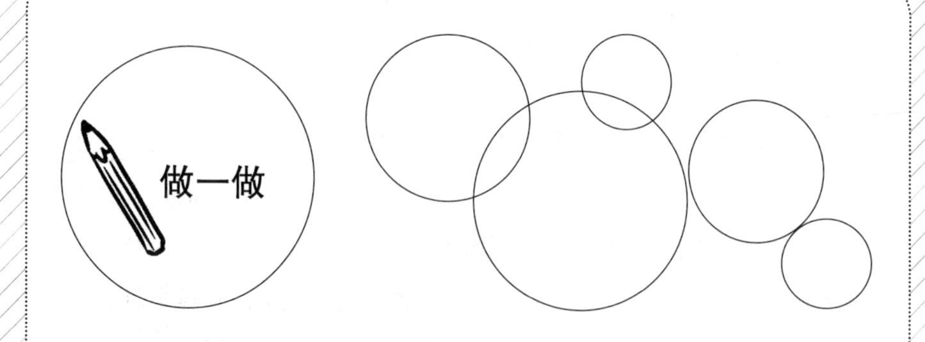

充满顺序的世界宝宝如何探索

这里有一些你可能会注意到的宝宝展现新技能的实例，但宝宝并不会表现出列表上所有的技能。

填表说明：

你或许会注意到，这次飞跃之后宝宝获得的新技能的数量甚至比之前几次飞跃过后获得的技能总和还要多。随着宝宝年龄的增长，他越来越容易分辨喜欢做的事情和不喜欢的事情。宝宝每做一次决定，他的性格就向你展现一部分。他本能地沉迷于当时最吸引他的事物。定期查看这份列表，逐渐地你就会知道你该关注些什么。在下一个飞跃期到来之前，核对你所注意到的变化。你还可以在他展现的新技能旁边标注上观察到的日期。

宝宝做出这次飞跃是在：________________________________，

在____________，再度“拨云见日”，现在，临近这次飞跃的尾声，你注意到宝宝可以做出这些新的事情了。

会进行事物之间的联想

日期：

☐ 无论是在图片上、海报上还是真实生活中，宝宝都能依次指出大人刚刚提及的人、动物或物体。

☐ 宝宝指一本书上、海报上或是真实生活中的某个物体，要你告诉他它的名字，以此向你“挑战”。

☐ 宝宝在指向物体、动物或是人的时候会给他们“命名”。

☐ 宝宝在看到书中的动物时，会模仿动物的叫声。

☐ 当你问他：“你的鼻子（或嘴巴等其他部位）在哪儿呢？”他会指着相应的部位。

☐ 宝宝会指着你的或他自己的鼻子，想要你给它命名。

☐ 你叫动物的名字时，宝宝就模仿它的声音。

例如，当我问：“______________怎么叫？”

然后，宝宝会说：“____________________”。

☐ 当你问：“你要长多高？”，宝宝会举起他的胳膊。

☐ 当你问“________________”时，宝宝说________________”。

☐ 当宝宝想吃下一口食物时，他会发出津津有味的声音。

☐ 当宝宝不想做某事时，会说“不，不”。

☐ 宝宝会在不同情境使用同一个词，这是因为这个词对他来说有某种含义。例如，他会用“恶心”表示某些脏东西，也用来表示他必须小心某些东西，因为对他来说，“恶心”意味着“不要摸”。

了解物体的分类，以及事情必须依次来做

日期：

☐ 宝宝知道自己可以把圆木桩推过圆孔。例如，宝宝可以从一堆木桩中选择圆木桩，试着把它推过木桩板的圆孔。

☐ 可以完成3块简单的拼图。

☐ 可以把硬币投入投币口。

☐ 试图把不同大小的方形容器叠放在一起。

☐ 从别的地方拿一把钥匙，然后把它插进橱柜的钥匙孔里。

☐ 看着灯，伸手按下开关。

☐ 知道通过电话是可以聊天的。

☐ 把积木放在一个盒子里，盖上盖子，再打开，取出积木，然后反复这样做。

☐ 把“甜甜圈”放在环形塔状物上。

☐ 把玩具车推来推去，发出“呜呜”的声音。

☐ 用铲子把沙铲起来，然后倒进桶里。

☐ 洗澡时会把水壶装满水，然后再倒空水壶。

☐ 检查两个乐高积木块，然后尝试将它们组合在一起。

☐ 试着用铅笔在纸上涂鸦。

使用工具

日期：

☐ 能找到一个帮助自己学走路的可供支撑的物体。

☐ 打开一个抽屉，把它当作梯子，爬上橱柜或桌子。

☐ 当你抱着他的时候，他总是指着自己要去的方向，提示让你带他过去。

运动技能

日期：

☐ 会从楼梯往下爬，或者倒着从椅子上或沙发上下来。刚开始的时候，宝宝有时候甚至会倒着爬出房间。

☐ 宝宝会倒立，会要你帮他翻筋斗。

☐ 宝宝弯曲膝盖，然后用力地伸展双腿，这样就可以用双脚跳离地面。

☐ 宝宝追着球跑（不管有没有帮助），在把球踢开之前会先“瞄准”。

☐ 宝宝会首先看看在自己力所能及的几步内，能否到达另一个支撑点。

邀请游戏

日期：

- ☐ 宝宝现在十分愿意和你一起玩耍。他先开始游戏并且期待地看着你，以此明确地表达想玩哪些游戏。
- ☐ 反复地玩同一个游戏。
- ☐ 假装需要你的帮助，诱使你帮助他，即使你知道他可以独自完成那件事。

捉迷藏

日期：

- ☐ 寻找那些被你用其他物体完全隐藏起来的物体。你经常这样同他做游戏，有时你不想让他找到某些东西，也会这样做。但宝宝总能找到它们！
- ☐ 喜欢藏起别人的东西，静静等待，不断观察。当那个“可怜虫”终于找到它的时候，宝宝忍不住放声大笑。

模仿一系列动作

日期：

- ☐ 会依次模仿两个或以上的动作。
- ☐ 可以照着镜子做一系列动作。
- ☐ 你和宝宝一起边唱边跳时，他会模仿各种动作。
- ☐ 当播放下面这些歌曲时，宝宝会模仿其中的动作：

____

____

____

____

帮忙做家务

日期：

☐ 有时帮你把想放进橱柜的东西递过来，比如他的尿布。宝宝尤其喜欢一片一片地给你！

☐ 如果你提出要求，他愿意给你拿一些简单的东西。

☐ 比如说：

  ☐ 当你打理头发的时候需要他帮忙，他会把梳子递给你。

  ☐ 其他：

____

____

☐ 会把你刚脱下的毛衣捡起来，试着放进洗衣篮。

☐ （在你的帮助下）把装着洋娃娃脏衣服的桶放到洗衣机里。

☐ 会拿出扫帚或吸尘器，用它“扫”地。

☐ 会拿出一块布“掸灰”。

☐ 你做蛋糕的时候，他在碗里“搅拌”。

自己穿衣打扮

日期：

☐ 试着自己脱袜子，但脱袜子时容易扯脚趾头。

☐ 想自己脱掉衣服，没有成功，因为宝宝不明白那需要越过他的头顶，用力拉衣服前端是没用的。

☐ 试着自己穿鞋或袜子。

☐ 你帮他穿衣服时，他会配合你。当你帮他穿脱毛衣时，能感觉到他会靠着你。

☐ 会“梳”头发，但不会梳理头发打结的地方，这对宝宝来说还很困难，他只是抓住梳子并推向自己的头。这就是宝宝所理解的“梳头”。

☐ 把牙刷靠在嘴边“刷”牙。没关系，对宝宝来说这就是刷牙，你应为他感到骄傲。

□ 有时会使用便盆。

自己吃饭，给别人喂饭

日期:

□ 有时想要在吃饭的时候喂别人吃饭。

□ 吃饭前会先吹口气。当然，这个小小的“吹气”并不能真正地让饭很快变凉，但是宝宝正在尝试并开始理解这个方法，这很好。

□ 会用婴儿叉子叉起食物，然后吃掉。

□ 会用勺子舀起食物，然后放到嘴里。但并不是每次尝试都能成功，食物有时会落在宝宝的嘴唇旁边。

宝宝不可能做所有的事情

本次心智飞跃的第一个阶段（黏人）大概出现在第40～44周。大多数宝宝会在预产期后的46周进入第二阶段。你的宝宝在40周前后通过这次飞跃习得的能力让一系列技能和活动得以发展。然而，对于每个宝宝而言，这些能力涌现的年龄不一。比如说，识别顺序是“能拉附着在玩具上的绳子来拿到玩具”的必备前提条件，但这种能力可能在第46周到之后的几周甚至几个月里才会出现。宝宝心智能力（比如探寻顺序的能力）的浮现年龄和相应技能实际出现年龄之间的差异都取决于宝宝的喜好、对事物的探索程度以及身体发育情况。《神奇的飞跃周》中的技能和活动记录的是它们可能出现的最早年龄阶段，这样你就可以留意并识别出它们。它们一开始可能很初级。这样你就能对宝宝的成长及时做出反应并帮助他了。所有宝宝在差不多同一年龄习得相同的能力，但是他们何时会利用这些能力就因人而异了。这就是每个宝宝都与众不同的根源。

轻松时期：飞跃之后

在第49周左右，另一段相对平静的时光悄然而至。有1～3周的时间，宝宝的活泼与独立可能会让你惊叹。父母会注意到当宝宝说话的时候，他可能比以前更专注。做游戏的时候，他也似乎更平静、更有控制力，而且他又可以自娱自乐了。最后，他可能看上去格外成熟与聪明。

来自妈妈的心声

“我的小女儿现在成了她姐姐真正的玩伴。她的反应比我期待的一点儿也不差。很多事情她们都一块儿做。她们一起洗澡，彼此都很喜欢。”

——汉娜的妈妈，第47周

“这几周很美好。我的儿子又是个小伙子了。去上日托中心的时候也一切顺利。他喜欢见到其他孩子，回到家也开开心心的。晚上，他睡得比以前好了。他能理解的事物也多得多了，他似乎对自己的玩具很感兴趣。他还会独自爬进另一个房间，然后开始大笑。我很享受和他在一起的每一分钟。”

——鲍勃的妈妈，第51周

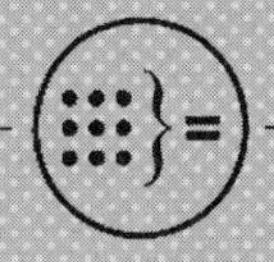

神奇的第55周

第8次飞跃

充满程序的世界

“每个部分连在一起”

孩子的第一个生日意义重大。第一年的结束，对许多父母来说，意味着孩子婴儿期的结束。你的小天使就要升级为幼儿了。当然，这个世界对他来说已经成为一个值得探索的有趣的地方，他还要进行很多学习。他在周围一定的范围内已经越来越游刃有余，对自己感兴趣的事也能更快上手。花一点时间，回顾一下本书开头的“十大飞跃”列表。

请记住

（1）你可以预测宝宝每一次心智发展飞跃发生的时间，但每个宝宝都是独一无二，不要拘泥于这个时间列表。

（2）充分利用宝宝的难以取悦的阶段——能让你觉察到宝宝获得的新技能。我会告诉你要注意什么，这样你就不会错过一些很重要的信息。

（3）这不是体育竞技赛！我们会帮助你看到其他同样重要的发展。

（4）我们提供清单，提示你找到宝宝在每次飞跃的难以取悦的阶段的行为模式。

（5）你可以在宝宝的发展飞跃中扮演积极的角色。通过帮助、指导你的宝宝，你们之间可以建立安全、强大的联结，这是生命的礼物。

（6）宝宝每一项技能的获得都是出现在一定时间范围内的。不要把注意力集中在可能出现的最早年龄上，因为大多数婴儿在这个范围的后半部分才表现出相应的技能。

（7）重要的是尊重宝宝的意愿，而不是父母期望的完美结果。

（8）请记住，环境因素比如有压力的搬家或工作中断，可能阻碍你识别宝宝的心智发展飞跃。不过这也没关系。

（9）心智发展飞跃会对宝宝和家庭带来压力，同时可能引起宝宝抵抗力的下降。这个阶段要警惕宝宝可能会感冒。

（10）宝宝的每一次心智发展的飞跃都意味着进步，即使最初感觉像在退步。

大约在第55周前后，你会注意到你的小家伙又获得了新的技能。他已经进入“充满程序的世界”了，他会比以前更聪明了。细心的父母会发现孩子正在发展新的思维方式。

“程序”一词实在抽象。在这里的意思是这样的。在上一次发展飞跃中，宝宝初步理解了顺序的概念——事件环环相扣、接连发生，或物品以某种特定的方式组合在一起。“程序”比“顺序”更复杂，因为它允许以无数种方式取得最终结果。你的孩子一旦理解了什么是程序，他就能明白洗衣服、布置餐桌、吃午餐、穿衣服、搭积木、打电话意味着什么，以及日常生活中的其他事情是怎么回事。这些事情都是“程序”的体现。

不过，在此之前，大约51周的时候（误差在前后两周），你的孩子又开始变得比之前黏人。他的世界又一次发生了改变。他能看到、听到、闻到、尝到和感觉到以前不熟悉的事物。他会感到沮丧，紧紧抓住他知道的最安全的地方不放——爸爸妈妈。这个阶段持续时间可以短则3周，也可以长达6周。

切记

如果你的宝宝很黏人，请仔细观察。他很有可能正在尝试掌握新的技能。参照第350页宝宝如何探索及可能获得的新技能，看看有什么值得注意的。

进入难以取悦的阶段：飞跃开始的标志

宝宝在过去几周可能更加平静，没有哭闹。然而随着本次飞跃的来临，宝宝的哭声变多了。他想黏在父母身上，或者离他们很近。他似乎很黏人、脾气暴躁、爱发牢骚、缺乏耐心、喜怒无常。许多父母还注意到，他们的宝宝显示出许多与上一次飞跃的难以取悦的阶段相同的特征。宝宝在陌生人面前可能会变得比以前更害羞，会想尽办法靠近你，希望你逗他开心；他可能比以往更容易嫉妒、喜怒无常、睡眠不好，会做（比以前更多的）噩梦。宝宝可能在白天很安静，失去食欲，然后又变得很孩子气。有的宝宝可能非常可爱，或者更淘气，有些爱发脾气，会比以前更频繁地去找毛绒玩具来寻求安慰。

简而言之，除了3C（又哭又闹、过分依赖和脾气暴躁）表现外，其他一些典型特征又出现了。

这段时间对你的宝宝来说很困难，对你来说也是，因为你既担心又恼怒。这是一个充满压力的阶段。但要记住，对宝宝时刻给予关注可以让你发现他的新本领。

来自妈妈的心声

“我的儿子会自己玩一会儿了，然后突然开始痛哭流涕，之后便要我抱他。”

——鲍勃的妈妈，第52周

“我的女儿可容易哭了。我只说了个“不”，她就马上号啕大哭。以前从来不这样。”

——伊芙的妈妈，第52周

“我的小姑娘玩耍时，我必须坐在沙发上陪着她，最好什么事也别做。但愿有那么一天，我可以安安静静地坐在这儿，能做些针线活。”

——艾米丽的妈妈，第53周

“只要我忙着做自己的事情，我儿子就要我抱他。但是他一坐到我腿上，又想要赶快下去，然后期待我跟在他后面。他真难应付。”

——弗朗基的妈妈，第52周

孩子如果和你在一起，或者你能给他找些事做，和他一起玩耍，或是总是关注他，他通常哭得比较少。

如何判断宝宝已进入难以取悦的阶段

除了3C表现外，当宝宝进入下一个难以取悦的阶段时，可能表现出以下一些特征。

宝宝是否更黏你了?

有些宝宝又开始更黏父母了，他们可能希望无时无刻不黏着爸爸妈妈；而有一些宝宝不一定需要身体接触，但想要爸爸妈妈一直陪在他的身边。

来自妈妈的心声

“我的女儿又开始想要更多地待在我身边了。她会自己玩一会儿，然后就来找我。”

——汉娜的妈妈，第54周

“一天晚上，我得出去一下。于是我把儿子放下，穿上外套，他就开始哭，抓着我不放，还拽我的手，好像他不想我走。”

——保罗的妈妈，第52周

宝宝对陌生人的反应与之前不同吗?

当身边有陌生人时，许多宝宝会突然不想和陌生人打交道了。而是更想黏着爸爸妈妈。

来自妈妈的心声

“这周，我的女儿突然变得特别沮丧，她只想和我待在一起。只要我把她放下来或是给我丈夫抱，她就会很惊恐。”

——珍妮的妈妈，第56周

“我女儿这两天完全迷上她爸爸了。她不想和我有任何接触，即便我没惹着她。如果爸爸没能立刻把她抱起来，她就开始哭泣。”

——朱丽叶的妈妈，第53周

宝宝如果没有得到更多的关注，会变得嫉妒心很重吗?

这个阶段，大多数宝宝会要求得到更多的关注。当他们的父母注意到别人或其他事情时，他们会变得暴躁、淘气或者爱发脾气。

来自妈妈的心声

“我给了那个我负责照看的小宝宝一点儿东西，我儿子就‘吃醋’了。”

——马特的妈妈，第53周

“我朋友带着她的宝宝来我家做客。每次我和她的宝宝说话时，我的女儿就会满脸笑容地走到我们中间。”

——珍妮的妈妈，第54周

宝宝喜怒无常吗?

你的小家伙可能一会儿很开心，一会儿又变得伤心或者愤怒。你可能无法确定是什么特定的原因造成的。

来自妈妈的心声

“有时，我儿子坐在地上玩他的积木，像个小天使，但是他又会突然暴怒起来。他尖叫着，把积木猛地推倒，或是抓起积木乱扔。”

——史蒂文的妈妈，第52周

宝宝睡眠不好吗?

现阶段大多数宝宝睡得很少。他们抵制上床睡觉，入睡困难，容易早起。有些宝宝白天睡得不好，有些则晚上睡得不好，还有些宝宝不管白天黑夜都不想睡觉。

来自妈妈的心声

“这周我第一次注意到，我的孩子在夜里经常会醒着躺一会儿。有时，她会小声哭一会儿。如果我把她抱起来，她就立刻又睡着了。”

——阿什莉的妈妈，第54周

“我们真希望女儿能乖乖上床睡觉，不要那么难伺候。现在，要是让她上床，她就又是尖叫、又是哭闹，有时甚至歇斯底里，哪怕是她已经很困倦了。”

——珍妮的妈妈，第52周

“我儿子又睡得很好了。这种情况经常发生在飞跃来临之前。这就像一个警钟，预示着接下来他可能又要睡不好觉了。”

——托马斯的妈妈，第49周

小贴士

如果你想了解更多关于睡眠和心智发展飞跃的更多知识，请参阅本书“睡眠和飞跃”一章的内容。

宝宝会做“噩梦”吗?

有些宝宝在这个阶段睡觉不安稳，闹是翻天覆地，像是在做噩梦。

来自妈妈的心声

“我儿子晚上经常醒来，而且很难安抚。”

——鲍勃的妈妈，第52周

宝宝会安静地坐着像在做白日梦吗?

有时候，一些宝宝可能只是愣愣地坐在那儿，好像沉浸在他自己的小世界里。父母们一点也不喜欢宝宝这样，所以会试图打破孩子的“神游”。

来自妈妈的心声

“有时候，我的女儿会无精打采地坐着，毫无意识地前后摇晃，眼神放空。我总是放下手头的事情去摇醒她。我担心她可能出了什么问题。”

——朱丽叶的妈妈，第54周

宝宝食欲不佳吗?

这个阶段，许多宝宝似乎对饮食失去了兴趣。这令他们的父母十分恼火。仍在接受母乳喂养的宝宝虽然想要吃奶，但实际上只是把妈妈的乳头含在嘴里，并不吸吮。他只是想和妈妈待在一起。

来自妈妈的心声

“我女儿突然不爱吃饭了。以前，她能在15分钟内吃完所有食物，胃口好得像个无底洞。现在，我有时要花半个小时喂她。”

——阿什莉的妈妈，第53周

“我儿子吃午饭时把食物喷得到处都是。屋子里每个角落都被弄得脏兮兮的。刚开始那几天，我还觉得挺好玩儿，但现在我不再这么认为了。”

——鲍勃的妈妈，第53周

宝宝变得更幼稚了吗?

有时候，宝宝又会出现一些幼稚的行为，这是父母们不想看到的——他们希望孩子能稳步前进。然而，在难以取悦的阶段，这样的“复发”是完全正常的。这是在告诉你，宝宝的进步就要来临了。

来自妈妈的心声

“我女儿又爬了几次，但她这么做可能只是为了引起我的关注。”

——珍妮的妈妈，第55周

“我女儿又像以前那样，频繁往嘴里塞东西了。”

——汉娜的妈妈，第51周

“我儿子又开始要我喂他吃饭了。如果我不这么做，他就会把食物推开。”

——凯文的妈妈，第53周

“我儿子又要我把他放在我腿上了，还让我用奶瓶喂他喝果汁。如果我的动作不够迅速，让他有一丁点不耐烦，他就会把瓶子扔到屋子那头，然后开始尖叫、大喊、踢打，要我把瓶子给他捡回来。”

——马特的妈妈，第52周

宝宝表现得异常可爱吗?

有些宝宝会突然走到父母面前，只是为了抱他们一会儿，然后就再次离开了。还有一些宝宝为了引起父母的注意，会做出一些让人觉得温柔可爱的夸张动作。

来自妈妈的心声

“有时候，我的儿子会爬到我身边，那一刻，他真是个小甜心。他会非常温柔地把他的小脑袋放在我的膝上，真是爱意浓浓啊。”

——鲍勃的妈妈，第51周

“我女儿经常过来抱抱我。她会说‘亲亲'，然后给我一个吻。”

——阿什莉的妈妈，第53周

宝宝淘气吗?

很多宝宝为了引起父母的注意而调皮捣蛋，特别是当父母忙得没时间陪他们的时候。

来自妈妈的心声

“我必须不断地对我的女儿说‘不’，因为她似乎偏要做一些事情来引起我的注意。如果我没反应，她最终会停下。但是我不可能总是等到她最后停下，因为有时她是在乱拆和破坏东西。”

——珍妮的妈妈，第53周

“我儿子现在特别难管。他什么东西都要去摸。只有等他睡觉了，我才能做点儿自己的事情。”

——弗朗基的妈妈，第55周

“有时候我怀疑我儿子是故意不听话的。”

——史蒂文的妈妈，第51周

宝宝脾气见长吗？

有时候，宝宝一旦不能按照自己的意愿行事可能就会发狂。甚至有时候他说发脾气就发脾气，可能是他预感到你不会允许他这么做，或者不允许他脑子里这么想。

来自妈妈的心声

“如果我女儿需要关注的时候我没能立刻反馈，她便会发怒。她会飞快地、恶狠狠地、用力地掐我的胳膊。”

——艾米丽的妈妈，第53周

宝宝会更频繁地伸手抓毛绒玩具吗？

许多宝宝比以前更有激情地拥抱自己喜欢的东西了，特别是当他们感到疲倦或是父母忙得分身乏术的时候。他们拥抱柔软的玩具、衣服、拖鞋，甚至脏衣服。任何他们能摸到的软的东西都行。他们还会亲吻、抚摸这些东西。

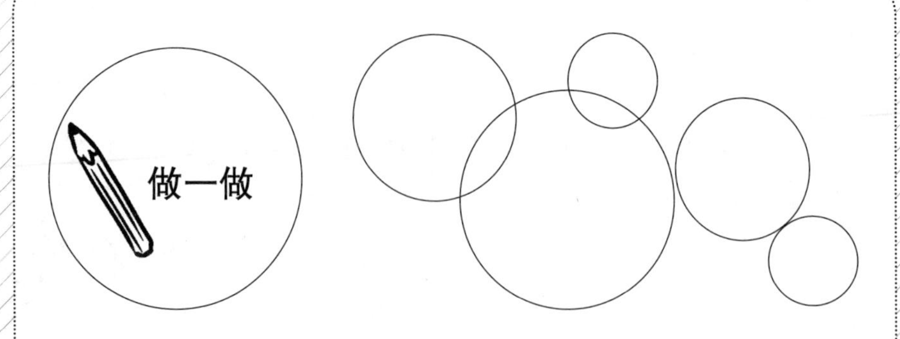

宝宝开始进入发展飞跃的迹象：

☐ 比以前哭得更厉害。

☐ 比以前更暴躁、更爱发牢骚。

☐ 一会儿高兴，一会儿哭泣。

☐ 希望一直有事做，或者这种欲望浮现得比以前更频繁。

☐ 比以前更黏你，总想靠近你。

☐ 表现得异常可爱。

☐ 很淘气。

☐ 比以前更频繁地发脾气。

☐ 会嫉妒。

☐ 在陌生人面前更爱害羞。

☐ 如果你与他断绝身体接触，他会抗议。

☐ 睡得不好。

☐ 会做“噩梦”，或者比以前更频繁地做“噩梦”。

☐ 没有胃口。

☐ 比以前更频繁地呆坐在那里，安静得像是在做着白日梦。

☐ 喜欢吸吮大拇指，或者比以前吸吮得更频繁。

☐ 喜欢伸手去抓毛绒玩具，或者比以前更频繁地这样做。

☐ 比以前更孩子气。

☐ 你注意到宝宝其他的表现：

____。

记住，没有一个宝宝会做上述所有事情。你的宝宝做得多少并不重要，重要的是他做了什么。

你还好吗？——父母的挑战

作为父母，你最想要的就是孩子能快乐成长。如果不是这样，你可能会变得焦虑。

你可能总是不安心

挑剔的婴儿难以被忽视。这类宝宝的父母很担心，想知道到底哪里出了问题。如果他们找不到问题的根源，就会很烦恼。然后，他们还会担心为什么其他的婴儿已经能走路了而自己的孩子还不会，并怀疑自己的孩子生长发育是否有问题。

来自妈妈的心声

“我女儿还不能独自行走，这让我有些吃惊。她抓着我的手学步已经有很长时间了，我觉得她早就应该能独自行走了。还有，我觉得她的一只脚有点内八字，所以她才会一直绊倒。我对日托中心的老师说了我担心的事情。他们说很多妈妈和我有一样的担忧。但是，我还是希望我的女儿现在能独自走路，这会让我更开心的。”

——艾米丽的妈妈，第53周

你可能变得易怒，动辄爱争吵

现在宝宝已经1岁了，他们似乎有能力做个“好人”。当你的宝宝故意淘气、乱发脾气时，你很难保持冷静和清醒。但是“冲着屁股来一巴掌”并不能解决任何问题。这不但会伤害你的宝宝，还会破坏你们的亲子关系。

这个时候的宝宝，情绪多变，需求也总在变，所以想要尝试放弃母乳喂养，也未尝不可。

放松时刻

为人父母已经1年了！祝贺你！庆祝的同时，不要忘记你值得拥有的放松时刻。

5分钟的放松时间：给自己“充电”，恢复体能。可以为自己做一杯果汁，这是你应得的额外健康补充剂！

10分钟的放松时间：坐下来吃一些专门为自己购买或烹制的可爱（健康）小吃。尽情享受吧。没有人比你更值得拥有。

更长时间的放松：和你的伴侣一起坐下来，诉说和反思过去几周你们经历的所有美好事情。真正花点时间去觉察你们的人生道路上正在发生的有意义的事情。告诉对方你们都做了什么让彼此感觉良好或者对家庭有益的事。

想了解更多的放松时刻以及对你的家庭生活产生的美妙影响，请参阅本书第22页。

宝宝的新能力开始“结果”

大约55周，你会发现你的小宝宝和之前相比不那么挑剔了。与此同时，你应该注意到他又开始尝试完成新的事情，他以更成熟的方式处理人、玩具和其他物品，他的兴趣也发生了一些变化。始于几周前的“充满程序的世界”的探索，现在开始结出“果实”，你的宝宝将根据他的兴趣和性格选择最适合自己的新技能。作为一个成年人，你可以帮助他。

宝宝是这样的

宝宝很喜欢新鲜事物，当你注意到他有了新的技能或兴趣时，你给予的反馈很重要。如果你和他分享这些新的发现，他会很享受，这将加速他的学习进程。

充满程序的世界

当你的宝宝能感知“程序”时，他就会明白洗衣服、洗碗、摆桌子、吃饭、打扫、整理、穿衣服、喝咖啡、打电话等的意思了。这些都是“程序”的体现。程序的特点是没有规定的顺序，它是灵活的。你不一定每次都用同样的方式“除尘”。你可以先擦桌腿，再擦桌面；或者先从椅子开始，然后是桌子。无论你选择哪个序列，都将执行“除尘”这个程序。因此，一个“程序”是一个由并不固定的可能的顺序组成的网络，你可以通过任意多种方式达到最终目的。

当你的宝宝探索一个程序时，他可以决定如何执行这个程序。他会不时停下来，考虑下一步该怎么做。午餐时间，每吃一口之后，他不得不决定愿意再吃一口食物还是喝一小口饮料，或者是喝三小口饮料。他可以决定下一口食物是用手指拿还是勺子舀。不管他做何选择，他都在“吃”的程序里。

你的孩子需要了解自己在不同时刻做出的决定可能带来的后果。他也可以自己“计划”启动一个特定的程序。例如，如果他想扫地，可以从壁橱里拿出扫帚；如果他想外出或购物，他可以拿他的外套。但在这个过程中有可能产生误会。毕竟，宝宝还不能很好地表达自己，而他的父母很容易误解他。这会让宝宝沮丧和发脾气。即使父母能正确理解他们的孩子，也可能在那一刻根本不想按照孩子的意愿去做。这个年龄段的宝宝还无法理解“等待”的概念，所以一旦父母没有及时回应，便会很沮丧。

你的宝宝现在还可以观察其他人是如何执行一个程序的。例如，如果你正在煮咖啡，那接下来他就知道是喝咖啡的休息时间了。现在你的宝宝可以学着感知和探索程序的概念，他也明白是可以拒绝他不喜欢的程序的。如果他不同意你的做法，他会感到沮丧，甚至发脾气。

父母活动：从宝宝的视角体验这个世界

前面我们已经提到了一些，但是每个家庭每天都有大量的程序在运行。试着想10个我们没有提到的程序。你想得越多，你就越能理解你的宝宝此刻正忙于什么。

例如，记录下你是如何打扮自己的。然后，想一想：你真的按照你描述的步骤穿衣服吗？你真的在穿衬衫之前先穿袜子吗？或者你有时会改变这个程序中各个步骤的顺序吗？还要考虑哪些步骤是你必须先做的，哪些是你可以改变的。

作为成人，你按照自己的习惯执行程序，宝宝会以你为学习的榜样。随着宝宝的长大，他会发现可以根据所处的环境调整程序的执行方法。

大脑的变化

大约12个月时，大脑中的葡萄糖代谢发生显著变化。此外，婴儿大脑对刺激的反应更快，也就是神经系统对触摸、声音或视觉信号的反应会更快。

神奇的飞跃：发现新世界

给你的宝宝与“程序”玩耍的机会。让他看着你是如何执行程序的。为他提供帮助你的机会，也让他自己探索。允许自己独立做一些事情，比如自己吃饭；或者和他玩更多“假装”游戏。你可以跟宝宝讲故事。你可能会注意到你们的对话已经上升到一个新的层次，宝宝竟然还会唱歌了。你的宝宝可能想得到更多的帮助，想要探索其他的社交技巧。你要鼓励他。在这个阶段，宝宝也可以学着为你（和他人）考虑。允许他找到自己的解决方案并进行试验，这是他真正掌握“程序”概念的唯一途径。这里有一些方法，看看如何帮助宝宝。

穿衣打扮的游戏

如果你的宝宝对穿衣、脱衣、打理自己感兴趣，就让他看看你是如何做这些事情的，同时要向他解释你在做什么，以及你为什么要这么做。他能理解的比他能告诉你的要多得多。让宝宝有机会给自己或其他人洗澡、擦干身体以及穿衣服。虽然他完成得还不太好，但是他知道了自己应该怎么做。如果你发现他乐在其中，就帮他一起完成。

来自妈妈的心声

“我女儿试着自己提裤子，或者自己穿拖鞋，但是她现在还不能很好地完成这些动作。突然，我发现她会穿着我的拖鞋走来走去了。”

——珍妮的妈妈，第55周

“我女儿一穿好衣服，就爬到我的梳妆台前，试图往身上喷香水。”

——劳拉的妈妈，第57周

“在过去的一周里，我儿子不停地在头上放各种东西：洗碗布、毛巾，还有几次放了别人的内裤。他在房子里走来走去，对周围的环境无动于衷，而他的哥哥姐姐则趴在地上大笑。”

——弗朗基的妈妈，第59周

弗朗基完美地呈现了他对“穿衣服”这一程序的探索。他的妈妈看懂了儿子的意图：他把各种东西放在头顶，其实就是表示在戴帽子。一些家长可能会对此不以为然，“这不是穿衣服，这是一块布，不是衣服。”但像弗朗基这么大的孩子就是会把一块布当作衣服。大人要赞扬像弗朗基这样的探索，这是宝宝得以学习的唯一方式。我们还要赞扬弗朗基的妈妈，因为她意识到了弗朗基想要做的事情，而且不认为这件事愚蠢。一个婴儿的行为有时可能看起来愚蠢、是“错误”的，但通常是因为成年人不知道他们的真正意图。

自己吃饭的游戏

如果你的宝宝想要自己吃饭，就让他尝试。记住，宝宝现在已经很有创造力了，因此他可能想要试验不同的进食方法——结果可能是把家里弄得一团糟。你可以在他坐的椅子下面铺一大张塑料布，这样打扫起来就容易些。

来自妈妈的心声

“自从我儿子学会了自己用勺子吃饭，他就坚持完全自己动手。否则，他就不吃。他还坚持坐在餐桌旁的椅子上吃。”

——凯文的妈妈，第57周

“我儿子喜欢自己从袋子里拿葡萄干来吃。”

——马特的妈妈，第57周

“托马斯坚持自己吃饭，不愿接受任何帮助，但对他来说，这是一项艰巨的工作。如果他试图用勺子自己吃，但是速度不够快，他就会把嘴放到盘子上，然后尝试吮吸盘子里的食物，就像他在喝水一样。其他时候，他用另一只手把食物送进嘴里。”

——托马斯的妈妈，第56周

玩“玩具”

现在，许多宝宝对玩具的兴趣发生了转移，他们喜欢一些更复杂的玩具，例如带车的车库、带轨道的火车、配有几种动物模型的农舍、可脱卸尿布或衣服的洋娃娃、带有茶壶和平底锅的过家家玩具，或是有礼品袋与包装盒的模拟杂货店玩具。如果你的小家伙表现出对这类玩具有浓厚的兴趣，一定要创造机会让他动手玩一玩。偶尔，你也要帮他一把。他所面对的，依然是一个非常复杂的世界。

来自妈妈的心声

“当我坐在儿子旁边的地板上鼓励他时，他有时能垒起8块积木高的塔。”

——马特的妈妈，第57周

“我儿子越来越擅长一个人玩了。现在他在玩旧玩具时看到了新的可能性。他又发现了他的毛绒玩具、玩具火车和汽车的新玩法。”

——鲍勃的妈妈，第55周

“他真的很喜欢我们和他一起玩玩具车，在游戏垫上的“马路”上行使。当我们绕过拐角，平行停车时，托马斯真的笑了。”

——托马斯的妈妈，第56周

“我的小女儿‘喂’她的洋娃娃“吃饭”，给她洗澡，然后把她放到床上，还会把洋娃娃放在自己的小便盆上。”

——珍妮的妈妈，第56周

多带你的孩子观察生活中真实的事物。例如，如果你的宝宝对车库感兴趣，就带他去车库。如果他对马感兴趣，可以去骑术学校参观。如果他最喜欢的玩具是拖拉机、起重机或小船，他肯定希望看到它们工作的样子。

玩“真实的东西”

里面装着钱的袋子、钱包、电视机、收音机、清洁用具、化妆品——许多小孩子想要像爸爸或妈妈一样使用每一件东西。有些孩子现在就会把自己的玩具放在某个角落里。试着弄清楚你的小家伙在做什么，即使他有时为你的生活制造了麻烦。

来自妈妈的心声

“今天，我看到儿子第一次按电话按钮，把听筒放在耳边，忙着说话。在挂断电话之前，他说了几次‘大大'。”

——弗朗基的妈妈，第56周

“我儿子把报纸、空瓶子和我的鞋子都拿了过来。他要我收拾干净，把它们收起来。”

——弗朗基的妈妈，第56周

“假装”游戏

你的宝宝可能也喜欢表演故事情节，尤其是那些关于他自己的故事。当他运用想象力时，他可以试验并假装他在做“真实的事情”。

来自妈妈的心声

“我的小男孩和我儿扮演‘宝宝’的游戏：我们都是宝宝，我们用宝宝的声音说话。亚当真的很享受这个游戏，尤其是当我假装自己不会打开类似安全门之类的装置的时候。他玩了一段时间，但当他玩儿够了，就恢复到正常的声音，让我知道游戏结束了，并允许我打开安全门。”

——亚当的妈妈，第57周

喜欢听故事、看故事

当宝宝探索充满程序的世界时，他就会对故事着迷。你可以让他听故事，看故事。你可以让他看电视里讲的故事，可以让他在视频网站上听故事，或者最好的是，你可以自己给他讲故事，不管有没有图画书。只要确保这些故事符合你的孩子当下的体验或是他的兴趣爱好。一些孩子对汽车有关的故事感兴趣；另一些孩子则对鲜花、动物、水或绒毛玩具有关的故事感兴趣。记住，大多数这个年龄段的孩子专注于一个故事的时间大约只有3分钟，所以每个故事必须简短。

当你们一起看图画书的时候，也让宝宝有机会讲述他自己的故事。另外，宝宝很喜欢表演故事情节，尤其是关于他自己的故事。

来自妈妈的心声

“我的儿子真的会全神贯注地看电视上的幼儿节目。这非常有趣，而之前他对此是不感兴趣的。”

——凯文的妈妈，第58周

“我女儿能看懂书上的图画。她会告诉我她看到了什么。例如，如果她看到一个孩子在请另一个孩子吃饭，她会说：‘好吃。’”

——汉娜的妈妈，第57周

“托马斯什么都明白。我在电话里和我妈妈聊天，告诉她托马斯的新本领，他就在房间里全部表演一遍。他模仿说话，假装打电话，向我展示他有多高大、他有多好，等等。他的奶奶已经有好几个月没有通过电话听到他如此玩耍了，于是我们在电话里聊了好一会儿。我意识到托马斯在听，知道是讲关于他的事情，所以他在炫耀他所能做的一切。最后他和奶奶又说了几句话，边说还边亲吻电话。”

——托马斯的妈妈，第56周

爱说话

许多小孩都很爱说话。他们会带着疑问、感叹的语气，抑扬顿挫地给你讲整个“故事”，他们希望得到回应。如果你的孩子喜欢讲故事，要认真对待他讲的每一个故事，即使你仍然不能理解他在说什么。如果你仔细听，有时你可能听出他说的某个字词。

来自妈妈的心声

“我儿子一直在说话，直到你的耳朵感觉要掉下来。他确实能说会道。有时候他会以询问的口吻说话。稚嫩的声音听起来真的很可爱。我很想知道他想告诉我什么。”

——弗朗基的妈妈，第58周

“我儿子总是喋喋不休。有时候他会停下来看着我，直到我回应他，然后他会继续说他的故事。在过去的一周里，他的声音听起来像是在说‘吻’，然后他真的给了我一个吻。现在我对他的关注度提高了10倍。他真是太可爱了。”

——亚当的妈妈，第59周

玩音乐

许多婴儿喜欢听儿歌，儿歌要简单、短小，最好不超过3分钟。歌曲的整个播放流程也是程序的体现。如果你的孩子喜欢音乐，他可能现在也想学习如何跟随音乐做适当的动作。有些孩子对乐器很感兴趣，例如鼓、钢琴、长笛等。

来自妈妈的心声

“《小蜘蛛》是她最喜欢的歌。她的手指做不到第一个手势的正确位置，所以我不太确定她一开始想要做什么。但是现在我知道了，我们整天都在唱这首歌，她也加入了自己的一些小动作。”

——贾丝明的妈妈，第58周

“我女儿一个人表演‘做蛋糕啊，做蛋糕，蛋糕师傅做蛋糕。’伴随着难以理解的歌声。”

——珍妮的妈妈，第57周

“我女儿喜欢她的玩具钢琴。通常，她只用一个手指弹，同时倾听自己在做什么。她还喜欢看她父亲弹钢琴。然后，她会走到她自己的钢琴跟前，用两只手敲击。”

——汉娜的妈妈，第58周

为宝宝的帮忙感到高兴

当你发现你的孩子想要帮助你的时候，接受他的帮助。这是他开始理解你在做什么，并且学习做自己的事情了。

来自妈妈的心声

“我女儿什么事都想帮忙。她想帮我搬杂货，帮我把用完的抹布挂回原位，我摆餐具时她想帮我放餐垫和银器，等等。”

——艾米丽的妈妈，第62周

“我女儿知道苹果汁和牛奶应该放在冰箱里，于是跑去开门。为了吃饼干，她会径直走到橱柜那里，从罐子里拿出来。”

——珍妮的妈妈，第57周

“托马斯开始了他自己的‘程序’。这几天，他会拿起遥控器瞄准电视机——伸出手臂对准电视机。另一个例子是他爸爸在楼下书房里，托马斯想玩电脑，他就摇响安全门。他还挑选了一个电脑游戏，并知道他爸爸是如何启动的。但是，如果他的爸爸想要检查邮件，托马斯会生气，因为他打断了他的‘电脑游戏程序’。”

——托马斯的妈妈，第58周

教导宝宝为你着想

许多婴儿现在可以理解，你也可以忙于完成一个程序而无暇顾及他，例如当你忙着洗碗或收拾屋子时，如果你注意到宝宝理解你正在做的这些事情，你就应该要求他为你考虑，让你先完成手上的事情。然而，在这个年龄段，你不能指望他等太久。

让宝宝找到创造性的解决方案

让你的宝宝在同一个程序中尝试各种不同的行为。宝宝可能知道应该怎么做，但是一些孩子在发明和尝试不同方法达到相同目标方面极具创造力。他们不断尝试一件事情是否可以用其他方法来解决。每当他们失败或被禁止做某事时，他们总是寻找其他路径，绕过问题或限制。他们不气馁，而是变得极具创造力。

来自妈妈的心声

“当我的儿子正在做一些事情比如盖玩具房子时，他会突然摇摇头说‘不’，然后开始以不同的方式搭建。”

——凯文的妈妈，第55周

“我女儿想从壁橱里拿东西的时候，就会拿出她的小火车头站在上面。过去她总是踩她的椅子。”

——珍妮的妈妈，第56周

“当我儿子想为所欲为的时候，他会躺在地板上我的手够不着的地方。这样我就必须去到他那里。”

——马特的妈妈，第56周

切记

打破旧习惯和制订新规则也是锻炼宝宝每项新能力的一部分。你只能要求你的宝宝遵守他能理解的新规则——不能多，也不能少。

让宝宝做试验

有些婴儿会不断地进行试验。他会探索：这些玩具是如何着地、翻滚、弹跳的？例如，他可能拿起不同的玩具公仔，把它们丢在桌子上25次，然后用各种积木重复这个动作多达60次。如果你看到你的孩子这样做，那就让他继续下去。这是他以非常系统的方式探索事物的特性的方式。他正在观察这些物体如何掉到桌底、滚动和反弹的。他通过试验、观察获得的信息决定了他做事的程序。对他来说，这不是玩耍，而是在努力工作，且经常是长时间的工作，为的是发现世界如何运转。

来自妈妈的心声

“丹可以摞起两块积木，或许更多。他其实有能力用积木建一整座塔，但他不感兴趣，而是把一块积木放在另一块积木上，研究它们是如何扭转的。我看着他，想弄明白他在做什么，他好像在研究木块（译者注：这里指带磁力的积木）之间的吸力。他两只手各拿一块木头，然后把它们套在一起，然后再把它们分开，就这样不停地重复。他发现，积木相距太远时，就不会产生吸力。”

——丹的妈妈，第56周

“他对给（盒子里的）各种形状的物体进行排序一点儿也不感兴趣，除非他能明白这么做的目的。例如，他连续几天把纸片、食物碎屑和小袋子塞进冰箱下的长缝，直到我发现了他的秘密藏匿地。”

——吉姆的妈妈，第56周

“卢克可以花一整天的时间看别人做事，尤其是他的父亲。他看着爸爸走路、转身、触摸东西，等等。他特别喜欢看爸爸玩他的玩具汽车，且经常模仿爸爸的手的动作，然后抓住玩具汽车，并试图做同样的动作。他研究事物如何运作。他非常冷静、谨慎，似乎完全沉浸在自己手中的事情，以至于当你和他说话时，他根本听不见。”

——卢克的妈妈，第56周

孩子会采取一些出乎意料的方法

有些孩子极具创造力，发明和尝试不同的方法以达到同一目标。这可能让父母筋疲力尽。

- 他们不断尝试做同一件事情是否有其他方法。
- 每当他们失败或被禁止做某事时，他们总是寻找其他方法绕过问题或禁令。
- 他们觉得做简单重复的事情很无聊。

对“非理性”恐惧表示理解

当你的小家伙忙于探索他的新世界时，他会遇到自己不完全理解的事情或情况。一路上，他发现了新的危险，那些他从未想象过会存在的危险。他现在还不会很好地表达，所以给他多一些理解吧。只有当他开始更好地理解这一切时，他的恐惧才会消失。所以，你要对他充满同情心。

来自妈妈的心声

“突然之间，我儿子被我们船上的灯给吓坏了，可能是因为它太亮了。”

——保罗的妈妈，第57周

“我女儿有点怕黑，尤其害怕从明亮的房间走进黑暗的房间。”

——珍妮的妈妈，第58周

“我给气球充气的时候，我儿子很害怕。他不明白这是怎么回事。”

——马特的妈妈，第58周

“我女儿被一个漏气的球吓坏了。”

——伊芙的妈妈，第59周

“我儿子被巨大的噪声吓坏了，比如飞机起飞的声音、电话铃声和门铃声。”

——鲍勃的妈妈，第55周

“我的女儿害怕任何快速接近的事物。就像那只在她头边扑腾的长尾小鹦鹉，试图抓她的哥哥，还有她哥哥朋友的遥控车。这一切对她来说都太突然了。”

——艾米丽的妈妈，第56周

“我儿子不愿意泡澡，但他愿意坐在自己的小澡盆里。”

——弗朗基的妈妈，第59周

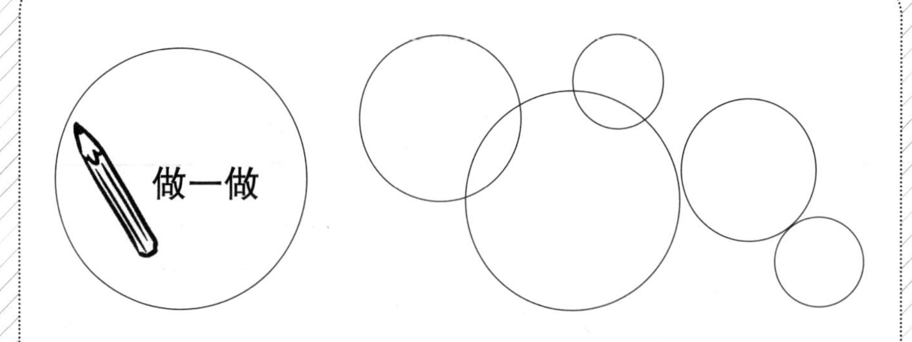

宝宝最喜欢的、利于大脑发育的游戏

这些游戏和活动最适合宝宝已经获得的新技能，也是他最喜欢玩的。

填表说明：

勾选你的孩子最喜欢的游戏，和探索列表作对比。看看两者之间有联系吗？

独立完成工作

许多幼儿喜欢被允许独自完成一些只有成年人才被允许做的事情。这个年龄段的孩子很喜欢玩水，且大多数孩子在玩水时会安静下来。尝试一下，但是记住不要让你的宝宝单独玩水。

□ 给洋娃娃洗澡

在水盆里注满温水。给孩子一块毛巾和肥皂，让他给洋娃娃或毛绒玩具涂上肥皂泡沫。给娃娃洗头通常是这个游戏中非常受欢迎的部分。只有当他完成时才递给他毛巾，否则毛巾也会掉进水里的。

□ 清洁玩具车或拖拉机

把宝宝的玩具车放在他可以玩水的室外。给宝宝一桶有肥皂泡沫的温水、一把刷子或一块布，让他清洁玩具车。你也可以给他一根花园浇水的软管，这样他就可以冲掉车上的肥皂泡了。

□ 洗碗

给孩子系上围裙，让他踩在水槽前的椅子上。在碗里倒满温水，然后把洗碗海绵和各种各样适合宝宝洗的东西给他，比如塑料盘子、杯子、蛋杯、木勺，以及各种各样的滤网和漏斗。水面上漂亮的泡泡会让宝宝非常热衷于这项工作。确保他所站的椅子不会因为地面打湿而打滑，以避免忙碌的小人在兴头上失去了平衡而摔倒。

帮忙做家务

大多数家务，你的孩子还不能独立完成，但他可以给你帮忙。这会是他最爱做的事情。他可以帮忙准备晚餐、布置餐桌、购物。在他的帮助下，你可能会花费比平时更长的时间；当他尝试“新事物”时，他可能会制造更多的麻烦，也为你带来更多的家务，但是宝宝会从中学到很多。当他帮你做重要的家务时，他会觉得自己长大了，进而感到满足。

□ 拆开包装和收拾杂货

先把易碎和危险的东西拿开，然后让你的小助手帮忙打开袋子。你可以让他按自己的意愿一件件递给你或是一起给你拿过来。你还可以对他说：“你能给我……，现在……”。

你也可以问问他想把东西放在哪里。最后，等你整理完毕，可以让他关上储物柜的柜门，鼓励他并感谢他的帮忙。在所有“工作”完成之后，可以给宝宝吃一点美味的点心或者喝一杯饮料，他会很喜欢的。

捉迷藏

现在你可以将这个游戏变得比以前更复杂一些。孩子情绪好的时候，他往往喜欢表现自己的能耐。根据孩子的情况调整你的游戏节奏。让游戏既不至于难倒他，也不会让他觉得太过简单无聊。

□ 双重隐藏游戏

在宝宝面前倒扣两个杯子，在其中一个下面放一个玩具，然后在桌面上快速滑动并选准时机交换一下杯子。这样，杯子甲就换到了杯子乙原来的地方，杯子乙反之。这个游戏不是为了愚弄你的孩子，而是确保你在滑动杯子的过程中让孩子仔细观察，鼓励他找出玩具。每次尝试都实实在在地表扬他一番。这个游戏对宝宝而言相对要复杂一些。

□ 声音从哪里来?

许多孩子都喜欢追寻某个声音。先把宝宝抱到你腿上，让他看见并听见一个正在发声的物体，例如一个音乐盒，然后蒙上他的眼睛，让别人把这件正在发声的物体藏起来。确保你的小家伙看不见其被藏在了哪里。藏好后让他睁开眼睛，鼓励他找出来。

宝宝最喜欢的玩具

□（可以放在水里的）洋娃娃以及它的娃娃车和娃娃床

□ 玩具农舍、农场动物模型、栅栏

□ 玩具车库和汽车

□ 有轨道和隧道的玩具列车

□ 不会破损的沏茶玩具

□ 罐子、平底锅和木勺玩具

□ 玩具电话

□ 乐高积木或大积木

□ 可以坐上去的玩具汽车、玩具马或火车头

□ 可供他运输各种东西的手推车

□ 摇摇马或摇椅

- ☐ 有着不同形状的积木和孔洞的配对玩具盒
- ☐ 叠叠杯
- ☐ 叠叠圈
- ☐ 拖把、扫帚、簸箕和刷子
- ☐ 清洁用的或洗澡时玩耍的彩色海绵
- ☐ 大张的纸和记号笔
- ☐ 画有小动物、汽车等图画的书
- ☐ 诸如鼓、玩具钢琴之类的乐器

宝宝从充满程序的世界中选择了什么?

现在所有的宝宝已经习得感知程序并进行试验的能力，开启了一系列新的技能。你的宝宝会选择他最感兴趣、最喜欢的东西。在第54～60周，他会选择最适合自己的兴趣、体格和体重的物件。不要拿你的宝宝和别的宝宝比较，因为每个宝宝都是独一无二的。

仔细观察你的孩子，确定他的兴趣所在。在充满程序的世界探索列表中，有空间让你写下宝宝其他的兴趣爱好。你也可以环顾四周，看看是否有其他你认为宝宝会喜欢的东西。

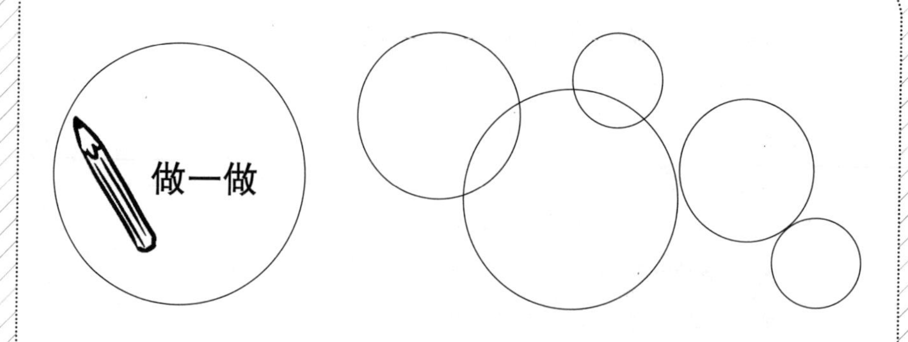

充满程序的世界宝宝如何探索

这些都是你的宝宝从这个年龄开始可能展示的技能的例子，但宝宝并不表现出列表上所有的技能！

看到下面这张清单时，你可能会感到惊讶，并对自己说："这是不是有点早了？"是的，如果你要求完美，你是对的。但实际上宝宝只是简单地执行。例如，他故意把一块布推过地板只需要几秒钟，这是很小的一个运动，但在他的心中，是在帮你清洁地板。当你浏览这份清单的时候，要时刻思考宝宝的意图。如果他认为自己在做清洁，那么，他就是在做清洁。这并不是真的擦洗地板，而是他在尝试、在探索。所以，你要注重的是宝宝的意图，而不是最终的结果。

填表说明：

现在你的宝宝正成长为一个蹒跚学步的孩子。下面我们列举了这个年龄的宝宝最常见的能运行的程序，请你仔细观察，以便了解你的孩子都掌握了哪些技能。

宝宝于＿＿＿＿＿＿＿＿＿＿＿＿做出了这次飞跃。

在＿＿＿＿＿＿＿的时候，再度"拨云见日"，现在，临近这次飞跃的尾声，宝宝可以做出这些新的事情了。

自己开始一个程序

日期：

☐ 宝宝拿出扫帚或掸子，试着扫地或掸灰。虽然这只是一个简单的行动，真正打扫不了什么，但宝宝正在尝试，这就是他的意图。宝宝还会经常抓住触手可及的布料把其当成抹布擦桌子。

☐ 宝宝把各种各样的东西拿到你眼前让你收拾。

☐ 宝宝拿着饼干罐，期待喝茶或喝咖啡的休息时间。

☐ 宝宝会穿着他的鞋，背着他的包来找你，表示他想去购物。

☐ 宝宝拿出他的玩具小桶和铲子，表示他想去沙坑玩。

☐ 宝宝拿着遛狗用的绳子，表示想去遛狗。

☐ 宝宝拿出自己的衣服，试着穿上，但是他还不太会自己穿衣服。

☐ 以下其他程序，宝宝是何时及如何启动的：

____

____

____

____

____

____

运行一个程序

日期：

☐ 你打扫卫生时，宝宝会提前把椅子上的靠垫扔下来帮忙。

☐ 你打扫完卫生后，宝宝试着把抹布挂回原处。

☐ 宝宝会把一些物品或食品放在合适的橱柜里。

☐ 你布置餐桌时，宝宝把自己的盘子、餐具和餐垫拿过来。

☐ 宝宝会明确地告诉你，当他吃完主餐后，该吃甜点了。比如他说“冰”——代指冰激凌。

☐ 宝宝把勺子放进杯子里，开始搅拌。

☐ 宝宝想自己拿起一样你刚买的东西。

☐ 你给宝宝穿衣服的时候，他想自己穿衣服。当你把宝宝的腿放进拖鞋里时，他会试着把脚伸进去，或者把裤子提起来。

☐ 会在你的手机上挑出他最喜欢的应用程序。

☐ 知道按哪个按钮才能打开电视机。

☐ 宝宝参加的其他程序，他是如何执行的：

____

____

____

____

____

____

在监督下运行程序

日期：

☐ 在你的指导下，宝宝会把不同形状的木块放进盒子上正确的孔洞。

☐ 在你的要求下或者他需要时，宝宝就会使用便盆，然后他自己把便盆拿到卫生间，或者你帮他拿（如果他还不能走路的话），他还会冲马桶。

☐ 宝宝会根据你的指示，拿出钢笔在纸上写和画。

☐ 以下是宝宝在监督下运行的其他程序的例子：

____

____

____

____

____

____

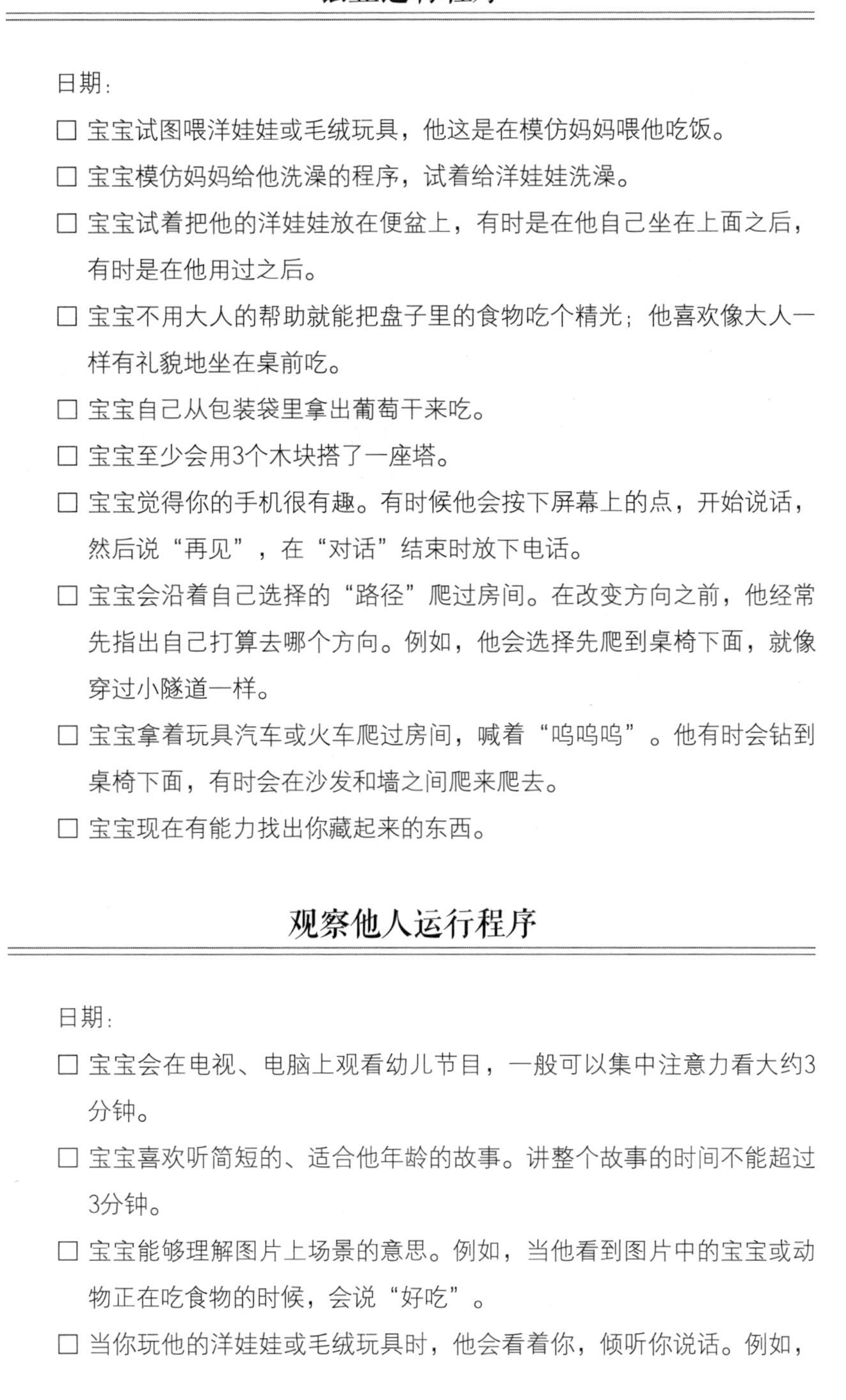

独立运行程序

日期：

- □ 宝宝试图喂洋娃娃或毛绒玩具，他这是在模仿妈妈喂他吃饭。
- □ 宝宝模仿妈妈给他洗澡的程序，试着给洋娃娃洗澡。
- □ 宝宝试着把他的洋娃娃放在便盆上，有时是在他自己坐在上面之后，有时是在他用过之后。
- □ 宝宝不用大人的帮助就能把盘子里的食物吃个精光；他喜欢像大人一样有礼貌地坐在桌前吃。
- □ 宝宝自己从包装袋里拿出葡萄干来吃。
- □ 宝宝至少会用3个木块搭了一座塔。
- □ 宝宝觉得你的手机很有趣。有时候他会按下屏幕上的点，开始说话，然后说“再见”，在“对话”结束时放下电话。
- □ 宝宝会沿着自己选择的“路径”爬过房间。在改变方向之前，他经常先指出自己打算去哪个方向。例如，他会选择先爬到桌椅下面，就像穿过小隧道一样。
- □ 宝宝拿着玩具汽车或火车爬过房间，喊着“呜呜呜”。他有时会钻到桌椅下面，有时会在沙发和墙之间爬来爬去。
- □ 宝宝现在有能力找出你藏起来的东西。

观察他人运行程序

日期：

- □ 宝宝会在电视、电脑上观看幼儿节目，一般可以集中注意力看大约3分钟。
- □ 宝宝喜欢听简短的、适合他年龄的故事。讲整个故事的时间不能超过3分钟。
- □ 宝宝能够理解图片上场景的意思。例如，当他看到图片中的宝宝或动物正在吃食物的时候，会说“好吃”。
- □ 当你玩他的洋娃娃或毛绒玩具时，他会看着你，倾听你说话。例如，如果你给它们洗澡、喂饭、穿衣，或者和它们对话，他会让它们“回答”你。

☐ 宝宝会仔细研究年龄较大的孩子如何用下列玩具运行一项程序：

 ☐ 茶具

 ☐ 玩具车库

 ☐ 洋娃娃和娃娃床

 ☐ 其他：

____

____

☐ 宝宝会研究父母运行以下程序。例如：

 ☐ 穿衣服

 ☐ 吃饭

 ☐ 烹饪

 ☐ 做手工

 ☐ 钉钉子

 ☐ 打电话

____

____

宝宝不可能做所有的事情

这次飞跃的第一阶段大约出现在49～53周。大多数婴儿在预产期后55周进行本次飞跃的第二阶段。这次飞跃之后宝宝又将获得一系列新技能，但每个孩子差别很大。这种差异都取决于宝宝的喜好、对事物的探索程度以及身体发育情况。另外，在运用某个程序之前往往需要一定的感知能力，而这些能力通常出现在55周到数月之后。《神奇的飞跃周》中提到的宝宝获得的新技能是基于其最早出现的年龄，这样父母不容易忽略掉，且能在宝宝需要时及时做出回应。请你记住，每个宝宝都是与众不同的。

轻松时期：飞跃之后

大约58周的时候，大多数宝宝变得没那么烦人了。宝宝将因自己友善的“言谈”，或乐于帮忙家务而备受赞美。从现在开始，大多数宝宝将较少依靠发脾气来左右事情的发展。简言之，他们变是更加独立和活泼了。然而，许多父母可能还不太适应。

来自妈妈的心声

“我女儿对精确度的追求可谓是一板一眼。任何东西都要放在它该在的地方。如果我动了这些东西，她会注意到并把东西放回原处。现在她走路时不用扶住其他物体了。她开心地在屋子里走来走去。想想我以前还对此事忧心忡忡呢。”

——艾米丽的妈妈，第60周

“我儿子现在像一阵风似的在整个家里跑来跑去。他也会做很多不该做的事情。他总是不停地收拾杯子、啤酒瓶、鞋子。但他相当有想象力，只要我有一会儿没盯着他，那些东西就会被抛到垃圾桶或是厕所里。然后，当我批评他的时候，他会非常伤心。”

——弗朗基的妈妈，第59周

“我女儿不再玩玩具了，她看都不看它们一眼。现在，观察、模仿、参与到我们的日常事务中来，对她更有吸引力。她现在也很有进取心。要外出的时候她就会拿上外套和背包，要打扫的时候她就会拿上扫帚。她突然长大了很多。”

——妮娜的妈妈，第58周

“我儿子再次可以高高兴兴地待在他的游戏围栏里了。有时他甚至不想被抱出来。我也不用一直陪着他玩了。他一直不让自己闲着，特别爱玩他的玩具车和拼图。他现在比以前开心多了。”

——保罗的妈妈，第60周

“我女儿真是个可爱的小姑娘。瞧她那玩耍、聊天的样子。她现在常乐呵呵的。那些坏脾气似乎都已成为过去。但我最好还是不要高兴得太早，祝我好运吧。”

——阿什莉的妈妈，第59周

神奇的第64周

第9次飞跃

充满法则的世界

“良知浮现”

到现在为止，你的小宝贝已经理解了“程序”的概念。在这个阶段，日常生活中运行的那些程序，诸如吃饭、购物、散步、玩耍、洗碗等活动对他来说似乎都是正常的。有时他会跟随你的引导，但他可能会抓住机会向你展示他能做什么。正如上一章所提到的，你的小帮手在处理家务上可能和你有些不同。他会用一根绳子来“吸尘”，用一块抹布来“拖地”，还可能用嘴把抹布弄湿。而且，他可能会把眼前一切有碍整洁的任何物体都清理到看不见的地方，例如马桶、垃圾桶或洗衣篮。然后他会骄傲地回到你身边，像你展示他收拾得有多干净整洁。你的小帮手仍然被某些严格的惯例所束缚，这些惯例在本质上有点机械化。他才刚刚进入复杂的程序世界，还不能根据不同的情况调整自身运行的程序。他需要几年的经验才能在这些方面游刃有余。

作为成年人，我们处理事情经常会从经验出发。我们能够适应变化。我们可以改变做事的顺序。购买食品杂货时，我们会选择在鲜肉区排较短的队，而不是去熟食区排长队。我们会根据情况做选择，以适应周围的人。如果有人问你的意见，你在作答前会先考虑提问的人的立场。你也会根据情况调节自己的情绪。你准备餐食、布置餐桌的方式取决于你是要举办一个晚宴，还是急着去参加一个重要会议。你会对周围发生的与你有关的一切事情有所预期。简言之，你知道你想要什么，知道达成目标的最好方法是什么。你确信自己能实现目标。正因如此，你做事的程序才显得如此灵活和自然。

你的小天使一进入下一次心智发展的飞跃——第9次飞跃，就开始学习如何更好地处理一些情况了。他将开始探索充满“法则”的世界。大约64周，也就是将近15个月的时候，你会注意到他开始尝试新事物。

之前，大约61周（一般是59～63周），你的小宝宝开始注意到他周围的世界正在改变。很多新事物正在颠覆他对现实的认知。最初，处理这些变化对他来说是一项艰巨的任务。首先，他必须在这个新发现的混乱中创造一些秩序。他会回到熟悉的环境，再一次向你寻求安慰。

进入难以取悦的阶段：飞跃开始的标志

这个阶段，许多父母抱怨说，再也听不到孩子的笑声了。他们看到自己的孩子“板着脸”或“脸上写满哀伤”。悲伤的时刻总是出乎意料就出现了，简直莫名其妙，好在通常都很短暂。你的小家伙也可能变得更急躁、不耐烦，容易沮丧或爱生气。例如，他发现妈妈或爸爸没在身旁听他“差遣”，或是不明白他要什么以及在说什么，又或纠正了他或对他说“不！”；甚至在他搭建的积木有些摇摇欲坠或是他没能推动一张椅子，又或是他撞到桌子的时候，他都可能暴跳如雷。

简言之，在这个阶段，你的宝宝除了3C表现外（又哭又闹、过分依赖和脾气暴躁），还会有其他典型性格特点。

这段时间对你的宝宝来说困难重重，对你来说也是如此，会让你感到焦虑、愤懑、有压力。

幸运的是，这个阶段不会持续很久，你的宝宝很快就会再次成为家中的“阳光”。他将获得新的技能，尝试做各种新的事情。

来自妈妈的心声

“这周他哭得很厉害。为什么会这样？我不知道。他经常突然就毫无征兆地号啕大哭起来。”

——格雷戈里的妈妈，第64周

“如果她没有感觉到我直接的关注，她就会躺在地上号啕大哭。”

——乔茜的妈妈，第62周

“他真的在抗争。如果他不能在第一时间做成某些事情，就要发脾气，或是把东西扔得到处都是。”

——格雷戈里的妈妈，第66周

切记

你要仔细观察，看看你的小家伙是否在尝试新事物。当他变得黏人的时候，你就知道飞跃就要来了。具体详见第404页宝宝是如何探索的及可能获得的新技能。

如何判断宝宝已进入难以取悦的阶段

除了3C表现（又哭又闹、过分依赖和脾气暴躁）外，你的宝宝可能会给你一些其他的信号，让你知道他进入了下一个难以取悦的阶段。

宝宝现在更频繁地黏着你吗？

最初，大多数婴幼儿都会想尽办法和他们的爸爸妈妈待在一起，这将促进他们的行为发育。随着婴儿逐渐长大，与父母的这种亲密关系可能变换形式：他们可能满足于远距离的接触，而不是近距离的身体接触；他们把这变成一种“时常远距离进行眼神接触”的游戏。这是他们迈向独立的重要一步。然而，通常情况下，他在这个阶段仍然表现得像一个小婴儿。

来自妈妈的心声

“他时常拖着他的玩具跟着我。如果我站着不动或是坐下来，他就会待在我的脚边玩儿。这种状况渐渐让我感觉疲惫。”

——凯文的妈妈，第62周

“他喜欢隔着一段不算太远的距离引起我的注意，我们只是彼此对视一眼。这样的交流让他喜形于色。”

——卢克的妈妈，第63周

“这周他确实很黏我。他喜欢爬到我背上。还总是拽着我的头发往上攀。他甚至坐在我的腿中间，抱住我的双腿，这让我无法迈开一步。自始至终，他都把这一切搞得像在玩游戏，让我无法拒绝和不耐烦。与此同时，他的目的也达到了。”

——马特的妈妈，第65周

宝宝会害羞吗?

有陌生人在场时，大多数宝宝都不愿意离开爸爸妈妈的身边。一些宝宝还表现得似乎要试图爬回妈妈的肚子里。他们绝不要其他人抱。爸爸妈妈是唯一可以触碰他的人，有时甚至是唯一可以和他们说话的人。有时，就连爸爸也可能让他无法忍受。大多数时候，他们看上去很害怕。你会认为宝宝好像变得害羞了。

来自妈妈的心声

“如果我把他留在有其他人的房间里，他就会大哭。如果我去厨房，他便会跟着去。特别是今天，即使房间里有他很熟悉、每天都能见到的奶奶，他也寸步不离地守在我身边。”

——弗朗基的妈妈，第63周

“她爸爸想吸引她的注意力，但她把头扭开了。当爸爸把她放进浴盆里时，她开始大喊大叫。她只想和我在一起。”

——乔茜的妈妈，第64周

宝宝不希望你离开他身边吗?

小宝宝是不想让自己和妈妈或爸爸之间的距离有所增加的。如果谁必须要去某个地方干点什么，他宁愿亲自前往。妈妈或爸爸必须待在那里，丝毫都不能动。

来自妈妈的心声

“当我把他送到托儿所时，他很生气，我去接他时他会告诉我他的感受。然后，他就又不理我了，好像我不存在似的。再然后，他又把头靠在我的肩膀上，这真的很贴心。我们就这样依偎在一起。”

——马克的妈妈，第66周

宝宝比以前更频繁地要你逗他玩吗?

宝宝此时一般都不喜欢独自玩耍。他们想和妈妈或爸爸一块玩儿，如果达不到目的或父母离开，他们就会跟上，心里想着：“如果你们不想和我玩，那么我就一路跟着。”大多数宝宝都愿意帮助爸爸妈妈做家务。有时，一些聪明的小家伙会想出新策略或用逗趣的表情、滑稽的动作来引诱你陪他们玩耍。他们如此卖力，让人难以拒绝。即便正在忙于家务，你也愿意放下手上的活陪他玩儿。你的孩子已经长大了。

来自妈妈的心声

“她几乎不再玩耍了，总是跟着我转悠。她似乎就想看看我在满屋子地做些什么，再时不时掺和一下。”

——珍妮的妈妈，第64周

“他几乎不再想自己玩儿了。一整天都在骑大马，而妈妈就是那匹“马”。他用可爱的小伎俩让我在他周围团团转，我一直在想我怎么没意识到他的小花招呢。”

——马特的妈妈，第65周

宝宝会有嫉妒心吗?

有时，当父母和其他人在一起时，宝宝会想获得父母额外的关注——尤其当爸爸妈妈关注其他孩子的时候。这让他没有安全感，想要妈妈或爸爸只属于自己，他必须成为妈妈或爸爸注意力的中心。

来自妈妈的心声

“旁边有其他人的时候，他特别想要我的关注。如果旁边有别的孩子时，则更是如此。他会嫉妒。我让他自己去玩儿，他倒是听话，但会依然待在我身边。”

——托马斯的妈妈，第61周

宝宝会喜怒无常吗?

一些父母或许会注意到，小家伙的情绪竟然可以快速地在两极间转换。“小变色龙”前一刻还在抱怨，过一会儿就满脸笑容了；这一分钟还可爱得让人忍不住想抱抱他，下一分钟就大发雷霆，一下打翻桌面上的杯子，然后眼泪涌了出来，伤心欲绝。你完全可以把这一切看作是孩子的青春期预演。这个年龄段的小家伙已经能够用很多种行为来表达自己的感受了。如果他心情不佳，那所有发脾气的方式他都会试个遍。

来自妈妈的心声

“她在烦闷和开心、黏人和独立、认真和糊涂、任性和顺从之间变来变去，这些截然不同的情绪轮流出现，真烦人啊。”

——朱丽叶的妈妈，第62周

“他一会儿是淘气鬼，一会儿是乖宝宝；一会儿打我，一会儿亲我；一会儿坚持所有事情都亲力亲为，一会儿又可怜兮兮地赖着都要我代劳。”

——马克的妈妈，第65周

宝宝睡眠不好吗?

许多小家伙在这段时间都睡不好。他们不想上床，到睡觉时间了就哭，哪怕是在白天。有时父母觉得孩子的睡眠规律似乎完全发生了变化。他们怀疑孩子现在正从一天小睡两次向一天小睡一次过渡。即便孩子确实睡着了，许多父母也不得安宁。睡不安稳的小家伙要么会在梦中哭，要么容易醒来。看上去他们是在害怕什么。有时如果安慰得当，他们会重新入睡。但有些小家伙要妈妈守在身边，或是占据大床上妈妈爸爸中间的位置才肯继续睡觉。

来自妈妈的心声

“晚上她要是醒了，就会紧紧抱住我，好像很害怕。”

——珍妮的妈妈，第62周

"该睡觉了，她就变得非常忙碌，到处找麻烦，还试图咬人。她似乎不愿意自己睡。哄她睡觉真的很困难。她哭了一阵子，终于睡着了。但那之后，我心力交瘁。昨晚，她四仰八叉地睡在我俩中间，一条胳膊一条腿放在爸爸身上，另一条胳膊和另一条腿则架在我身上。"

——埃米莉的妈妈，第64周

宝宝会做"噩梦"吗？

许多宝宝在这段时间会更频繁地做噩梦。有时他会醒来，看上去很伤心，或是十分害怕和惊恐。其他睡觉的时候，就算他没有醒来，你也能感觉到他非常沮丧、生气或暴躁。

来自妈妈的心声

"这一周有两次，他尖叫着醒来，全身是汗，惊恐不已。我花了半个小时才哄得他不再哭了。他几乎无法安抚。之前从未发生过这样的情况。我也注意到，他得有一阵子才能重新恢复平静。"

——格雷戈里的妈妈，第62周

小贴士

如果你想了解更多关于睡眠和心智发展的知识，请参看本书"睡眠和飞跃"一章的内容。

宝宝会做"白日梦"吗？

有时，小家伙坐在那儿盯着远方，好像陷入了沉思。

来自妈妈的心声

“我发现他相当安静，坐在那里眼睛直直的。他以前从不这样。”

——托马斯的妈妈，第63周

宝宝食欲下降了吗？

不是所有的宝宝都会乖乖吃饭的。有的宝宝每天就是会比其他宝宝少吃一顿。孩子食欲不佳，父母就会担心，这就让孩子获得了他需要的关注。母乳喂养的幼儿会更频繁地想吃奶，但他只吮吸一点就吐出妈妈的乳头，然后四处张望；或者他只是用嘴含着乳头。毕竟，这就是他渴望的港湾，他想一直和妈妈待在一起。

来自妈妈的心声

“又开始了，他夜里常常醒来，而且总是要吃奶。这只是一种习惯，还是他真的饿了呢？我很好奇这一点，因为他吃奶的频率特别高。我也在想，是不是他太依赖我了。”

——鲍勃的妈妈，第63周

宝宝是不是再一次变得更加孩子气？

你的孩子似乎又退回到婴儿期的状态了，但事实并非如此，黏人阶段的退行意味着即将到来的进步。另外，由于这个年龄的孩子能做的事情已经比较多了，他们的退行也因此让人觉得更加明显。

来自妈妈的心声

“他重新开始频繁地爬行了。”

——卢克的妈妈，第63周

“之前，只要我们把时间计算好去问她是否想尿尿，她一般都会去用便盆。但是现在她又回到使用尿布的时候了，好像完全忘了使用便盆这回事。”

——珍妮的妈妈，第62周

宝宝表现得异常甜美吗？

一些父母会在孩子大大的拥抱、甜甜的亲吻和亲昵的撒娇下屈服。小家伙当然注意到了，和发牢骚、找麻烦、死缠烂打相比，妈妈或爸爸更难拒绝这一类爱意满满的表达。这样一来，他就可以在需要的时候补充“妈妈或爸爸能源”了。

来自妈妈的心声

“有时她真的会表现得很温柔。她来到我身边，拥抱我，伸手搂着我的脖子，脸颊贴着我的脸颊，然后再摸摸我的脸，亲亲我。她甚至还会去抚摸、亲吻我的外套的毛皮衣领。她以前从来没有这么多亲昵的举动。”

——妮娜的妈妈，第65周

宝宝会更频繁地拿绒毛玩具吗？

有时，宝宝会喜欢抱着毯子、毛绒玩具和各种柔软的东西，特别是在妈妈或爸爸很忙无暇顾及他的时候。

宝宝很淘气吗？

很多宝宝这段时间会故意调皮捣蛋。这是他们获取关注的最好方式。如果有东西打碎了、被弄脏了，宝宝遇到危险了，或是房间被弄得乱七八糟，他们的父母就会马上过来处理这些糟糕的情况。这其实是宝宝为了获得“妈妈或爸爸能源”补给使出的另一种小伎俩。

来自妈妈的心声

“她故意淘气，偏要对我们不准她动的东西下手。她摇晃楼梯口的门（现在已经坏了），还把毛线针从我还没织完的衣物上抽出来，这还只是开始。真让人头疼。”

——薇拉的妈妈，第65周

宝宝是否经常发脾气？

许多宝宝现在变得更急躁了，动不动就发脾气。如果没能称心如意，如果不能第一时间做成某件事，如果对方没能马上理解自己的意思，或者甚至不需要任何明确的原因，这些小家伙都会在地上打滚、乱踢、尖叫。

来自妈妈的心声

“她大发脾气。我们第一次遇到这种情况。一开始，我们以为她是因为长牙太疼了。她跪在地上，大声尖叫。后来我们明白了她就是在发脾气。”

——乔茜的妈妈，第63周

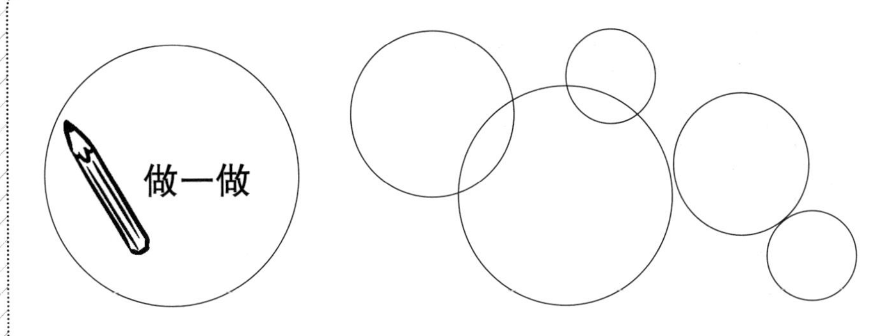

宝宝开始进入发展飞跃的迹象：

□ 比以前更频繁地哭泣。

□ 比以前更频繁地发牢骚。

□ 比以前更烦躁。

□ 一会儿高兴，一会儿哭泣。

□ 比平时更频繁地需要有人逗他玩。

□ 黏着你，如果可以的话希望一整天都这样。

□ 总是想靠近你。

□ 表现得异常可爱。

□ 有时特别顽皮。

□ 爱发脾气，或比以前更频繁地发脾气。

□ 会嫉妒。

□ 在陌生人面前比以前还要害羞。

□ 会明确告诉你，他不喜欢切断与你之间的身体接触。

□ 睡得不好。

□ 做噩梦的次数比以前多了。

□ 食欲不佳。

□ 只是坐在那里，安静地像是在做白日梦且比以前更频繁。

□ 喜欢伸手去拿毛绒玩具，或者比以前更频繁地这样做。

□ 比以前更加孩子气。

□ 拒绝穿衣服。

□ 你注意到宝宝的其他表现：________________________

当你在根据上述列表核对宝宝的行为时，记住没有一个宝宝能表现出所有这些特征。重要的是你的宝宝做了什么，而不是做了多少。

你还好吗？——父母的挑战

许多父母对这个年龄孩子的黏人、抱怨和挑衅缺乏耐心。6个月前，这些行为可能就让他们感到担忧了，现在更是让他们恼火。尽管养育一个固执、爱抱怨、恼怒的孩子并不容易，但不要忘记，你的孩子面临比你更大的困难。

如果你对宝宝的行为感到生气，那就用他能听懂的话，向他解释爸爸妈妈为什么生气。一个爱哭哭啼啼的孩子，只要你慢慢跟他解释，他更容易放松下来。他会发现如果要求父母给予不合理的关注，反而会造成他易被忽视的结果。

来自妈妈的心声

“有时，他偏要让我在最忙的时候抱他，这很烦人。我试着用简单的字词跟他解释为什么我当下不能抱他。解释真的有用！”

——格雷戈里的妈妈，第65周

“他假装没听见我说什么的时候，我就会变得相当烦躁。我一把抓住他，让他面朝我，使他不得不看着我，好好听我说话。”

——泰勒的妈妈，第65周

不要让争吵升级

孩子在不断成长。他和你可能会有越来越多的分歧。如果不允许他打扰大人、黏人或是任性，他就会激烈反抗。这就可能招来真正的争吵。难以取悦阶段的尾声可能爆发激烈的亲子对抗，那是父母和孩子脾气最大的时期。无论你们之间情绪爆发或争吵有多厉害，都要保持冷静、言行一致。尖叫从来都不是一个好的行为，更不应该对宝宝使用暴力。

放松时刻

在抚养孩子的大工程中，你很容易忽视自己。以下是一些对你有益的特别的放松时刻。

5分钟的放松时间：看着镜子，微笑。即使是“假”笑，每次微笑都会促使你体内多巴胺的释放，让你感觉更快乐、压力减弱。让今天成为你微笑的一天吧：冲别人微笑，也冲自己微笑。让你的微笑带走压力。你想要真正的欢笑吗？那就坐下来看一个让你开怀大笑的视频，享受满满的多巴胺效应吧！

10分钟的放松时间：坐下来，给自己一些好的建议，对自己说一些安慰的话。畅想一下，80岁的你会对现在的你说些什么呢？

更长时间的放松：预约一次好的按摩或者让你的伴侣给你好好按摩一下。这是真正放松你的身体的一种方式。

想了解更多的放松时刻以及对你的家庭生活产生的美妙影响，请参阅第22页内容。

宝宝的新技能开始结出“果实”

大约从第64周——差不多第15个月——你会注意到孩子的许多黏人的行为开始消失了。他再次变得大胆。或许你已经发现他有些不一样了，行为方式也不同了。他变得更任性，思维方式变了。他摆弄玩具的方式也不同了，甚至幽默感也变了。这些改变如此明显，是因为在这一时期孩子观察和尝试执行“法则”的能力开始结出“果实”，他们更愿意实践最适合自己的技能。你要帮助宝宝。

来自妈妈的心声

“他不再想长时间地坐在我腿上了，他又变得活泼了。”

——托马斯的妈妈，第67周

“所有的无精打采和坏脾气都消失了。她甚至喜欢去日托中心了。

难以取悦的阶段终于过去了。”

——乔茜的妈妈，第66周

与之前相比，宝宝独自玩耍的时间长了，他更平静、专注了，更认真投入、积极进取了，更乐于尝试、细心观察了。这个阶段，他对玩具不那么感兴趣了，而是更多地把兴趣转向了家务。此外，宝宝现在真的很喜欢在户外一边散步一边探索，当然他还是需要你陪在身边。

充满法则的世界

一般而言，这个阶段的宝宝已经可以更加游刃有余和自然地完成各种“程序”了。你现在能理解他在做什么以及他想要什么了。这是因为你的孩子能够有更复杂的想法，更像一个成年人那样去思考了。法则会影响他的思维过程。你的小家伙不再“陷入”某个程序之中，他能够“创造”或更改一个程序，并自行判断其价值。因为他在执行程序时已经在考虑每一步，以决定他是否要这样做或那样做，你的小家伙开始探索法则的世界了。他的头脑更加忙碌了。他自己也能感觉得到。

来自妈妈的心声

“他现在会用头脑思考和感受自己遇到的事物。他会用额头去触碰很多物体：地板、桌腿、书、他的餐盘等。他高声喊叫着要我看。可我没法理解他。有几次，我以为他想说这些物体是可以撞击的。其他时候，他的举动似乎又显示出他正在开始新的思考方式，好像他觉得自己可以从心里理解这个世界。”

——卢克的妈妈，第67周

在探索充满法则的世界时，你的小家伙会在行动之前先思考，他会考虑行为的后果，他会制订计划并进行评估。他甚至会运用策略："是应该问爸爸还是奶奶要糖果？""如何拖延某些事情而不被发现？"很自然，你的孩子还不太善于做计划，他的计划也没有我们成人的复杂。作为成人，我们花了多年时间掌握这一技能。通过不断实践，通过执行众多程序并应对无数各不相同的情况，我们最终学会了某些法则。你的小新手当然不能完全理解这么多新的事物了。就像"爱丽丝漫游奇境"一样，他在复杂的法则世界中漫游。他最先理解并接受的，是从早到晚他都必须做选择。是的，他将注意到这不可避免，必须选择选择再选择。你可能已经注意到了，你的小家伙不停地在犹豫他到底要做什么。思考对他来说是一项全天候的工作。

来自妈妈的心声

"他现在意识到，他一整天都得做出各种各样的选择。他集中精力选择，并且要花很长的时间。他无数次地犹豫要不要打开电视，要不要把东西扔出阳台，要睡大床还是小床，以及要和爸爸还是我坐在一起，等等。"

——卢克的妈妈，第67周

在充满法则的世界，孩子不仅要选择他要做什么，在做的过程中还要继续选择："我应该拆除我的积木塔，还是就把它放在这儿，还是继续搭得更高？"如果他想要把积木搭得更高，还会继续想："下一步我该放上一块积木还是我的洋娃娃？"做每一件事情，他都得思考："我应该仔细地、草率地、胡乱地、迅速地、野蛮地、冒险地还是小心地应对呢？"如果妈妈或爸爸认为他该上床睡觉了，他还要选择是安静地乖乖听话还是试图拖延。他甚至会想："有什么办法能让我最晚上床？干脆尽快逃跑得了？还是要个花招？"如果他清楚地知道某些事是大人不允许的，他就必须选择是直接违反禁令还是等风头过了再做。他沉思、选择、尝试，让父母无可奈何。

面对这些选择，孩子渐渐明白，他也能应对这个世界了，就像爸爸妈妈和其他人那样。他的占有欲也在增强。他很不乐意和别人分享自己的玩具，特别是和别的孩子。他现在已经算得上一个独立的人了。他的意志无时无刻不在支配着这个世界。这一刻，他决定把满满一杯水小心翼翼地放在桌上；下一刻，他决定打翻那个杯子，让里面的饮料洒一地。这一刻，他试图用亲吻和抚摸从妈妈那里得到一块饼干；下一刻，他则选择发脾气的方式。

我们成人已经在充满法则的世界中积累了多年的经验。通过试错，我们在面对这个世界时越发老练和纯熟。例如，我们知道正义、善良、有益、机智、节制、勤俭、信任、谨慎、合作、关心、果断、耐心、同情等特质的含义，以及对我们意味着什么；我们知道体谅他人、追求效率、协同合作、互相友爱、彼此尊重意味着什么；我们也知道在相处时如何让他人放松，但并非我们所有人都会对某些法则做同样的解读。例如，我们知道，在自我介绍时与对方握手，在我们的文化中是一种礼貌——但是，在英国，人们点头表示问候就够了，不会握手；而在坦桑尼亚，人们打招呼的方式是双手相握，只伸出一只手会被认为粗鲁，因为他们的文化认为留着另一只手是为了帮忙把伸出去的手抽回来。我们想要遵循的法则原自各自的性格、成长的家庭环境和文化传统。

上面列举的主要是一些道德法则，一般与我们做事的尺度和价值观有关。但是还有其他的一些法则。例如，在下象棋时，你会使用“控制棋盘中间区域”这一特定策略；长途旅行时，你会提前制订计划（法则），以保证有足够的睡眠、让旅行更舒适；当你写一篇文章的时候，你必须考虑你的目标读者；作曲家作曲时需要考虑“主旋律”。此外，解释事物如何运行的自然规律，描述复杂物质如何由简单元素组成的化学式，或是说明地壳运动方式的地质学，所有这些都属于我们所说的法则的世界。

当然，你的孩子还远没有准备好去理解成人是如何运用这些法则的，诸如象棋的策略、自然的规律、成人世界的准则规范。但你的小家伙已经以自己的初级方式开始了对法则世界的探索。他们甚至已经设计出了能够自己多待一会儿的策略（社交策略）！有的孩子会花一整天的时间玩玩具车，观察它是如何沿斜面下滑的（基本物理法则）。

成年人在实际生活中运用法则的方式可能迥然不同。我们随时准备着应对层出不穷的变数。假设你的伴侣和孩子各画了一只苹果，然后都满怀期待地看着你。你很可能对你的伴侣更诚实。即便伴侣画得很像一个水果，你也可能指指点点，不太容易表扬对方。但不管你的孩子画得好不好，你都会表扬他。哪怕你看不出他画的是什么，你却说这是你见过最可爱的苹果。你还会把这幅苹果贴在了冰箱上，好好欣赏一番。你不自觉就想到了你的孩子和伴侣对你的评论的反应会非常不一样，以及你的负面评论可能带来的影响。因为你知道，稍有不慎，你可能永久性地挫伤孩子的作画欲望。

在这个年龄段，你的孩子还不能应对各种不同的情况。他还没有掌握处事的微妙技巧。他仍然得依靠先前学会的技巧。因为他才刚刚开始理解并接受少数几个法则，他只会一板一眼地运用它们。只有经历了下一次飞跃以后，他才会变得更适应环境，进而也会调整自己的策略了。在下次飞跃之后他可以选择自己要成为什么样的人：诚实的、友善的、细心的、耐心的、机智的、高效的、正义的、体贴的或是节俭的。当然他也可以选择不具备以上任何或所有这些特质。他可以安慰朋友，也可以选择不这样做。他可以温和地对待小狗，也可以粗暴地对待它。他还可以对邻居表现出礼貌，可以配合妈妈或爸爸，或者也可以不……

大脑的变化

根据美国研究者对408对同卵双胞胎的研究显示，大约在宝宝14个月大的时候，就发现了遗传因素对心智发展产生的明确影响。这一发展既关系到非言语的技能，也关系到宝宝对言语的理解。

神奇的飞跃：发现新世界

在充满法则的世界中，孩子将会发现，要达成一个目标可以有很多方式。他可以运用很多策略："我应该小心翼翼还是鲁莽随意，坚持己见还是乖乖听话呢？""或者我应该搞点恶作剧吗？"你的小家伙在各方面变得更加机敏了。他能做到这一点，源于他全方面的发展。他开始更熟练地行走，并且能够加速前进。他能更好地理解你，有时还能回应你。他还会练习和自己的情绪做伴，自娱自乐，因而并不总是待在你身边了。他可以在做事之前先思考，知道自己也算得上是一个独立的小人儿了。他可以更熟练地吃喝了。与此同时，他在打扫、搭积木、收集、推搡踢打其他孩子等方面的技能也在进步。他投掷东西时瞄得更准了。

在接下来的几周中，他会继续尝试新的策略去实现目标。当然，并不是他盘算出的每一个策略都能达到预期的效果，这需要时间和练习。通过尝试，宝宝将意识到不同的策略会带来不同的结果，有些策略能够帮他取得巨大的成功，有些则让他的期待落空。

给你的孩子提供尝试各种策略的机会，他会测试不同的策略，然后进行反思。他会明白，只有大量的练习并且观察你的反应，他才会变得越来越机灵，才能在特定情况下应对自如。

孩子可以通过很多方式来学习现实世界的法则，下文会详细介绍。

幼儿是这样的

你的孩子会喜欢他刚发现或意识到的任何事物。因此，你应该总是对孩子表现出的新技能和兴趣做出反应。通过这种方式，他会学得更愉快、更容易、更快，也更多。

运用技巧

当孩子试图在法则的世界中前进时，他会想知道自己的小身体能做什么——换句话说，当他想要表现得迅速、缓慢、谨慎、搞笑或灵巧时，他得知道如何使用自己的身体。他也想熟悉外面的世界，对控制事物变得更加熟练（他在这方面很有创造力！）；他也更会使用自己的语言，会模仿他人，重复他人的行为，会练习情感表达，会开始提前思考。你也会注意到，当他试图找到做事的最佳方法时，他会享受无休止的重复。在这里，你可以阅读宝宝这种新的“技巧”会带来什么，你可以了解其他父母和幼儿的经验。这些引用读起来很有趣，你会知道你的孩子会习得什么样的新技能。

身体动作

现在，你的小家伙将测试他身体的性能。“中间那块地方我挤得进去吗？”“我该怎么爬上楼梯呢？我又该如何下来呢？”“我要怎么玩滑梯呢？”“我能舒服地躺在这些家用物品和玩具上吗？”“什么东西不适合我，什么东西适合我躺在上面？”“我有多强壮？”简言之，小家伙正在了解自己的身体。他有时显得很鲁莽，这可把爸爸妈妈给吓坏了。

来自妈妈的心声

“她就那么直挺挺地对着一级台阶踏上踏下。她这样练习了一整天。现在我得睁大眼睛寻找一些高度各异的物体，这样她就能好好发展这项技能了。”

——汉娜的妈妈，第67周

“每天，他都能发现新的游戏。他在小床和衣柜之间发现了一条窄窄的通道，喜欢在那里钻进钻出。他还会滑到沙发下面，试试被卡住之前他能走多远。他跪在地上，不用脚，而是挪动膝盖满屋子游走。”

——马特的妈妈，第70周

“她在练习用不同的方式走路。倒着走、转着圈走、快走、慢走。她对所有这些技巧都非常着迷。”

——伊芙的妈妈，第64周

“她现在看见什么东西都往上躺：洋娃娃的浴盆，洋娃娃的床，还有扔在地上的靠垫。”

——阿什莉的妈妈，第64周

“我们在地上放了一张垫子，这样她就可以在上面跳来跳去。她喜欢朝着垫子飞奔过去，一头扎进垫子，再试着翻个跟头。她一直在测试自己能在这柔软的垫子上滚多远。”

——乔茜的妈妈，第66周

熟悉户外环境

许多孩子都喜欢到户外散步。看上去孩子不过是瞎玩一气，可实际上他是在调查这个新奇的区域。这并不代表他不需要你了——他确实需要！他会乐此不疲地提出各种问题：这个是什么？那个叫什么？所有的孩子在这时候都会尽可能地集中注意力，吸收你所说的以及他所看见的一切事物。

来自妈妈的心声

“她踩过一个水坑时被弄湿了，这让她大吃一惊。于是她走回去观察、研究那个水坑。”

——阿什莉的妈妈，第64周

“在动物园里，她站在一头活生生的奶牛面前，与它四目相对，不知所措。她还没有准备好和动物亲密接触，即便是在爸爸怀里。在回家的路上，她很安静，似乎在反复思量。那是书上的奶牛出现在现实生活中，真实的形象让她印象深刻。”

——维多利亚的妈妈，第61周

应对事物日趋熟练

你的孩子现在面对法则世界中的游戏和事物时，变得更加机灵了。如果他能自己吃饭了，他就会好好吃。在你不需要帮忙的时候他也会积极帮忙，最后可能导致所有东西都掉到地上。他现在可能很善于搭建东西，玩套环游戏或是玩拼图游戏正适合他。但是当心！他可能会经常去尝试打开水龙头、拧开瓶子和罐子。毕竟，他目前最感兴趣的还是测试哪种策略在他需要时最好用。他仔细盘算并不断尝试：如果我让钥匙链落到柜子后面会怎样？要是把它放到床下呢？又或者让它从沙发和墙壁之间滑下去会怎样？我该怎么把它找回来呢？如果我够不到，用竹竿就能取到吗？简言之，他在学习如何藏东西，再把东西找出来。当他练熟了某项技能，或他自认为已经很熟练了，可能会运用这项技能搞个恶作剧逗你玩。他也可能把某个玩具藏起来，比如他不想给其他小朋友玩的时候。注意观察你的孩子都做了什么。记得把危险物品收在他碰不到的地方，同时留心你的“小探险家”的安全。

来自妈妈的心声

“我们会一起玩拼图。现在他很喜欢这个，每次都会很高兴地参与。当然不是每次都进展顺利，但这是一个开始。”

——凯文的妈妈，第65周

“她会在你最意想不到的时候把东西扔到地上。她在研究她扔出去的行为对那个东西造成的影响。”

——乔茜的妈妈，第64周

“她使用她的玩具吸尘器时，更喜欢打扫那些最不需要清扫的地方。但她打扫那些地方时，就好像她的生活质量正是由那些犄角旮旯决定的：柜子下面、椅子腿与桌腿之间、开放式的储物柜里面。那些容易打扫的大面积的开放空间她却置之不理。”

——维多利亚的妈妈，第61周

熟练运用语言

在法则的世界中，孩子将不断地去感知周围大人彼此交流时以及对他说话时所使用的语言，并逐渐能更好地掌握这一抽象的沟通方式。同时他也更善于理解简短的指令了，通常会极富热情地去执行。这让他觉得自己很有能力。当你说出身体各部位的名称时，他还会十分兴奋地一一指出它们。对家里各种物品的名称，他也了然于心，不管这些物品是放在地上的、贴在墙上的还是挂在天花板上的。

幼儿是这样的

许多父母认为小家伙已经知道不少了，就应该能说得更多，但实际情况并非如此。只有经历了下一次飞跃，孩子的语言能力才能真正腾飞。尚处在法则世界中的孩子只要能说出单个字词、模仿动物的声音以及重复其他各种声响，就已经足够了。

不妨和孩子玩一玩指认物品和叫出名字的游戏。由你来说出一些物品的名称，然后让孩子去指认，玩具、身体部位或是其他任何东西都可以。再仔细观察一下，孩子是否对互相称呼这个游戏感兴趣。如果孩子已经开始称呼你，那就太好了。叫他的名字，让他叫你的名字，再叫他的名字。对很多孩子而言，这些游戏能让他们产生自豪感，让他们觉得自己是重要的。这对培养孩子的自我意识极有益处。

来自妈妈的心声

“他知道的越来越多了，学习生词的速度快得让人难以置信。虽然他明白的单词不少，但在说话时却只会用其中的一部分。他更喜欢以‘b’开头的单词，比如他喜欢的：球（ball）以及男孩（boy）。这样的单词他说得很好，也很完整。看起来他只是知道这些词如何发音，但还不会搭配。”

——哈里的妈妈，第69周

“我在厨房里忙碌的时候，她就会大喊‘爸爸’。这种呼喊于是自动衍化为一种语言游戏。两人轮流呼唤对方的名字：‘安娜……’‘爸爸……’‘安娜……’‘爸爸……’无休无止。现在，这个游戏随时都会开始，只要一个人从另一个人的视线中消失了就会开始。”

——安娜的妈妈，第70周

模仿他人

进入法则的世界之后，孩子会观察大人或其他孩子如何做事，以及他们的行为取得的效果。“他们是怎么把这件事做得如此熟练顺手的呢？”“如果那个孩子咬了奶奶，他马上会得到每个人的关注。”“妈妈和爸爸定期坐在马桶上，这肯定是一件‘大事’。”“隔壁那位女士会踢她的腿，且每次都哈哈大笑，这么说踢人一定很搞笑喽。”这些只是开始。他会进一步复制、模仿、尝试他所看见的。周围的人就是他的榜样。另外，书本和电视也为他的行为学习提供了取之不尽用之不竭的资源。

你要回应小家伙的行为，让他知道你对他的行为的看法。只有这样，孩子才会明白什么是对、什么是错，以及自己是否能把事情做得更好、更快、更高效和完美。

来自妈妈的心声

“模仿是他现在的‘主业’。他模仿他看见的所有行为：有人踩了他一脚，他也踩对方一脚；有人击打，他也击打；有人摔倒，他也摔倒；有人扔东西，他也扔东西；有人咬，他也咬。”

——托马斯的妈妈，第63周

“最初她用手把她的玩具吸尘器打开。之后她看到我是用脚把我的吸尘器打开的。从那以后，她也开始用脚开她的玩具吸尘器了。”

——维多利亚的妈妈，第61周

重现

在法则的世界里，你的孩子会重现日常的家庭活动等。他“做饭”“购物”“散步”“说再见”“照顾他的洋娃娃”。很自然地，他以幼儿的方式来做这一切。然而，你越来越善于识别到他在做什么。最重要的是，你的确时常看见他在尽力做到小心翼翼、乐于助人，或是颐指气使，或是装乖卖萌。他这么卖力，只是因为他觉得这是他角色的一部分，或者是他在模仿周围的人。

给你的孩子进入角色的机会，偶尔陪他玩玩角色扮演的游戏。你的小家伙会觉得他很重要，他做的事情也很重要。很多这个年龄段的孩子非常渴望被欣赏，他真的需要被理解。

来自妈妈的心声

“他在烤泥巴派：他一勺一勺地把泥巴舀进桶里装满，再把它们倒出来。他觉得非常好玩。”

——托马斯的妈妈，第66周

“过去的这几天，他一直将水从一个桶里倒进另一个桶里。他为此忙忙碌碌，时不时地还会要我帮他把桶里装满水。其他时候，他好像把我给忘了，完全沉迷在自己的活动中。”

——史蒂文的妈妈，第63周

“我的小男人整天‘购物’……他抓起一个包或盒子，在房间里四处寻找他想‘买'的东西。”他买完东西后，就把包或盒子给我。他为自己感到骄傲！”

——伊森的妈妈，第65周

“他经常偎依、亲吻、安慰、抚摸他的洋娃娃和玩具熊。他还送它们上床睡觉。他真的很有爱。”

——卢克的妈妈，第66周

有时，孩子喜欢扮演爸爸或妈妈的角色。他们想要研究如何做爸爸或妈妈。小女孩通常想当妈妈，但不知不觉中，真正的妈妈就会出来“碍事”。她们之间似乎在竞争。当然同样的情况也会发生在爸爸在家、孩子想要扮演爸爸的时候。如果一个小男孩扮演了爸爸，他们就会想知道妈妈如何回应这个新爸爸。

理解你的孩子在做什么，给他扮演角色的机会，与他合作。你的小家伙可以从中学到很多。他需要用这种方式来表达自己，他需要体验当妈妈或爸爸是一种什么样的状态。

来自妈妈的心声

“他走过去，躺倒在爸爸的床上，四下扫视了一圈，仿佛这床就是他的了。他还会像他爸爸那样，走过去坐在椅子上开始读报纸。像爸爸那样做事对他来说很重要。他同时也要我对他的扮演全部给予回应。”

——吉姆的妈妈，第66周

“我一脱下鞋子，她就穿上了，然后穿着我的鞋子走了一圈。她还经常要坐在我的椅子上，我必须给她腾出位子。如果我不愿意，她就开始和我拉扯，我要是继续不退让，她就会发脾气。”

——尼娜的妈妈，第69周

练习各种情绪的表达

在充满法则的世界里，许多孩子都会探索自己的情绪：如果我觉得高兴、悲伤、愤怒、好笑或感动，会是怎样一种感觉呢？当我问候某人时，我脸上是什么表情呢？如果我想让他人知道我的感受，应该如何表达情绪呢？如果我特别想要某个东西或想做某事，我应该怎么表现出来呢？

来自妈妈的心声

“他边走边笑，笑得很做作，好像在探索笑起来是什么感觉。他也用同样的方式探索哭是怎么回事。”

——鲍勃的妈妈，第63周

“她还想看那本书，这已经是第8遍了，而她也注意到我已经看够了。她坐在那儿，低着头，然后悄悄地试着噘起小嘴。等她觉得自己用对了表情，就抬头看着我，毫不掩饰地噘起嘴唇，同时把书递给我。”

——乔茜的妈妈，第65周

开始学会提前思考了

在充满法则的世界中，孩子开始能够提前考虑、盘算事情，甚至制订计划了。他理解了妈妈和爸爸就是这么做的。他能意识到你所做的或你要他做的某件事会产生什么结果。突然间，他开始对曾经习以为常、甚至喜欢的事物发表评论。但请记住，他并非不听话。他刚刚完成一次心智发展的飞跃，这是他进步的表现!

来自妈妈的心声

“现在，我去上班时，她就会经历一段艰难的时光。之前，她都会跑到门口为我送别。现在她却开始抗议，要把我拉回来。我觉得这是因为她能理解这件事的后续效果了。送某人离开可能很好玩，但是如果妈妈一走，就至少会消失好几个小时，这就不怎么好玩了。”

——伊芙的妈妈，第67周

“她开始提前考虑事情了！以前每次我给她刷牙时她都抱怨连连。这总是导致我俩非常大声地嚷嚷和争吵。而最近，当她听说‘该去刷牙了’，总是拔腿就跑。现在，当我把牙刷递给她，她就扔到角落里，因为她知道这之后紧接着会是什么。”

——劳拉的妈妈，第67周

“现在他记得他藏东西的地方或是他把东西落在哪儿了。甚至昨天的东西他都记得。”

——卢克的妈妈，第63周

“这是我第一次看到她表现出明确的期待。我们用手指在镜子上作画，她也画了一些。等她洗澡的时候，我就去把镜子擦干净了。我不应该这么做的。等洗完澡出来，她就径直去镜子那儿找她的画，发现画没了之后她会很伤心。”

——乔茜的妈妈，第65周

喋喋不休和为所欲为

不管你喜欢与否，在这个年龄段，宝宝总是喋喋不休和试图为所欲为是很正常的。事实上，你的孩子会从这种行为中学习。当他想要完成某件事时，你要帮他探索是否还有其他更好的策略可以使用，其他“法则”更容易接受，也更容易成功。在以后的时间里，他还会希望有自己的发言权，甚至表现出攻击性，你的孩子将测试关于“我的”和“你的”的概念。

总是戏剧性地发脾气

你的小家伙为了达到目的，是不是又尖叫、又打滚、又跺脚或者又乱扔东西呢？他是否会为了微不足道的事情而大动肝火呢？例如，他没能获得及时的关注，大人不允许他做某件事，用餐打断了他的玩耍，好不容易摞起来的积木倒掉了，甚至仅仅是找不出原因的闷闷不乐。为什么小孩子会这么小题大做呢？因为你和玩具没有按照他认可的方式对待他。他觉得沮丧，他需要表达。他选择用最鲜明强烈的策略来表达：发脾气，尽可能地大惊小怪。

目前，他还没有发现能更成功、更迅速地说服你帮他做事的策略，或是央求你帮他搭建更好的游戏设施的策略，也无从练习。你那唠唠叨叨的小孩只能通过如此夸张的行为让你知道他的心愿。

你要理解孩子的沮丧。如果他需要，就允许他宣泄一些愤怒，然后再去引导他探索，让他知道想要完成某事时其实还有其他更好的策略，以及更容易让对方接受、更容易成功的方法。也要让你的孩子知道，如果他清楚自己想要什么，你会考虑他的需求的。

来自妈妈的心声

“她发脾气的次数越来越多了。昨天，我刚把她从床上抱出来，她就无缘无故地发了一通脾气，而且这个状况持续了很长时间，她在地上打滚、撞头、踢我、把我推开，还一直尖叫。我怎么哄她都不奏效，拥抱、分散注意力或是严厉地批评都不管用。过了一会儿，我困惑地坐回了沙发，倚着沙发靠背看她在地上打滚，然后我去厨房切苹果。随后她也慢慢冷静下来，来到厨房，站在我旁边。”

——朱丽叶的妈妈，第65周

“这周他发了好几次脾气。有一次闹得特别厉害，到最后他几乎虚脱了。如果不能如愿，他就非常生气，然后就是一场恶战。他真的只活在自己的世界里！现在他真是一点也不听话。”

——詹姆斯的妈妈，第67周

想要话语权

在充满法则的世界中，你发现你的小家伙也有自己的意志，就像大人一样。他开始为自己说话，但有时会过分：他坚持他的意愿，不能更改。这种情况之所以会发生，是因为他越来越清楚，他可以把自己的意志强加给他人。他也是个人物！他意识到自己也可以像爸爸妈妈一样，可以自行决定什么时候、在什么地方做事，以及要怎么做、什么时候完成。此外，如果爸爸妈妈想做某事，他也要发表点个人意见。他要自己决定事情要怎么做。如果没能遂他的心愿或没按照他的计划进行，他就会生气、失望、伤心。向你的孩子表示理解吧。他依然需要学习才能明白他想做的不一定立刻就能进行，他还要学习考虑他人的意愿，虽然他很想站起来坚持已见。

来自妈妈的心声

“她显然想要自己选择吃哪一边的奶。她犹豫了一下，看看待选的两个乳房，最终指着当选的那个说‘那’。有时，看上去她就像在两种不同的口味中做决定。”

——朱丽叶的妈妈，第65周

“如果他脑子里已经有了什么念头，让他改变主意就绝不可能。你就像在冲着一面结实的砖墙说话。他就是要去隔壁房间干坏事。他哥哥和姐姐抽屉里的玩具是他这周的目标。对于橡皮、黏土他真的有自己的设计玩法。他清楚明白地知道什么是我允许他做的，但他不怎么在乎我的想法。”

——弗朗基的妈妈，第65周

“如果小先生不想听，他就摇头说‘不’。这些日子，他整天都摇着头走来走去，同时做着自己的事。最近有一次，他一直捣鼓垃圾桶里的东西，我就对他发火了。过了一会儿，我看见他闷闷不乐地躲在角落里掉眼泪。”

——约翰的妈妈，第70周

“突然之间，她有了自己的意愿！我们一起在儿童书店选了一本书。那本书真的很有意思。当我觉得差不多该离开的时候，她却有了其他主意，不愿离开，但我还是决定离开。于是，她开始在书店里惊声尖叫。我带着她向外走的时候，她仍一直尖叫。上了自行车之后，她一直站在后面她的座位上。我只能不断地把她摁到座椅上。我们差点就真的打起来。原来她不想离开书店，并且在这件事上，我没有发言权。我到现在还很诧异她的表现。”

——乔茜的妈妈，第68周

攻击性

很多家长都会提到这个阶段的孩子有时会变成暴躁的“老虎”。这让他们感到不安，但这种改变是可以理解的。在充满法则的世界中，孩子会尝试各种行为。攻击行为就是其中一种。孩子想要弄明白，如果他打人、咬人、推人、踢人，或是故意打碎东西，他的父母、其他成年人和孩子会有什么样的反应。向孩子表达你对他行为的看法。这是唯一能让他明白攻击行为是错误行为的方式，并且大人是不会被攻击他人或毁坏东西的行为逗乐的。

来自妈妈的心声

“她一巴掌打在了我的脸上。我说‘别这样’，她又是一巴掌，然后开始大笑。这真让我恼火。建立基本规则真不容易。”

——汉娜的妈妈，第70周

“他在日托中心毫无理由地咬了一个孩子。”

——马克的妈妈，第70周

关于宝宝攻击性行为的小贴士

研究显示，很多孩子刚过1岁后不久，就会出现攻击行为。在孩子17个月大时，90%的父母都报告称自己的孩子有时很好斗。孩子的攻击行为将在他们接近2岁时达到顶峰。在此之后，这种行为就会逐渐消退。等孩子到了上学的年龄，在正常情况下，这种行为将会基本消失。当然，总会有一些孩子比其他孩子攻击性更强，但孩子的成长环境也是重要影响因素。成长环境将决定孩子好斗时间的长短。如果孩子长年和暴躁的大人生活在一起，那么他们就可能认为“攻击行为”是正常的社会行为；而如果孩子生活在一个不容忍攻击行为，并奖赏友善行为的环境中，那么他们在沮丧、索要物品或被纠正错误的时候，就不会打人或踢人，他们会运用更为大家所接受的方式表达自己。

“我的”和“你的”

在充满法则的世界中，你的小家伙会发现，家里的一些玩具是属于他一个人的。突然之间，他就像成了一个大人物，成了自己东西的骄傲的拥有者。这对孩子而言是个大发现。他需要时间来理解“我的”和“你的”的意思。弄明白后，日常生活中出现的一些状况他应对起来就没那么容易了。一旦他的东西被人拿走，他会很不理解、会伤心哭泣。有一些孩子则会变得非常机警，尽可能地守卫自己的私人物品。他会想出各种策略，阻止别人靠近自己的东西，尤其不信任其他孩子。你的孩子依然需要学习借出、分享物品，以及和别的孩子一起玩的社会原则。

来自妈妈的心声

“她的欲望欲正在逐渐形成。家里有客人时，她就会走过来，骄傲地展示属于她的东西。如果我们去朋友家拜访，她会抓起她的东西，塞给我，让我好好保管。她希望这样能防止别的小朋友玩她的玩具。”

——伊芙的妈妈，第64周

“每次，其他小朋友抢走一件他的玩具，他就会突然大哭起来。”

——罗宾的妈妈，第68周

“凯文不许任何人从他身边拿走任何东西。你甚至不能用一笔‘好交易’引诱他。只要是他拿到手的东西，他就再也不放手。不过，他倒是热衷于抢别人的东西。这一方面他毫不迟疑。”

——凯文的妈妈，第65周

亲善策略和怀柔策略

你会越发感觉你的孩子有了自我意识，想要为所欲为、喋喋不休、乱发脾气都是他成长的一部分。但是你的孩子也很聪明，他知道可以使用其他的策略来得到他想要的东西；他也知道容易让他人上当的策略，无论是有意识的还是无意识的。他现在明白，他可以相当友善、开玩笑、耍花招、求助、合作、乐于助人或者小心谨慎，来达到自己的目标。他可以用积极的情绪作为达到目的的手段。你不觉得他很聪明吗？！

玩笑策略

孩子进入充满法则的世界以后，恶作剧和淘气搞笑将会渐渐成为生活中的重要活动。你的孩子可能开始说出他的第一个笑话，然后自己大笑一番。你或许还能注意到他也欣赏别人的笑话。许多孩子在这一时期都会这样。他喜欢恶作剧，如果有人或动物做出了反常的事情，不论是在现实生活中还是在电视上看到这样的场景，他都会开怀大笑。他觉得这很刺激。一些调皮鬼甚至尝试着借助恶作剧来回避遵循规则。

你可能已经注意到，“搞笑”被孩子当成某种策略，以便他去做一些可能让大人生气的事情。淘气搞笑所营造的意外但愉快的氛围，和发脾气相比，显然更能有效地获得父母的好感。让孩子在搞笑和恶作剧中发挥自己的创造力吧。但当他越界的时候，要非常清楚地提醒他、制止他。没有你的帮助，他就无法了解这之间的不同。

来自妈妈的心声

“他不断地开玩笑，乐此不疲。他和他的小伙伴们总是笑料不断。如果他看到一个小动物做出傻里傻气或是出乎意料的事情，他真的会开怀大笑。”

——罗宾的妈妈，第68周

“他就是喜欢傻乎乎地笑。他咯咯咯地傻笑，如果他的姐姐也加入进来，他就会突然放声大笑。”

——詹姆斯的妈妈，第69周

“他喜欢我追着他喊：‘我要抓到你了。’但是，当我要他穿上夹克的时候，他就尖叫着跑开，全然把这件事当成了一个游戏。”

——詹姆斯的妈妈，第70周

“她喜欢恶作剧。当我们走到家门口的时候，她不等我把钥匙塞进锁孔，就毫不停顿地径直走到了隔壁邻居家门前，装作自己认错了门。她真的觉得自己很搞笑。”

——阿什莉的妈妈，第70周

谈判和讨价还价

在过去的教育观念中，只要是父母定的规矩，孩子都必须遵守。一般情况下，大人也不会平心静气地接受孩子顶嘴的行为，而现在一切都变了。目前，我们普遍认为，尝试过与父母争论谈判的孩子，长大后能更好地为自己着想。当你的孩子进入充满法则的世界之后，你会发现一个崭露头角的谈判高手。

来自妈妈的心声

“我女儿知道我们不准她去抓桌上碗里的坚果吃。于是她想了一个既可以吃到坚果又能遵守规则的伎俩。她拿来了自己的盘子和勺子，用勺子舀了一些坚果到盘子里，然后用勺子吃。在她看来，她是允许这样吃的。”

——阿什莉的妈妈，第68周

理解“是”与“否”的概念

你的孩子尝试过说出“是”和“不”这样的词吗？这个阶段的孩子有时会用点头或摇头来表达自己的意愿，偶尔他也会大声说出“是”或“不”。他甚至会试一试反着玩，在说“不”的时候点头，在说“是”的时候摇头，对他而言这么做有趣极了。他还会强迫他的毛绒玩具听他讲解如何使用“是”和“不”。其他时候，你的小家伙可能会在搭积木时，或是为了找点事做在家里乱逛时，念念有词地自己练习说“是”和“不”的游戏。但大多数“是”和“不”的日常练习还是和父母进行的。

给你的孩子提供机会，让他自己去理解“是”与“否”的概念。这类练习将让他明白，如何使用“是”或“不”会对自己有利。他会学习你是如何做的。他自己就能发现，在各种情景中使用“是”与“不”的最佳策略。他将学会，哪种策略最有利于满足他的需求。

来自妈妈的心声

“他现在可以只用‘是’或‘不’回答所有问题。不过他有时会犯错。他想说‘不’的时候说成了‘是’，如果我按照他的回答行事，他会马上笑着改成‘不’，并且带着一种‘实际上不是这个意思’的语气。”

——卢克的妈妈，第65周

“她不断跟我测试‘是’和‘不’这两个词：在妈妈那里的‘是’真的表示肯定的意思，而‘不’真的表示否定的意思吗？或许我可以想办法骗人？她在测试，看她能走到哪一步。”

——妮娜的妈妈，第70周

“他知道他想要什么，也越来越会用明确的‘是’或‘不’来回答问题。他也有不同的‘是’和‘不’。有时他会非常明确地表示他的界限在哪儿。当碰触到他的底线，我知道他绝不会妥协。而对其他的‘是’和‘不’就没有那么刻板固执了。”

——保罗的妈妈，第71周

寻求帮助

你的孩子可能会在让人尴尬难堪方面展现出非凡的创造力。他能以一种聪明、狡猾甚至是可爱的方式开别人的玩笑。而在谈判技巧方面，他依然需要练习。观察你的小家伙，看他在想要做成某事时如何说服你或其他人。告诉他你的看法。你的孩子依然在法则世界中探索，他能从你的反馈中学习。

来自妈妈的心声

“他让我帮他拿出某个东西，我问他放到哪里，他走到一个地方，指出了应该放置的地方。然后他就变得非常友好，非常随和。”

——史蒂文的妈妈，第65周

“她越来越善于表达自己的意愿了。如果她需要换尿布了，她就会牵起我的手，把我拉走。如果她需要我用手指帮她做什么事，例如按下按钮，她就会抓起我的手指。她也会拉着我一起去她不想一个人去的地方。我是不是在忙别的她不关心，她要立刻完成她想做的事情。”

——乔茜的妈妈，第67周

“他越来越会频繁地用手指着东西了。他也会把要你替他拿的东西指给你看。这周，他把奶奶带到厨房，走到储物柜旁，指向了最上面放饼干的那一层。”

——弗朗基的妈妈，第63周

“过去的几周里，他像将军一样发号施令。当他想要什么东西的时候，就用洪亮的声音霸道地喊：‘妈妈！妈妈！’我应声看着他，他坐在那儿，伸出胳膊，指着他选定的玩具。他要我把它们拿过来。他的要求得到满足之后，他就收回胳膊，继续玩耍。发号施令成了他的第二天性。我在这一周才开始真正注意到这一点。”

——马特的妈妈，第68周

合作

在充满法则的世界中，孩子学会了选择：“我是乖乖听话呢还是坚决反对呢？”“我是否需要在意妈妈说了什么呢？”此外，你还会发现孩子变得越来越直言不讳，也越来越能干。完成小小的任务对他而言越发轻而易举了，例如：“去拿你的鞋子”“去拿你的奶瓶”“把那个扔进垃圾桶”“把这个给爸爸”“把它放到走廊里”或是“把它放进篮子里”。你可能已经注意到了，有时你甚至不用说要做什么，小家伙就已经领会了你需要什么，并且开始行动了。你们之间设定某些基本规则变得越来越容易了。

试着让孩子参与到你的日常活动中，你也参与到他的日常活动中。这会让他觉得被理解、被欣赏，感到自己很重要。他的自尊心会因此而成长起来。如果他想到你前面了，还要记得表扬他。那是他在向你展示，他知道你需要做什么。

来自妈妈的心声

“每次我们准备出门的时候，她都会去拿自己的夹克。”

——乔茜的妈妈，第65周

“现在他知道了，当我们走在人行道上时，他要待在我身边。”

——卢克的妈妈，第66周

“当她需要换尿布时，她会和我走到抽屉柜前，然后躺下，一动不动。这真的是在帮我。”

——劳拉的妈妈，第63周

乐于助人

进入充满法则的世界之后，大多数的孩子会对家中的一切日常事务都特别感兴趣。你的小家伙很可能不再仅仅满足于观察你帮他做事。他想帮忙，想减轻你的负担。让你的孩子做他分内的事情吧。不过，他真的非常需要确认自己帮了大忙，没有他，事情会一团糟，晚餐也不可能吃好，因此一定要确保当天给他一些发自你内心的赞美。当然，他还太小，不能摆桌子、擦桌子、打扫卫生，但是他会以自己的方式尽自己的一份力量来帮助你，同时他正在体验打扫卫生、摆桌子或者帮助你完成其他任务的感觉。他的意图是好的，结果并不那么重要，所以你能承认他所做的事情就是在鼓励他。

来自妈妈的心声

“他总是想帮我的忙，不论是整理房间、打扫卫生、上床睡觉或是别的什么。他就是想要参与日常事务。如果他被认真对待了，就会感到由衷地满足。我们之间的相互理解是这几天相处的核心。”

——吉姆的妈妈，第64周

“她会开心地帮我准备饮料。有时，我只让她弄她自己要喝的东西。她会用上所有的原料。等她喝上一口之后，就一直咕哝着‘呀啤，呀啤，呀啤’，走来走去。”

——朱丽叶的妈妈，第68周

“我一拿起吸尘器，她就拿起她的玩具吸尘器。她太想帮忙了。接下来她就想用我的吸尘器，因为我的看上去更‘帅气’。因此，我只能用她的，等她把我的拿回来，我才能继续安静地使用真正的吸尘器。”

——维多利亚的妈妈，第61周

小心翼翼

你的孩子有表现出“鲁莽”和“小心翼翼”吗？“我应该把杯子砸在地上还是小心地放到桌上？”他似乎很喜欢做出鲁莽的行为。跑、爬、张牙舞爪、疯狂地嬉戏、粗暴地对待东西……这些活动似乎是孩子都喜欢的消遣。但你要意识到，通过尝试这些行为，并观察你对这些行为的反馈，你的小家伙将学到“鲁莽”和“小心”的意义。

来自妈妈的心声

“她会在我们最意想不到的时候，把瓶子扔掉，比如，我们骑车的时候，然后她会用眼睛的余光观察我们对她行为的反应。”

——汉娜的妈妈，第64周

“他像只猴子似地到处攀爬，看见什么都往上爬。他爬得最多的是椅子。另外我也经常发现他在餐桌上，表示他下不来了！一般来说他很小心，会意识到危险，但有时还是摔得很惨。”

——弗朗基的妈妈，第66周

“现在，和哥哥扭打是最吸引他的活动。有时，他真的打得挺厉害的。”

——凯文的妈妈，第69周

“她把饮料洒了一些在地上。我顺手拿起地上的一只袜子把水擦干了。她吃惊地看着我，然后目的明确地从盒子里拿出了一张婴儿湿巾，整个重新清理了一遍。她做完之后直直看着我，好像在说，‘该这么做。’这让我想起了她平时打扫的干净程度，于是我表扬了她。”

——维多利亚的妈妈，第61周

“乔茜相当善于表达什么东西脏了。她会对着床单上一点点的污秽不断地说‘便便’。”

——乔茜的妈妈，第64周

“哥哥在她的洋娃娃堆里翻找他的机器人，把洋娃娃全弄到地上了，甚至她最爱的宝贝娃娃也被扔了出来。她立刻跑到被扔掉的宝贝娃娃跟前，把它捡起来，然后跑到我这儿，把娃娃塞到我胸前，还恶狠狠地看了她哥哥一眼。”

——伊丽莎白的妈妈，第63周

对“非理性”恐惧表示理解

当你的孩子忙着探索他的新世界、了解他刚刚发展的新技能时，一定会遇到对他来说全新且陌生的事物和情境。实际上，他在探索新的风险，至此之前他还没有意识到的风险，但他还没有办法说出来。只有等他能够更完整地理解这些新事物以后，恐惧才会消失。所以，请对他表示理解。

来自妈妈的心声

“詹姆斯害怕他姐姐的玩具鸭子。如果那鸭子挡在了路上，他就从一旁绕过它。如果他偶然抓到了鸭子，就会立马扔掉。”

——詹姆斯的妈妈，第66周

“她似乎害怕一个人坐在浴盆里。如果那样她就会又哭又叫。我们不知道这是什么原因。我们之中必须有一个人陪着她，她才肯坐进去。”

——乔茜的妈妈，第67周

学习规则

为了达到目的耍脾气和哭闹，不断要你逗他，总要人安抚，无缘无故地给别人添乱，不细心、不谨慎，故意伤害别人，故意使坏等孩子气的行为接连不断——你的小家伙不断触碰你的神经。你可能在想是不是只有自己遇到了问题小孩。答案是否定的，当然不是。你的孩子不再是个小小孩了，是时候建立一些规则了。孩子已经准备好了，你可以向他提出更多的要求和期待。更重要的是：他正在寻找这些边界。

既然他已经进入了法则的世界，他会渴望规则。他期待你的引导，什么是可以接受的，什么则不行。给他机会让他和规则熟悉起来。社会规则尤其重要，因为他搞不明白在一些情境下如何行事，只能等你做给他看。建立规则不会伤害到孩子，相反，这是你必须为他做的，是为人父母的义务。还有谁能比最爱他的爸爸妈妈更适合做这件事呢？

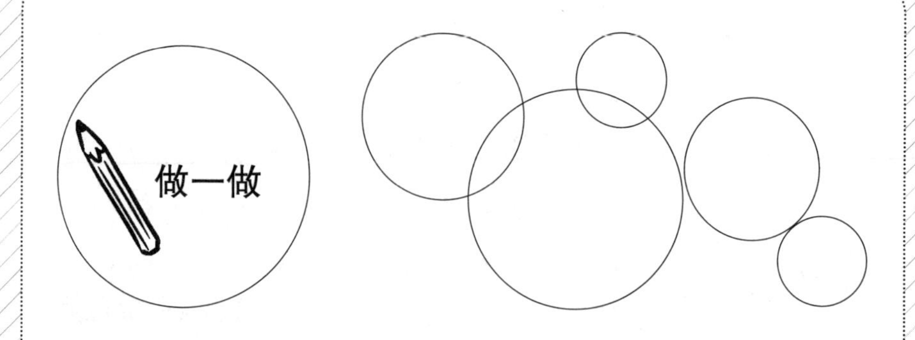

宝宝最喜欢的、利于大脑发育的游戏

这些是宝宝目前最喜欢的游戏，这些游戏完美地配合了他正在进行的心智飞跃。当宝宝在玩的时候，实际上是在训练他的大脑。

填表说明：

勾选你的宝宝最喜欢的游戏。填完这个表后，看看这一章接下来的发现列表，你可能会发现宝宝最感兴趣的事物和他在这次智飞跃中玩的游戏之间的联系。你或许得再琢磨琢磨，这会让你深入了解宝宝的独特个性。

技巧

在充满法则的世界里，孩子们会尽情、无休止地享受各种变化，尝试各种程序。通过这样做，他们做事会更熟练，并发现何时可以以什么样的方式更好地完成任务。他们也是敏锐的观察者。

☐ 宝宝喜欢肢体游戏，例如：

- ☐ 跑步
- ☐ 爬行
- ☐ 追逐其他孩子
- ☐ 从床垫、水床或其他柔软的表面走过，然后让自己跌倒
- ☐ 翻筋斗
- ☐ 在地板上打滚

- ☐ 与其他孩子玩摔跤
- ☐ 玩“我会抓到你”的游戏
- ☐ 在台阶上行走并保持平衡
- ☐ 从什么东西上跳下来
- ☐ 其他：

____

____

☐ 户外探索

- ☐ 四处游荡，四处寻找
- ☐ 查验、摆弄他在户外发现的任何东西
- ☐ 喜欢逛动物园，特别是爱宠动物园
- ☐ 喜欢逛游乐场
- ☐ 喜欢骑自行车或被大人背着环顾四周

☐ 指出来的游戏

- ☐ “……在哪里？”的游戏。例如：

身体部位：______________________________

玩具：______________________________

人物：______________________________

动物：______________________________

☐ 一边唱儿歌，一边随着儿歌的韵调手舞足蹈

- ☐ 最喜欢的手势歌曲是：

____

____

☐ 互相称呼的游戏

宝宝呼唤你，你呼唤宝宝。听到自己的名字，他会感到自豪，这让他觉得自己很重要。

开玩笑

在充满法则的世界中，开玩笑变得越来越重要。现在，孩子已经有些明

白事情是如何一步一步发展的。所以，当中途遇到一点问题，他就会由衷地觉得好笑，不论是别人的行为搞笑还是违反了规则。

☐ 装傻充愣，看着别人犯傻。

下面这些时候，会让你大笑：

____

____

☐ 看儿童电视节目或书里的人物做了一些愚蠢的事情或意想不到的事情，会觉得可笑。

家务游戏

在充满法则的世界中，孩子喜欢把家庭内外的日常活动表演出来。给他这么玩的机会，也抽出点时间来陪他玩耍。这能让孩子觉得他是这个家庭的一分子。有时候他真能帮到你，这会让你大吃一惊！

☐ 烹饪

比如，当你给宝宝一些小碗、一碗水和几小块真正的食物时，他就会把食物搅碎，喂你或者他的洋娃娃吃。

☐ 吸尘

用真空吸尘器或玩具吸尘器来回吸尘。

☐ 洗碗

也许宝宝洗过的盘子不会干净到可以用来吃饭，但是他喜欢玩水和肥皂，会用刷子好好搅拌一下。

情绪表达游戏

孩子在这个阶段会尝试和情绪“打交道”，当他和某人打招呼或者他想要什么东西的时候，他会做出不同的表情。你要和他一起玩，比如，花点时间和他打招呼。你可以模仿他，做出兴奋或可怜的样子，这可能让他哈哈大笑。

- ☐ 做鬼脸来表达情感
- ☐ 模仿表情符号

捉迷藏

- ☐ 你和宝宝一起玩
- ☐ 把物品藏起来

宝宝最喜欢的玩具

- ☐ 攀爬架，滑梯
- ☐ 各种球
- ☐ 图书
- ☐ 茶具，装满水或果汁的杯子
- ☐ 拼图玩具
- ☐ 塑料瓶
- ☐ 家用容器
- ☐ 玩具吸尘器
- ☐ 系着绳子的玩具
- ☐ 卡通

用宝宝的视角体验世界

我们成年人常对一些小事不以为然。试着去重新发现那些为你的小宝贝带来很大快乐的小事情，例如，让自己倒在床垫上、走矮木桩练习平衡感……热爱生活给予的一切吧！

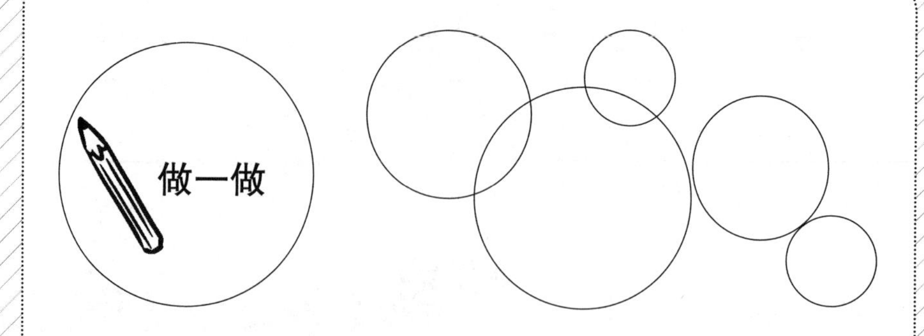

充满法则的世界宝宝如何探索

下表罗列了你的宝宝从这个年龄开始可能显示的技能。但你要知道，你的宝宝不会做列出的所有事情。

填表说明：

每个父母都会注意到自己的孩子发生的很多变化。这是一次巨大而激烈的飞跃。记住，我们只描述了一些典型例子，你的孩子可能还会有其他表现。花点时间仔细观察你的孩子，写下他所做的选择。

宝宝于＿＿＿＿＿＿＿＿＿做出了这次飞跃，

在＿＿＿＿＿＿＿的时候，再度“拨云见日”，现在，临近这次飞跃的尾声，宝宝可以做出下面这些新的事情了。

宝宝现在就可以做，或者比以前做得更好

日期：

☐ 现在更擅长自己进食或饮水了。吃饭的技能一下子提升了很多。

☐ 走路更加熟练，也更快了。

☐ 搭积木更稳了，可以用更多的积木搭塔的模型。

☐ 现在可以把一些东西放在一起，例如：

＿＿＿＿＿＿＿＿＿＿＿＿＿＿＿＿＿＿＿＿＿＿＿＿＿＿＿＿＿

＿＿＿＿＿＿＿＿＿＿＿＿＿＿＿＿＿＿＿＿＿＿＿＿＿＿＿＿＿

☐ 现在扔东西扔得更准了。

☐ 你能很明显地发现宝宝在探索一切。

身体战略的思考与实施

日期：

☐ 在用他的身体试验策略。宝宝用他的身体进行展示或者做试验。

☐ 用肢体语言来表示自己很聪明、快速或有趣。

☐ 似乎比以前更不计后果，更敢于冒险。

☐ 其他：

____

____

☐ 试验爬斜坡和做出向上爬的动作。例如，会用手指在上面滑动或者让一个玩具从上面滑落。

☐ 你看得出他在想：我应该小心翼翼地还是鲁莽地做呢？例如，前一刻宝宝会决定小心地把一个杯子放在桌子上，第二天却把杯子又扔到桌子或者地板上。这不是关于杯子，而是关于宝宝做事的不同方式和他的行为所产生的影响。

☐ 会尝试把东西藏起来再找出来。

☐ 尝试爬进或爬到某物后面，然后再爬出来。

☐ 喜欢无休止地重复或尝试某些事情，例如：

____

____

制订社交策略

日期：

☐ 有意识地选择。

☐ 采取主动策略。

☐ 有远见。你是从以下这些方面注意到的：

____

____

____

☐ 喜欢观察成年人。

☐ 喜欢观察其他孩子。

☐ 喜欢试验“是”和“否”的含义和用法。

☐ 喜欢捉弄爸爸妈妈。例如，假装不听爸爸妈妈的话。

☐ 为了让别人做某事而开玩笑。

☐ 现在或试图更经常地帮助别人。

☐ 比以前更频繁地承认自己仍然年幼，需要帮助，因此必须听他的。例如，宝宝明白街道是危险的，因此必须牵着大人的手走路。

☐ 利用别人来完成自己无法完成而大人也不会为他做的事情。例如，让别人从柜子高处上给他拿一块被爸爸妈妈禁止吃的饼干。

☐ 和以前相比，现在更听话了，或者听话的时候更多了。

☐ 比以前更频繁地变得超级可爱，以达到他的目的。

☐ 以下是你观察到宝宝如何选择策略来得到他想要的东西的4个例子：

☐ 宝宝的目标：　　策略：　　日期：

____

____

____

____

☐ 你给他下面这些机会来尝试应用策略：

____

____

☐ 喜欢无休止地重复，有时会尝试不同的社交策略，例如：

____

____

如果策略不起作用，会发脾气

日期：

☐ 比以前更频繁地试图通过发脾气来达到目的。

☐ 比以前更频繁地通过发脾气来表达他的情感。

☐ 当你向他展示某种策略不起作用或者它产生了相反的效果时，他会做出反应，改变策略。

宝宝的旧策略： 你如何纠正他： 宝宝使用了这个新策略：

☐ 愤怒

☐ 唠叨

☐ 抱怨

☐ 其他：

____

____

____

做出选择：我想要什么，我将如何身体力行去做？

日期：

☐ 试验各种事物，能用它们做什么以及怎样做。

☐ 比以前更加小心谨慎。

☐ 用身体做试验。当宝宝在做一件事情的时候，你可以看到他在想如何去做。你还能看出他在想："我怎么下楼梯？我怎样才能离开沙发？我可以用什么方法爬上别的东西呢？"

☐ 模仿别人的精细动作，比如拿铅笔。

☐ 模仿做那些让自己惊讶的事情，例如踩高跷。

☐ 尝试做各种滑稽动作的方法。

☐ 喜欢大运动，比如翻筋斗或攀爬。

做出社交选择：做什么和怎么做？

日期：

- ☐ 整天忙着做选择。
- ☐ 当想达到一个目标时，他可以
  - ☐ 小心翼翼
  - ☐ 鲁莽轻率
  - ☐ 咄咄逼人
  - ☐ 怒气满满
  - ☐ 异常可爱，亲吻大人
  - ☐ 乐于助人
  - ☐ 可怜兮兮，渴望得到同情
  - ☐ 其他：

____

____

- ☐ 这些是你看到宝宝如何运用“我想要什么，我如何得到它？”的例子。

宝宝想要的：　　　　　　他想如何实现：

____

____

____

- ☐ 模仿可爱、侵略、________、________、________行为。
- ☐ 模仿在电视上或书上看到的内容。
- ☐ 有时会练习情绪的表达，仿佛他在教自己演戏！

表达自己的意愿

日期：

- ☐ 想对别人的行为有发言权。
- ☐ 有强烈的归属渴望和被接纳渴望。

□ 对玩具有占有欲。

□ 当大人要做某事时，他想要发言权，即使不是用言语。他想让你知道他也有自己的观点和价值观。

□ 想做什么就做什么，比以前更频繁地我行我素。

表现出恐惧

日期：

□ 突然出现“非理性的”恐惧，是关于：

______

______

______

语言

日期：

□ 比以前更了解成年人之间的交谈了。

□ 比以前更明白大人对他说的话的含义了。

□ 能更好地理解简短的指示，并积极地遵循。

□ 当你问他“你的……在哪里？”时，他会指向那个物体。

□ 还是只能说单个的字词（不能说句子）。

□ 会模仿动物的叫声。

□ 能更频繁地模仿各种各样的声音，而且模仿得更好。

□ 现在更明白你在说什么，有时甚至可以回答：

你说：______

他答道：______

你说：______

他答道：______

你说：______

他答道：______

“儿童青春期阶段”

你对孩子的“消极”策略的理解程度，对这些策略的反应方式，以及你给予孩子尝试各种策略的机会，都会极大地影响孩子的未来。如果你能及时引导孩子，给他指出正确的方向，那么这个所谓的儿童青春期阶段——也称为唠叨和更多唠叨阶段——并不十分糟糕。所以，花点时间观察你的孩子，纠正他，给他空间去寻找正确的、积极的、确实能产生预期效果的策略。当你花时间填写上面的清单时，你会更多地了解你的孩子的个性，同时你也会深入了解了你作为父母的角色。

轻松时期：飞跃之后

大约66周，也就是15个月大的时候，大多数幼儿会变得不那么惹人烦了。他们长大了，变得更聪明了，也能参加日常活动了。你有时会忘记他们还很小。

来自妈妈的心声

“他看上去似乎身形更加修长了，但不如以前壮实了，他的脸更瘦了，他在成长。有时我看他沉默地坐着，盯着他的饭菜，他看上去成熟多了。”

——卢克的妈妈，第66周

“现在，和她有关的一切都变得更容易了。从她自己吃饭到帮我打扫，她真的和我们大家一样了。我总是忘记她依然是个小宝宝。”

——伊芙的妈妈，第67周

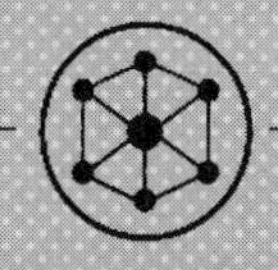

神奇的第75周

第10次飞跃

充满系统的世界

“一切都是相连的”

自从经历过上一次的发展飞跃之后，孩子开始渐渐理解什么是这个世界的“法则”了。他之前已经超越了“程序”的限制，现在摆脱了当初执行程序时的呆板机械。有生以来第一次，他能够审视和评估一个正在运行中的程序，有时甚至还能对它做一些调整和改善。现在，你应该时常会观察到他不断修改某个程序，然后研究其效果。你还能常常看到他在伸展肢体做出动作，探索神秘的户外，越发娴熟地驾驭各种物体和语言，会模仿他人、演示日常事务、尝试表达各种情绪，开始在行动之前拟定简单的计划，沉浸在自己的“戏剧课堂”中不断表演，坚持自己的说法，使用攻击行为，学习什么是属于他的而什么不是，将说俏皮话用作一种策略来结束对话，测试人们对“是”和“不”的反应，捉弄他人的鬼点子层出不穷，学习与他人合作，想要在家务事上帮忙，以及测试他粗心大意或小心翼翼分别会造成什么结果。

正如幼儿在运用程序方面十分呆板机械一样，他现在在运用法则时也不能灵活自如。他只能以某一种固定的方式去执行法则，不论情况如何变化。

我们成人能调整自己运用法则的方式以适应不同的情况。我们能纵观全局，看清事物是如何相互联结，又如何构成了整个系统。这里所说的“系统”包含了我们所熟悉的由零散的个体组合成整体的概念。如果构成某一事物的各个部分相互依存，又一起创造功能发挥效力，我们就说它是一个“系统”，生活中的例子比比皆是，比如需要上发条的时钟、一个电路系统或是人体肌肉系统。这些系统自有一套紧密连贯的运行法则，分别决定着齿轮速比、电流电压、肌肉张力。

再比如，人类的社会群体系统。这类系统中的每一个位置，都有与之相应的、以职责形态设置的规则（或协议）。比如守时，这是一种社会行为规则；再比如要完成老板设定的工作目标，这是企业雇员的做事规则。人类社会群体还包括文化群体、法律群体等。

当孩子进入第10次飞跃时他将第一次意识到“系统”的概念。当然，这一切对他而言是全新的。他还需要几年的时间才能理解我们的社会、文化或是法律真正的含义是什么。他最开始只能理解基本的系统概念。例如他把自己看作一个整体；他和爸爸妈妈组成了家庭这个系统；他的家和其他小朋友的家、邻居的家是不一样的系统。

探索充满系统的世界以后，宝宝便开始更灵活地遵循法则了。他开始理解他可以选择自己想成为什么样的人：诚实的、乐于助人的、谨慎的、耐心的，等等。他运用法则时不再那么教条了，他开始学习根据不同的情况调整自己的做事方式。

从第71周开始，孩子就已经注意到他的世界又开始变化了。大量的错综复杂的新印象出现在他的大脑里。他没办法立刻处理所有这些新奇的想法。他首先得从混乱中找出秩序。他要回到熟悉、安全的大本营。他再次变得又哭又闹、过分依赖、脾气暴躁。他需要补充“妈妈或爸爸能源”，才能适应他的第10次心智的飞越。

切记

如果你的孩子很黏人，要密切关注他。他很有可能正在尝试掌握新的技能。参照第457页宝宝是如何探索的及可能获得的新技能，看看会有什么发现。

进入难以取悦的阶段：飞跃开始的标志

在这一章中，我们将不再详细描述预示孩子即将进入新一阶段的心智发展飞跃的线索。相信现在你对这些内容已经很熟悉了。你只要记住，他会有3C的表现（又哭又闹、过分依赖和脾气暴躁），以及一些挑剔阶段的特征。记住，你的孩子只渴求待在你身旁，以及你全部的关注。他们现在也更大了，更聪明了，因此也更有能力找出达到目标的新办法了。

你还好吗?

最初，当你的宝宝变得比平时黏人、爱发脾气和哭闹时，你唯一关心的就是他出了什么问题。等他长到6个月大时，你发现他明显没有什么不适之处，你就越来越生气，但是你一般会随它去。毕竟，他还那么小。等他过完第一个生日后，你若生气了就会采取行动，而这样有时会导致你们的争吵。这是为人父母的真正“乐趣”！大家都知道青春期的孩子能把父母的生活搞得一团糟。幼儿也能做到。

放松时刻

我们希望你养成允许自己有一些放松时刻的习惯。如果没有……现在开始也不算迟！

5分钟的放松时间：即使你不打算锻炼，也要做一个小小的热身运动。站在舒适和稳定的位置，做一些动态或静态的伸展运动。确保你身体的每一部分都被激活并得以伸展。

10分钟的放松时间：可以写写日记，反思一下。坐下来，写下5件让你快乐的事情、4件让你感激的事情、3件让你开怀大笑的事情、2件让你骄傲的事情，还有1件你今天允许自己做的事情，因为你是个了不起的人。

更长的放松时间：尽量不要把空闲时间花在为第二天或下一个任务做计划上。利用空闲时间读一本书，做一些艺术和手工艺品，写一篇日记。要意识到这对你来说是一个放松时刻，并且不要占用这个时间去制订计划。

想了解更多的放松时刻以及对你的家庭生活产生的美妙影响，请参阅第22页。

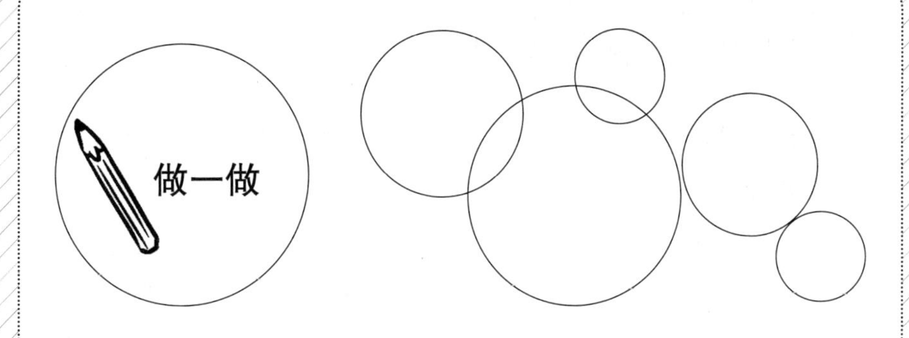

宝宝开始进入发展飞跃的迹象：

☐ 哭得更频繁了。

☐ 比以前更频繁地发脾气、烦躁不安或发牢骚。

☐ 一会儿高兴，一会儿哭泣。

☐ 比平时更频繁地需要有事做。

☐ 想一直在爸爸妈妈身边。

☐ 如果你切断和他的身体接触，他会立即提出抗议。

☐ 表现得异常可爱。

☐ 很淘气。

☐ 爱发脾气，或比以前更频繁地发脾气。

☐ 会嫉妒，或者比以前更容易嫉妒。

☐ 在陌生人面前更害羞。

☐ 睡得不好。

☐ 坐在那里，比以前更频繁地安静得像是在做白日梦。

☐ 爱伸手去拿毛绒玩具，或者比以前更频繁地这样做。

☐ 再次变得很孩子气。

☐ 你注意到宝宝其他的表现：______________________________

记住，你的孩子可能只表现出上面列出的一些特征。你的宝宝展示了多少并不重要，重要的是你看到了哪些。

宝宝的新技能开始结出“果实”

大约从第75周开始，你会注意到，小家伙不再那么胡搅蛮缠了。他耍脾气的频率有所减少。他又做回那个积极进取的小孩了。你可能还会注意到他的行为有些不同了，他能非常清楚地意识到自己是一个人；他的思维方式也不同了，他比以前更有时间观念了；他玩玩具的方式也不一样了，他开始学着幻想了；他的幽默方式也变了。所有这些变化会在宝宝身上明显地表现出来，他也逐渐意识到“系统”这一概念。你的孩子会选择最适合他的技能来发展。他将会依据自己的能力、偏好和个性，选择要从哪里开始探索。试着仔细观察你的孩子在做什么，并尽量给予他帮助。但请注意！现在他会想独立完成所有事情。

来自妈妈的心声

“当我们母子在一起的时候，我发现我更有耐心了。”

——格雷戈里的妈妈，第74周

“让她做一些事情变得简单多了。虽然她还是有点傻头傻脑的，而且需要很多关注。”

——朱丽叶的妈妈，第75周

充满系统的世界

当你的宝宝探索充满系统的世界，他开始能够调整做事的法则来适应不断变化的环境。他不再像以前那样一板一眼地执行法则。例如，他现在可以选择遵循或不遵循这些法则。从这个阶段开始，你能观察到他最初的道德意识开始萌芽，并且开始成系统地应用他的价值观和准则。

你的宝宝日复一日生活的系统也是他最为了解的系统——他自己。他属于自己。他的自我的概念、自我意识开始萌芽。这会带来很多变化。你的宝宝现在发现他拥有并能够控制自己的身体了。他还发现自己可以策划安排一系列事情，他可以自己完成一些事、控制一些事，以及决定一些事。这一切都源于他不断成长的自我意识。

来自妈妈的心声

“她在做被禁止的事情，被我们逮了个正着。她一下子跳了起来，脱口而出一声：‘不。’”

——珍妮的妈妈，第73周

“现在，他会特地做出与期待或要求不完全一致的事情。比如你叫他：‘亲亲妈妈？’他会每个人都亲一下，然后‘哈哈哈哈哈’地大笑着走过来亲我一下。在我看来，他似乎想表达他属于他自己，他不再依附于我，他是一个独立的人。就是这样。”

——托马斯的妈妈，第80周

从现在开始，宝宝渐渐明白了爸爸和妈妈是独立的人。他开始使用“你”和“我”这样的字眼，同时对爸爸妈妈的身体非常感兴趣。例如，男孩会发现他像爸爸一样有阴茎，而妈妈却没有。他把人和人之间、事物和事物之间所有的异同弄得清清楚楚。这是孩子出生以来第一次将自己放在他人的位置上，于是他意识到每个人都是独立的个体。这是他第一次发现，不是每个人都像他一样喜欢同样的东西。在他更小的时候，他是不会这样想的。我们可以用一个优雅的词汇来总结：他变得不再那么“以自我为中心”了。这会带来各种各样的影响。他现在能够安慰他人了；他的模仿欲在这个阶段达到了顶峰，他模仿周围的一切。他的想象力诞生了。

你的“小探险家”同时着迷于其他生物：蚂蚁、小狗等。这些也都充斥着系统的概念。

你的孩子开始意识到，他是这个家庭的一分子，他自己的家庭与他每周拜访两次的小伙伴的家庭是不一样的。毕竟，他自己的家庭是第一个他从内部开始了解的人类社会群体。他还敏锐地注意到，每个家庭都有一套不同的规则。例如，他的小伙伴家吃甜食前不一定非得吃一个美味的三明治。

当宝宝意识到家庭是一个系统时，他便开始能够区分自己和别人的家庭。一步一步地，他就对朋友、房屋和社区进行了区分。同时，在户外较为熟悉的环境中，他也越来越善于认路。

他开始非常关注自己的穿着。他可能特别自命不凡，并对自己的玩具萌生出强烈的占有欲。

你的“小艺术家”将开始进行名副其实的艺术创作。现在，他不再乱涂乱画，而是画“马”“船”和“他自己”。他还开始欣赏音乐——这也是一个系统。

宝宝对时间的认知也开始发展。现在他能更容易也更清晰地回忆起以前的经历，于是也就能更好地理解未来会发生什么。

现在，他或许就要开始组织第一个句子了。虽然不是每个孩子都会这样。这和其他技能一样，每个孩子启动这项技能的年龄各不相同。现在这个阶段几乎所有孩子都能理解你说的大部分内容了，但是有些孩子只能说几句话。还有一些孩子会使用很多单词，不断模仿，但还不会造句。还有一些孩子确实能说出句子。你的孩子的进展情况取决于你如何与他互动。

为了弄清楚我们所说的系统是什么意思，一些成人世界的例子可能会有所帮助。

以练习数学为例。在程序层面，我们思考，使用逻辑，处理数学符号。在法则的层面上，我们对思考过程进行思考，因此我们思考我们如何使用数学。在系统层面上，我们把数学看作一个整体、一个智力系统。

相类似地，物理学也是一个由许多经过周密探知的法则构成的复杂系统。这种定义同样适用于生物学，适用于进化论及相伴提出的自然选择原则。至于其他科学门类，我们也都可以用系统的概念来理解。

我们的世界观或人生观也是系统，日常生活中就有足够的例子可以说明。例如，我们的生活观念认为我们需要均衡饮食，这就让我们形成了进食的法则，进而决定了我们的饮食程序。人类社会群体包括家庭、学校、银行、工厂、军队、足球俱乐部等。这些社会群体的重要任务是鼓励其成员认同他们的目标、规则和价值观。一些团体或机构会明确地宣布他们的宗旨。而在家庭中，我们对价值观、规则和其他法则的学习实际上是自动的，因为孩子会模仿他看见的任何事物。家庭中有数不清的习得价值观和规则的契机，但这些契机一般不会太明显，只是自然而然地在日常生活中发挥作用。

这看起来可能与物理或数学这样的系统不同。大多数人会说：“对于这样一个小家伙来说，这太高级了，他要到高中才能学会。”但是如果你观察他玩耍的过程，你或许会看见他如何将一个球一次次地没入水中，以观察它如何浮出水面；你或许还会观察到，他没完没了地让东西沿着斜面滚下来或者自己一遍遍地沿着一个斜坡跑上又跑下……你不能否认，他在试验基本的物理原理，目的是在脑子里建立自己的系统，这样的系统让他和大家打成一片。牛顿不是也曾用掉落的苹果那样简单的事物做试验吗？或许，物理老师可以从玩耍中的孩子身上汲取灵感，说不定能想出一些好点子给学生做演示。

除了物理和数学，孩子往往也会对简单的建筑感兴趣。他可以花上好几小时观看建筑工人干活，或模仿他人和水泥。他还能花一整天的时间将沙子和水拌在一起，然后开始“刷墙”。他搭建的建筑也越来越复杂。例如，他可以铺设轨道，并在那上面跑火车（编者注：这里是指火车轨道玩具）。

大脑的变化

当宝宝长到第16～24个月时，大脑中的神经元突触的数量会急剧增加，包括处在大脑各个分区之内以及各分区之间位置的突触。在这半年时间里，大脑皮质（眶额叶）将会发育成熟，一连串的新技能将涌现出来。此时，孩子的右半脑已经在之前一年半的时间内迅速发育。接下来轮到掌管语言中枢的左半脑开始发育了。至于理解单个字词的功能，从第20个月起，原本一直由整个大脑负责将逐渐缩减为由左半脑的一小块区域负责。

父母活动：从孩子的视角体验这个世界

作为成人，我们甚至没注意到身边许多令人惊奇和有趣的事情；我们认为很多都是理所当然。当你花时间环顾四周，你就会明白孩子的世界是多么美好、是什么让他着迷、什么让他如此享受。所以，是时候以孩子的视角体验这个世界了。尝试一下下面的事情，你会发现很有趣。

- 踩着门槛上去下来。感受高度的差异。
- 把你的手指慢慢放入一杯水中，看看水是如何上升的，然后把你的手指拿出来，看看水位是如何降落回去的。
- 在水里放一些肥皂，拿一根吸管，吹肥皂泡。
- 把你的手臂放在桌子上，慢慢向后拉，感受你的手臂如何从桌上滑落。用你的头转圈，感受一下它是如何先慢慢地、接着伴随前倾时加速的。

孩子是这样的

你的宝宝喜欢任何对他来说最新鲜的事物。因此，一定要对宝宝表现出来的新技能和兴趣做出反应。通过这种方式，他学习得更愉快、更容易、更快、更多。

神奇的飞跃：发现新世界

在充满系统的世界里，你的宝宝会发现他可以选择自己想遵循的法则。他会探索他自己、他的家庭、他的朋友、他的房子、他的社区、他接触到的艺术，等等。给你的宝宝体验各种系统的机会。他通过观察你的反应和大量练习，学习系统的世界如何通过他的足智多谋建构起来。

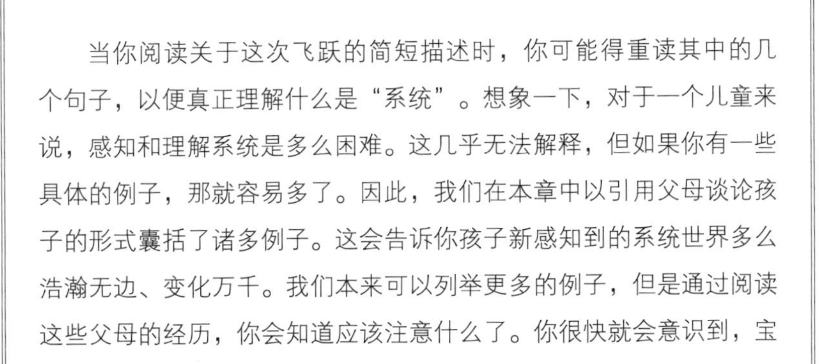

注意了！

当你阅读关于这次飞跃的简短描述时，你可能得重读其中的几个句子，以便真正理解什么是“系统”。想象一下，对于一个儿童来说，感知和理解系统是多么困难。这几乎无法解释，但如果你有一些具体的例子，那就容易多了。因此，我们在本章中以引用父母谈论孩子的形式囊括了诸多例子。这会告诉你孩子新感知到的系统世界多么浩瀚无边、变化万千。我们本来可以列举更多的例子，但是通过阅读这些父母的经历，你会知道应该注意什么了。你很快就会意识到，宝宝能做的比我们想象的要多。

道德意识的建立

道德意识是在理解了道德法则、价值观、基准和尺度基础上建立起来的。道德意识的发展并非顺理成章。宝宝必须以他遇到的事例和你的反馈来树立自己的道德意识。你必须向他明确地展示是非、对错。这需要时间，很长的时间。宝宝必须观察到足够多的例子，才能得出他的结论。但愿你的举止始终如一。如果你这会儿这么说，过一会儿又那么说，你的宝宝就要花很长的时间才能形成道德意识。这让他很难把这一切搞清楚。从这个阶段开始，你的小家伙会尝试在所有事物中寻找“系统”，也包括价值观、行为基准和尺度。他渴望规则，也测试边界。就像他有权享用一日三餐一样，他也应遵循一些日常的规则。

来自妈妈的心声

“她知道架子上和柜子里的东西是她哥哥的。现在她爬进柜子，拿了东西悄悄溜出来。如果被发现了，她就把东西扔掉，盯着你，一脸‘它怎么跑到那儿去了呢？’的表情。”

——维多利亚的妈妈，第76周

“他现在会模仿从电视上看到的一切，例如他会故意摔倒在地上。还有，在一部电影里，他看见了几个孩子在打架，然后他就打了自己。”

——托马斯的妈妈，第80周

“我也注意到了他的不听话，还有他的恶劣行为。我从没见过他这样。他无缘无故打了一个孩子的头，又揪住另一个孩子的衬衣把人家摔倒在地。这真叫人气不打一处来。有几次，我真的火了。我不断向他解释他这么做别人会疼的。或许是我说得太多了，他只有想听的时候才听。我告诉他什么事情不能做，或是让他多帮帮忙，但都是对牛弹琴。我想我应该告诉他，我们可以一起做家务。比如把瓶子放在该放的地方，而不是随手一扔。”

——吉姆的妈妈，第81周

“我注意到如果他摔倒了，他并不会立刻拉开架势大哭大闹，而是可以很好地面对。但是如果他觉得自己被误解了，就会很受伤、很迷惑。例如，他会因为被禁止穿着鞋子上床而号啕大哭。我之前说过可以这样，因为鞋子是干净的，但我们的保姆艾伦不知道，也不太能理解。我观察他哭泣的样子，知道他是真的难过了、伤心了，即便这件事本身没什么大不了的。我很少听他那样哭。还有一次我听到他这样哭，是他爸爸允许他做某件事，而我不允许。”

——泰勒的妈妈，第81周

“他现在能‘说谎’了。我们在聚会上吃饼干的时候，他嘴里刚好塞满了巧克力。有人分发更多美味零食时，他会将拿着饼干的手放到背后，说他还没拿。如果我们允许他再拿一块，他就会笑起来，还把之前藏在手里的那块饼干拿给我们看。”

——托马斯的妈妈，第87周

自我意识的建立

宝宝接触得最多的系统就是他自己。这是他最先需要了解的系统，他对这个系统的了解会产生各种各样的结果。孩子将发现他拥有自己的身体，他可以控制自己的身体。他也会发现，自己可以促使某些事情发生，他有自己的意愿，可以自己做出决定。而且，他还有影响他人、影响周遭世界的能力。他现在会从自我的角度来思考问题了。

下面，你可以读到其他父母的经历，分为以下几类：“对自我身体的认识”“意识到可以控制自己的身体”“我能自己做”“我有自己的意愿”“我可以自己做决定”“我要权力”。这些内容会一个接一个地帮你更好地理解你的宝宝，看看他们是如何发展这些新技能的。

对自我身体的认识

当宝宝做出这次心智发展的飞跃时，他也会重新认识自己的身体。他试验身体会有何感觉，他如何处理这些感觉。这一点从以下其他父母的经历中可以清楚地看出。

来自妈妈的心声

“他对他的‘小弟弟’非常感兴趣。只要可以，不管在哪儿，他都要拽出来揉一揉。我经常让他光着身子走来走去。”

——马克的妈妈，第72周

“她好像重新发现了自己的脚趾。她仔细地研究她的脚趾，有时要花好几分钟。”

——维多利亚的妈妈，第73周

“她管自己叫米塔。这是她给自己取的名字。”

——维多利亚的妈妈，第75周

“他经常用头狠狠地撞墙，这让我很担心。我希望他别再这样了。我想他这么做是为了体验自我的概念。”

——凯文的妈妈，第76周

“他不准任何人碰他。医生给他称体重、量身高的时候也不能碰到他。理发师也不可以，即使理发师以前还是他的朋友。甚至连奶奶给他穿衣服的时候也不行。”

——马特的妈妈，第82周

“她也会说：‘是我。’”

——汉娜的妈妈，第83周

“如果有人对他说：‘卷发真漂亮。’他就会用手梳头发，就像电影《油脂》中的明星似的。”

——托马斯的妈妈，第86周

意识到可以控制自己的身体

有了这种感知系统的新能力，你的宝宝渴望尝试使用身体做出滑稽动作甚至技艺表演。这可能会让父母感到不安。你的宝宝不仅在锻炼他的小身体，他还忙着将这些动作作为系统进行试验，并观察其效果。这些滑稽动作既是一种身体锻炼，也是一种心智锻炼。下面这些来自父母的例子让你知道可能会遇到什么样的情形。

来自妈妈的心声

“他站直了，迈开大步走上楼梯。右脚站在一级台阶上，左脚迈上另一级台阶，如此交替双腿往上走。”

——鲍勃的妈妈，第72周

“这周我已经生过一次气了。在我已经明令禁止以后，她还是爬上了危险的楼梯。”

——伊芙的妈妈，第74周

“她能找出各种前往被禁止的地方的方法。为了保护她，我已经把一些东西收起来了。可这招不管用了。她总能想办法找到这些东西，即便她需要拖一条椅子、搬一架梯子。”

——维多利亚的妈妈，第76周

“她学着翻跟头。她可以滑滑梯，再爬上去。现在她能自己上下床了。”

——诺拉的妈妈，第81～83周

“如果他认为自己做得到，就喜欢从高处跳下来。如果他觉得做不到，就会说‘好吓人’，然后伸出胳膊，意思是说‘对我来说太高了，我们可以一起跳吗？’。他也喜欢在矮墙上行走，练习平衡。如果墙壁有1.2米高，他会很喜欢。我故作镇定，可心里却怕得要命。”

——卢克的妈妈，第83～86周

“我能自己做”

你要做好心理准备，这个年龄的宝宝，可能总是说“我来”，这实际上是一种积极而自然的发展。但对于父母来说，这可能是一个可怕的时期。关键是如何限制宝宝的行为？你允许他做多少，你应该为他做什么？原则就是：如果有危险，你就去做。如果做某些事情只会让孩子感到挫败，因为他（还）没有能力去做或者他不得不付出一些努力去做，那么就让他自己去做。他会从挫折和努力中学习。更重要的是，让孩子经历挫折，让他知道通过努力才能有所成。然而，过多的挫折会伤害孩子的自信心。所以，帮助他让事情变得简单，但是让他自己做剩下的事情。

提醒你一下，幼儿需要比你更长的时间才能解决问题，这很正常。给你的宝宝一些时间，要有耐心，不要催促他或者你替他去做以推进事情发展。如果你这样做，基本上是在告诉他他不够好，你可以做得更好。

以下是许多这个阶段孩子的妈妈的心声，可能会激励你在这个过程中仔细观察你的宝宝，看看他是如何运用这种新技能的。

来自妈妈的心声

“她自己能剥橙子吃，能开门，还能说出自己的名字。她能自己扭开玩具收音机，把收音机放在耳朵边上四处溜达。”

——朱丽叶的妈妈，第72周

“她不再愿意总坐在她的高脚餐椅上了。在饭桌旁吃饭时，她想坐普通的椅子。另外，她还不想戴围嘴了，她想自己吃饭。”

——朱莉娅的妈妈，第73～75周

“这周他喜欢拿着面巾纸到处溜达。他把面巾纸当成围嘴或是毛巾来用，尤其喜欢用面巾纸来代替厨房手套。也就是说，他要捡什么东西时会先把面巾纸放在上面，再隔着它把东西拿起来。他在厨房里待着时，总是以这种方式推拉抽屉。”

——保罗的妈妈，第74周

“如今已不再是我拿给他看我们吃的是什么并告诉他这些食物的名字了，而是他主动来看，自己认出各种食物。根据玩具盒上的孔洞形状插入配对积木的那个游戏，他有了新的玩法。现在，他想插入哪个就插哪个。如果碰巧插进了正确的孔洞，他会马上拔出来。他不想遵守那套游戏规则，他只想放入他认为合适的积木块。”

——弗朗基的妈妈，第76周

“如果我问：‘要妈妈来做吗？’她就说：‘不，安娜。’她打碎了东西，我们问是谁干的，她也会说：‘安娜。’她有很强的自我意识。如果她把东西掉到或扔到了地上，她会捧腹大笑。”

——安娜的妈妈，第77周

“现在他就像一个‘跑腿小弟’。你让他拿什么，他就拿什么。他拿过遥控器、报纸、袜子，还拿过鞋子、清洁用品。如果他和爸爸在电脑上玩模拟飞行游戏，他会遵守爸爸的指令：‘油门！——起落架！弹射！’我以我的小大人为荣。他真的很尽力，我们叫他做什么他立刻就做。”

——托马斯的妈妈，第80周

“她现在能整理带颜色的东西了。她发现了一支马克笔的笔帽颜色不对。”

——维多利亚的妈妈，第84周

“他会擤鼻涕了。现在他拿着什么东西都往里擤鼻涕，连杯垫也不放过。”

——格雷戈里的妈妈，第88周

如厕训练

现在，许多幼儿正全身心地投入到如厕训练中。让你的孩子尽可能方便地使用便盆吧。把便盆放在家里的各个角落（固定的地方），让他尽可能经常不穿衣服到处走动。当他觉得需要使用便盆时，他必须能够快速到达那里。要有耐心，不要强迫宝宝。

来自妈妈的心声

“如果她已经脱掉了衣服，她会自己去用马桶；如果还穿着裤子，那就会尿裤子，不过她会直接提醒我们注意。”

——汉娜的妈妈，第87周

“她不时地要用她的婴儿马桶。她刚坐下去，才几秒钟，就开始使劲擦屁股，可她还什么都没做呀。”

——伊芙的妈妈，第85周

“我们的女儿知道可以用她的便盆解决她的问题了。有两次她穿着尿布坐了下来然后排便。”

——乔茜的妈妈，第73周

“这周有一天，他拖着一个婴儿马桶骄傲地走过来。我为他感到骄傲。平时，如果他没穿尿布到处走来走去，那意思就是他想用便盆，或是他在我不知道的时候已经用过了。他现在能够等到马桶空出来的时候才去尿尿。排大便的时候，他会使劲儿拉，全部都要在马桶里解决。真是可爱。如果他说‘还有’，意思是他还要用。等他排完便了，他就会说：‘完了’。”

——马克的妈妈，第78～79周

“洗过澡以后，他喜欢光着身子走来走去。然后他蹲下来努力尿尿。有一次，他尿在了他的柜子里。”

——罗宾的妈妈，第82周

“我有自己的意愿”

这个阶段的幼儿，有时候就像青春期的少年一样，爱唠叨、喜怒无常和表达“我想要”。你可能不需要我们告诉你，现在这个阶段正全面展开。当幼儿探索这个充满系统的世界时，他的一意孤行和“我想要”经常伴随着挫折感。这里你可以读到一些父母的经验之谈。

来自妈妈的心声

“过去的这几个月他一直很淘气，一直在测试什么是被允许的、什么是不能做的，以及违反的后果。如今他已经完全知道我们允许他做什么了。现在他很淘气，经常想表达：‘我想做什么就做什么，你要拿我怎么样呢？’”

——哈里的妈妈，第76周

“他不再听得进我们的警告。他似乎在声明他知道自己在做什么。他的假装游戏也会遵循一定的先后顺序：他会优先让自己跌倒，然后是假装在加热食物，接下来是品尝食物的美味，等等。他自己决定吃什么、何时吃，以及怎么吃。”

——马特的妈妈，第76周

“他想要尝试所有事物，但是我得把他盯紧，因为他的所作所为太危险了，或者因为他在测试我们允许他做事的边界。当他试图点燃上面还架着一口滚烫的锅的炉灶时，我怒了。幸运的是，他只有一点轻微烧伤，造成的损失也很小，但是毫无疑问他得到了身体上的警告。我希望他能记住这个教训，明白他不能碰天然气。让孩子一起参与做饭很有趣，但是如果他没能汲取教训，我们就不能再这么做了。”

——史蒂文的妈妈，第78周

“最近，她放下了玩具，将目标转向了我们不让她碰的东西，例如平板电脑。”

——劳拉的妈妈，第78周

“他真的就像个小丑。他什么都不在意，一心只做自己的事。他喜欢开玩笑，我们都叫他‘小精灵’。”

——詹姆斯的妈妈，第80周

“她的自我意识日渐增强。她会明确表达她要什么、不要什么。离开的时候，她会给一个飞吻表示告别。如果她给你什么东西，那表明她决定要这么做，而不是无意识的举动。”

——阿什莉的妈妈，第83~86周

“我可以自己做决定”

现在你的宝宝已经发现了他的自我意识，他意识到可以自己做决定，这就是他现在正在做的事情。下面这些来自其他妈妈的例子会告诉你，当你的宝宝训练自我决策的能力时，你应该注意什么。

来自妈妈的心声

“当她在暗中策划什么调皮捣蛋的事情时，就会忍不住开始笑起来。”

——伊芙的妈妈，第76周

“他会通报他做的每一件事。他总是想表明是他干的。”

——凯文的妈妈，第76周

“如果她把裤子弄脏了，她真的知道那是弄脏了，并自言自语地发出一声‘呸’。然后她会走过来，对我们说‘呸’。如果她能自己选个地方换裤子，就不会大吵大闹。她会找最奇怪的地方来换。换上衣也是如此，我们说：‘去找地方吧。’然后她就去了。”

——诺拉的妈妈，第86周

“这些天，他想自己选衣服。他真的有某种偏好，那条印有老鼠卡通的运动裤已经“不时髦’了。有时，他会穿上爸爸的夹克，系上领带，来叫我起床。”

——托马斯的妈妈，第86周

“我要权力”

现在，你的宝宝已经重新拥有了自我意识，他也会找到新的方法来行使“权力”。对幼儿来说，“权力”是一个相当抽象的概念。阅读其他妈妈的经验，看看幼儿如何在这个年龄尝试行使他的“权力”的。

来自妈妈的心声

“她发脾气了。她真的能叫得很大声，声音短促却很有力。她哥哥任性调皮时，她就在旁边仔细观察，仿佛在自己脑子里做笔记。”

——维多利亚的妈妈，第72周

“他用玩具蛇和老鼠吓唬我，还对邻家女孩做了同样的事。”

——弗朗基的妈妈，第74周

“如果没让他称心如意，他就会不断地打人，有时还会掐人。如果他真的生气了，就会使劲打人；如果他只是开玩笑，出手就会比较轻。我必须试着镇定地纠正他这个坏习惯，给他一个枕头打，或是帮他冷静下来。有时他真的把人弄疼了，我就很生气。这会让他很难过，之后他会亲每个人。”

——卢克的妈妈，第76周

“他坚持要吃我吃的食物、喝我喝的饮料或水，即便他的跟我的是一样的。我们会像两个小孩子一样争来争去。”

——格雷戈里的妈妈，第76周

“他变得越来越粗暴。他还使劲儿扔东西，如果不能随他心意，他就忍无可忍。他有时会朝小猫扔闹钟之类的东西。”

——马特的妈妈，第77周

“如果要她从花园里回到屋里，她就会哭，并且跺脚。遇到这种情况，我会让她在外面再待上一会儿。”

——薇拉的妈妈，第79周

“他把所有东西都从他身边扔开，扔到地上，而且还咬人又打人。这个星期当他把吃的喝的弄得满地都是的时候，我真的怒了。”

——约翰的妈妈，第79周

“如果我暂时离开房间，或者对她稍有忽略，她就开始挖我的植物。”

——劳拉的妈妈，第80周

“他恐吓猫咪。他会密切注意猫咪的动向，然后就去抚摸它。”

——吉姆的妈妈，第83～86周

“她不想被‘小看’。有一天我们去了一个很棒的地方吃冰激凌，那儿的冰激凌很贵。爸爸说：‘伊丽莎白吃一点我们的就行了。’等冰激凌端上来，我们不让她拿着，只让她舔，这让她火冒三丈。她赌气要离开。她觉得自己被小看了，觉得受了侮辱。之后，爸爸去了一家较便宜的冰激凌店，买了一些冰激凌。她拿在手里却没有吃。她一直没有消气，在接下来的30分钟到45分钟时间里，她板着个脸，还打爸爸。”

——伊丽莎白的妈妈，第86周

有了“我和看不见的人仍然存在并且可以移动”的观念

因为你的宝宝现在明白他是一个独立的系统，明白同样的法则也适用于周围的人和事物。他能够理解事物即便不在视野范围内也持续存在。他也能理解，当爸爸妈妈看不见他的时候，他自己也是存在的。此外，他还能够理解，别人不一定留在从他视线消失的那个地方。他开始明白人可以移动，可以改变自己的位置。现在，当他要找爸爸的时候，他明白了无须去最后一次看到爸爸的地方。

来自妈妈的心声

“他喜欢爬进壁橱，把所有的门都关上。”

——史蒂文的妈妈，第81周

“她躲在壁橱里，滑动柜门关上，然后喊‘妈妈’。当我们最终找到她的时候，她真的很开心。”

——乔茜的妈妈，第85周

理解“我”和“你”的概念

既然宝宝已经把自己视为独立的个体，他便会开始使用“我”和“你（们）”这样的字眼。他理解了爸爸妈妈各自也是独立的个体，有自己的生活。他开始拿自己和他人做比较，要把彼此的异同弄得清清楚楚。

来自妈妈的心声

“她发现爸爸有阴茎。她称其为‘鸡鸡’。”

——维多利亚的妈妈，第72周

“这几天他常常先指着他自己，再指着我，似乎想要指出我们之间的不同。”

——马克的妈妈，第75周

“如果我建议说：‘我们一起出去好吗？’她会指着自己，仿佛在问：‘你指我吗？’好像屋子里还有其他人似的。”

——妮娜的妈妈，第75周

“我特别提到他的时候，他会很高兴。他会指着自己，以此和我区分开来，同时也是向我确认我是在说他。”

——卢克的妈妈，第77周

“如果我模仿她的某些典型话语或行为，她会捧腹大笑。”

——汉娜的妈妈，第78周

“这个星期，她学会了‘我’‘你（们）’‘你（们）的’三个词。”

——朱丽叶的妈妈，第86周

“我们从商店出来的时候，看到一台做成直升机样子的儿童电动摇摇车。只要投币进去，它就会左右晃动，同时灯光闪烁。诺拉很喜欢，我们同意让她玩一次。可当时直升机里面已经有一个孩子了，而那个孩子一直没有要出来的意思。诺拉四处看了看，跑到码放购物车的地方，推了一辆迷你购物车走来走去。那个孩子立刻从直升机里出来了，他也想要推那辆购物车。然后诺拉立刻冲到直升机跟前钻了进去。”

——诺拉的妈妈，第87周

既然你的宝宝可以区分自己和他人，他也可以把自己放在别人的位置上。在一个简单的实验中，研究人员发现13～15个月大的幼儿无法理解另一个人可以做出与自己不同的选择。他将能够在18个月的时候首次做到这一点。

会模仿

你的宝宝就像舞台上的演员，会模仿他见过的其他人的身体姿势和动作。

来自妈妈的心声

“他会表达不同的情绪。例如，他自信满满地以女孩的方式说：‘停！’他还会模仿某些姿势，例如扭头、转身、举手，以及冲着手说话。”

——泰勒的妈妈，第80周

“模仿某种姿势和动作是她最喜欢的消遣。她甚至尝试模仿猫咪。”

——玛丽亚的妈妈，第83～86周

“他之前观察过猴子是如何剥开坚果的。结果有一天，我们在社区里捡了榛子回到家，他就真的开始剥起来。”

——鲍勃的妈妈，第83～86周

“她经常模仿其他小孩。如果他们爬篱笆，她也试着去爬。如果他们敲窗户，她也学着敲。他们做什么，她就模仿什么。”

——薇拉的妈妈，第87周

玩想象游戏

在宝宝的想象游戏中，他会把玩具想象成有能力做事的独立的人。玩这种想象游戏是他成长的重要组成部分。加入他的游戏，看着他如何享受、如何成长的吧。

来自妈妈的心声

“她用手抓起一个想象中的东西，然后放进嘴里。她这样做过好几次了，看上去非常怪异。这似乎是她的第一个想象游戏。”

——乔茜的妈妈，第71周

“突然之间，她变得更加独立了。她自己玩得很开心。有时她看上去仿佛置身梦幻世界。她会幻想。我之前从没见过她那样。她和她的洋娃娃玩游戏。有时，她会把她想象的内容告诉我。”

——维多利亚的妈妈，第75周

“他画了一坨便便，然后踩在上面。我不允许他在街上踩便便。”

——保罗的妈妈，第77周

“一天下午，在看了自己是小婴儿时的照片以后，他决定把所有动物布偶都当作他的宝宝。整整一下午，他都在自己床上跟这些动物布偶玩。”

——格雷戈里的妈妈，第84周

“她现在能比以前更清楚地表达她想要什么。如果我没理解她的意思，她就会很沮丧。这样的变化与她开始玩想象游戏密切相关。她牵给我一只狗，意思是告诉我狗也需要母乳喂养。”

——艾米丽的妈妈，第86周

“他会玩很多想象游戏，例如想象举办下午茶的聚会。他坐在台阶上他的玩具汽车里，以盛情邀请的姿态拍拍身旁的地面，如果我坐下来和他待在一起，他会很高兴。”

——托马斯的妈妈，第86周

“我们的女儿让我们必须哭，然后她会给我们一个吻，并且抚摸我们的脸。”

——珍妮的妈妈，第79～80周

认识其他生物

其他生物都各自是独立的系统，有自己的行为规则和遵循的程序。你的宝宝对此非常着迷。每个孩子都将以自己的方式探索其他生物的系统，这取决于他的兴趣以及他遇到了什么。把你的宝宝带到户外去吧，让他接触一下其他生物。

来自妈妈的心声

“这个星期，她对鸟儿很感兴趣。如果她观察过的鸟儿从她视线以外的某个地方飞了回来，她会开心地笑出声来。她在见到鸟儿之前就会听到它们的声音，当她跟随声音的方向找到了鸟儿，她会笑得更开心。她对飞机的观察也是如此。她也喜欢研究植物的气味。”

——伊芙的妈妈，第73周

“他在路上看见一只蜗牛，之后我才注意到。他说蜗牛是死的。原来他和爸爸已经就这个问题讨论过几次了。”

——哈里的妈妈，第79周

“在自然题材的纪录片中看到蛇吃老鼠的时候，她简直笑得前仰后合。”

——劳拉的妈妈，第84周

“这个星期，他对花园里的蚂蚁特别感兴趣。”

——马特的妈妈，第84周

“这些天，她喜欢给植物浇水。她会做出咂嘴的声音，好像植物饿了：‘那棵植物想吃东西了。’她为植物提供一日两餐。对她而言，灌满水壶、再把水全部用完，才能让她觉得今天的工作完成了。”

——阿什莉的妈妈，第85周

“当我们和猫咪玩耍或者猫咪被激怒的时候，她都会笑得很开心。”

——珍妮的妈妈，第71～76周

意识到“我是家庭核心的一分子”

和人类的其他社会群体［注释：我们用这一术语表明大家族中的最小单位，指的是父母和孩子。包括父亲–母亲–孩子，祖母–母亲–孩子，祖父–父亲–孩子以及单亲–孩子。］一样，核心家庭也是一个系统。这是孩子最初从内部体验的第一个人类社会群体。但是，只有成长到现在他才能把核心家庭视为一个单元、一个系统。我们再次收集了其他父母极具启迪意义的体验供你阅读。

来自妈妈的心声

“她现在对我和她爸爸有非常严格的任务分工。爸爸给她拿喝的，妈妈给她拿杯子。”

——维多利亚的妈妈，第73周

“他指着他的父亲、我，还有他自己。然后，我应该说我们都是彼此独立的个体，但又属于彼此。然后，他赞许地点点头，满意地叹了口气。”

——弗朗基的妈妈，第76周

“以前，我们要带她哥哥去上学或放学接他时，听到我称呼别人‘某某的妈妈’时，她都会难过。只有一个妈妈，那个人就是我。现在，她理解了还有其他家庭的存在，那些女性是其他孩子的妈妈。不过当听到别的孩子叫‘妈妈’时，她还是会抗议。她认为世界上只有一个厉害的妈妈，那就是她的妈妈。”

——朱丽叶的妈妈，第79周

“现在她理解了我们的家不是唯一的家庭了。最近，我们去另一个朋友家接她哥哥。她哥哥和那家的小孩是好朋友。我们坐下来喝了杯咖啡。她明显不高兴了，一直叫男孩姐姐的名字，不断询问她在哪儿。但是那男孩的姐姐在她的朋友家里玩。缺了姐姐，这个家庭就不完整，这让她感到困扰。在她看来，这是不对的。”

——维多利亚的妈妈，第84周

“詹姆斯的哥哥和姐姐做游戏时，有时会把他晾在一边。他们把他放在门厅，当着他的面关上房门。他会备受打击地来到我跟前，要我安慰他。”

——詹姆斯的妈妈，第87周

认识其他家庭成员或朋友

如同核心家庭是一个系统，大家族和朋友圈也是如此，宝宝现在也开始认识到这一点。他会学习自己家庭和朋友家庭的不同。

来自妈妈的心声

“她拿着电话和一张爷爷奶奶的照片来到我跟前，示意要给他们打电话。”

——朱丽叶的妈妈，第78周

“如果我提到他的朋友，他会知道我说的是谁，他会兴奋地说出他的名字。他显然已经熟知他的朋友了。”

——史蒂文的妈妈，第78周

“爷爷和奶奶就住在我们这条街的拐角处。我们路过时经常去打个招呼。当然，我们并不总会进屋。现在只要我们路过，她总是会喊奶奶或爷爷。”

——维多利亚的妈妈，第82周

认识自己的家和社区周围的路

宝宝已经意识到自己的家是一个系统，整个社区也是。他现在开始认识到了这一点，也开始学习如何认路。他在大脑中画出了一幅周边的地图。这样的思维地图实际上也是一个系统。

来自妈妈的心声

“他在寻找确定自己的方位。即使在不熟悉的环境中，他也会寻找他能识别的某个地标。如果他找到了，就会很开心。他还想立刻与其他人分享他的发现，也想要告诉别人接下来会遇到什么。”

——哈里的妈妈，第74周

“他知道我们要去哪里。如果我问他怎么走，他都能正确回答。”

——约翰的妈妈，第79周

“他知道从露营地到海滩应该怎么走。”

——吉姆的妈妈，第80～81周

“泰勒和我搬到了同一栋建筑的另一个楼层。等我们安顿下来，泰勒就对新住所有了家的感觉。他开始推着他的婴儿推车四下走动。他对这里的房间很熟悉，因为之前的住户有两个孩子，泰勒和他们一起玩儿。他似乎已经习惯了这里。”

——泰勒的妈妈，第82周

“他头脑中有一幅完备的周边地图。他完全清楚在哪里可以找到什么东西，不论是在家里、在户外，还是在爸爸的工作单位。他可以指出前往杂货店、爸爸单位的路。他也很了解通往隔壁邻居房屋的路。他知道家里的物品都放在什么地方。如果他发现某样东西不在该在的地方，他就会失望。”

——托马斯的妈妈，第83周

“我们在社区里遛狗的时候，她会说着‘奶奶’或‘爷爷’，并指出他们家的正确方向。即便那位于拐角处的房子还没有进入她的视线。她明显想去他们家。”

——维多利亚的妈妈，第86周

“今年夏天，我和朋友经常相约去海边。我们的两个孩子相处得很好，他们也是好朋友。吉姆以为我们会在动身前和朋友碰面，所以他不断问我他的朋友在哪儿，但这次他们会在海边等我们。”

——吉姆的妈妈，第87周

“我的所有物”

在一个家庭系统中，有各种各样的法则，其中包括做人的价值观、基本准则等。例如，“我们要有福同享、有难同当”或是“你不应该偷东西”。对于什么东西属于谁、我们有权做什么，也有一定的规则。孩子将从日常生活的实践中学习这些规则。有时，他们可能在不经意间就学会了。你发现他们还能无师自通，真是令人又惊又喜。但其他时候，他们依然需要你的教导。

为了清楚地展示幼儿如何诠释“我的所有物”，我们再次收集了其他父母分享的经历。“我和我的……”列表是无穷无尽的，所以我们只列举了几个例子。

来自妈妈的心声

“她完全知道哪个背包、哪件外套属于谁。我们准备外出的时候，她会拿上我们的衣服。”

——妮娜的妈妈，第82周

“我把洗好的衣服从洗衣机里拿出来，然后准备把每一件抖开了再放进烘干机。她按自己的方式将这堆衣物分好了类，全都分对了。她准确地知道哪件属于谁：‘是托马斯的’‘是妈妈的’‘是维多利亚的’。”

——维多利亚的妈妈，第83周

“他似乎能意识到他的新衣服、内裤和背心不是婴儿连体衣了。他觉得这很有趣。他喜欢他的新鞋子。”

——保罗的妈妈，第83～86周

“在朋友家的时候，罗宾玩了朋友的一辆玩具汽车。我们不允许他把这辆车带回家，他就一路哭着回到了家，还把自己的玩具汽车扔到了一边。”

——罗宾的妈妈，第76周

“她能记得自己把东西放在哪儿了。如果我找不到什么东西，问她就可以了。”

——艾米丽的妈妈，第78周

“她一个接一个地找她的‘钻石’。她的哥哥在收集漂亮的石头，把它们陈列在他的房间里。所以她也很想要收藏石头。于是她把一块块碎石放进了自己的口袋，而且要求我们绝对不能扔掉这些小石子。”

——维多利亚的妈妈，第78周

“一天，她来到我跟前，拉着我的手，把我带到堆放所有玩具的房间，指着那些玩具说：‘是托马斯的，是托马斯的，是托马斯的……那么维多利亚的呢？’这是她在表示强烈的抗议。最近，托马斯不允许她碰他的玩具，因为她之前弄坏了一些。实际上，这里没留下什么她可以玩的东西了。”

——维多利亚的妈妈，第83周

“当她的表姐莉萨（现在25个月大）来访时，局面真是糟透了。莉萨什么都不能玩，只要她把任何东西拿在手上，汉娜马上就会抢过来。”

——汉娜的妈妈，第87周

“他不想再和其他孩子分享他的玩具了。如果他们抢走他的玩具，他会变得愤怒和暴躁。”

——罗宾的妈妈，第88周

“我要所有东西都有条不紊！”

你以前从未见过类似的情况。这个年龄的宝宝受不了生活中乱七八糟，他希望一切都能有条不紊。请你借机好好享受一下吧；这种情况不会持续很久的。

来自妈妈的心声

“他搞不定乱七八糟的情况，这让他心烦意乱。所以我对我父母说，‘你们从来没有做到的，我儿子做到了。现在，我们总是一起打扫卫生。’晚上，我们一起清理积木。每次我们读完一本书，他就把它放回去，然后再拿另一本。”

——托马斯的妈妈，第86周

把玩具当作已知系统的工具

某些玩具是由一些小部件组成的整体，也可以看作系统。最直接的例子是玩拼图。它是一个有组织的完整单元，由组成部分（拼图的一部分）相互依赖（哪一部分应该放在哪里）构成。生活中你要仔细观察你的孩子是如何玩这类玩具的。

来自妈妈的心声

“他喜欢玩动物拼图。他知道怎么拼，而且拼得很快，甚至没有耐心让每片拼图咬合整齐。他还能从反面识别拼图。”

——凯文的妈妈，第72周

“她的动手能力一直在进步。这个星期她喜欢上了把小珠子穿到木棍上，再把木棍插进孔洞里的游戏。她也喜欢把我兜里的钱掏出来，一张张展开。”

——安娜的妈妈，第73周

“我假装不会玩拼图。我每次拼错，他都会说：‘不，不。’然后告诉我哪一片应该放哪儿。这种戏码重复几次之后，我演够了。我把拼图拆开，三下五除二就给拼好了。我表现出洋洋得意的样子，说：‘看，我也能做。’他回答说：‘不。’原来他是发现有一个小角落的拼片翘起来了。他伸手把它摁平，他认为这才对了！”

——托马斯的妈妈，第80周

自己发明一个游戏

你的孩子现在能自己构思并建立一个系统了；例如一个由他设定规则的游戏，或是一个魔术。

来自妈妈的心声

“他自己编了一个游戏——轮流掷骰子。他扔，然后让另一个人捡起来。他严格维持这个游戏的先后顺序，且一直在找狭窄的角落玩掷骰子。”

——马克的妈妈，第83～86周

“今天，她表演了一个自创的魔术。她看哥哥玩过很多次魔术。她把一颗弹珠塞进了一个瓶子里，并说了一声：‘嗯，噢。’她反复上下颠倒瓶子，又说了一句：‘不。’她的意思是弹珠卡在里面掉不出来了。然后她转了一圈（像个魔术师似的），最后稳住倒立的瓶子。瓶子放到桌子上的时候发出嗒嗒的声音！”

——维多利亚的妈妈，第83周

宝宝的艺术作品

一岁半以后，孩子开始以一种特别的方式玩玩具了。这意味着他知道了玩具象征着什么，代表着什么。他已经对日常生活中的人、物、情境非常熟悉，这些能力可以通过玩玩具获得。玩具可以象征现实世界中的某人或某物。你的孩子可以在玩玩具的过程中，把其想象成现实生活中的人或物。

宝宝会利用他的理解能力，用象征的手法，进行早期创作，他虽然是随意涂鸦，但代表着一些现实世界的事物，例如小猫、小狗或他自己。他的这项新技能并非逐渐形成，而是随着飞跃期的到来突然降临的。艺术就这么诞生了。如果你的小艺术家喜欢画画，不断为他供应纸张就够你辛苦的了。他很快就会有一大堆首批作品。如果他体验到了一些刺激的事情，例如看见新年的烟火，他就很可能会画一幅画，抓住这一瞬间。他不仅会开始作画，还会开始搭建“建筑物”。如果你的孩子是一个音乐爱好者，他会喜欢玩键盘，还可以长时间地听音乐，并乐在其中。

来自妈妈的心声

“她的画现在很不一样了，已经不是胡乱涂画了，取而代之的是一些小圆圈。她真的很注重细节。现在她给自己的图画上色时，已经可以做到很精准了，几乎不会涂到线条外面。”

——维多利亚的妈妈，第78周

“他现在常常画马、画船。今天早上，他精心绘制了一个圆形和一个正方形，然后指着他自己，表示这是他画的。”

——卢克的妈妈，第79周

“他开始建造更多的房屋（译者注：指房屋模型），而过去他更喜欢破坏。”

——泰勒的妈妈，第83周

“他画了一辆汽车，画得挺好。他只有在躺下来、头枕在一只胳膊上的时候才能画画。他画的汽车是什么样的呢？两个圆圈，那是车轮，一条直线在中间。他会指着圆圈发出‘呜呜’的模仿加大油门的声音。他还能画飞机，就在最近，他还画了飞机的起落架。画中一条螺旋线代表的是可以转动的转向轮。”

——托马斯的妈妈，第83周

“他喜欢音乐。他喜欢玩电子键盘，会播放某种节奏来配合自己的弹奏。我们带他逛商场时，他坐在儿童车里几乎听完了商场播放的整张古典音乐的光盘。这差不多花了一个小时的时间。我中途打断过一次，想带他继续去买东西，他不高兴了。他一定要听到最后。”

——托马斯的妈妈，第86周

“他说要画爷爷。画爷爷的头就画了四次，他总说：‘错。’他就是不满意。第五次，当他把山羊胡子画对了位置，终于满意地说：‘爷爷！’”

——托马斯的妈妈，第101周

切记

说到绘画，无关乎是否创造一件伟大的艺术品，而是你的孩子正在探索一种新的技能，他心中有一个目标这样一个事实。所以，当你的孩子在一张纸上寥寥画上几笔，然后告诉你这是一匹马，那么它就是一匹马，即使你看不出头、找不见尾。人们经常对我们说，这个年龄的孩子可以画一匹马或其他什么东西的说法很荒谬，但我们坚持我们的信念（或者我们应该说是孩子的信念），他们说画了什么，那就是什么。这很符合逻辑，不是吗?

形成时间观念：理解“过去”“现在”“将来”

你的宝宝现在开始形成自己的时间观念了。他更善于记住自己经历过的事，也愈发善于预期未来了。

来自妈妈的心声

“我再也不能在早上告诉她我们下午要做什么有趣的事情了。否则，她一整天都会反复提醒我，直到事情来临，例如她总会问：‘现在去爷爷奶奶家吗？’”

——维多利亚的妈妈，第78周

“她开始计划一些事情。我们坐下吃晚饭时，她问我她能不能画画。我告诉她我们先吃饭。然后她告诉我她的笔和纸需要放在哪里。我需要说我知道了并且确保会如此安排。如果我吃过饭就忘了，她会非常生气，觉得自己被骗了。”

——维多利亚的妈妈，第80周

“他记得自己收到的承诺。如果我承诺他洗完澡我们就做什么，他会提醒我。早上起床后，他还会提起昨天睡觉前我们做的事情。”

——格雷戈里的妈妈，第82周

探索基本物理现象

如果你仔细观察宝宝玩耍的样子，便不会错过他忙着探索基本物理现象的情景。这听起来或许有些复杂，继续读下去，你就会明白了。

来自妈妈的心声

“他把小球按到水下，感受水的浮力。他也会拆卸家里的电话。现在，当电话铃声响起时，他盯着它的样子和以前不一样了。他拆卸完以后，东西就不能用了。他发现扔东西、把东西拆卸开很有意思。他尝试各种事物。”

——哈里的妈妈，第77周

“她可以花几个小时把液体从一个容器倒入另一个。她用遍了家里的瓶子、玻璃杯、盘子、茶杯。她还喜欢一边忙活，一边加一些必要的解说。”

——阿什莉的妈妈，第78周

“她特别关注颜色，例如绿色、红色、黄色。她把红色和黄色混在一起，是我告诉她那么做的。”

——乔茜的妈妈，第78周

你的孩子一旦开始探索充满系统的世界，他第一次能够将自己通过经历习得的法则带入到一个系统中，让这些法则的运用推动整个系统的运行。他做这一尝试的同时很可能需要“让脑子休息一下”。

来自妈妈的心声

“有时他喜欢独处。他会说‘再见’，然后回到自己的房间里一个人待着。他在思考生活。有时，他会拿着一个玩具这么待上半小时。有时，他用直愣愣的目光盯着某个地方，就这样思考了10分钟，像个50岁的老人。快乐地玩耍之后他就需要一点安静的时光。经过休息、整理思绪以后，他又会兴高采烈地回来，说一声‘嗨’，想要喝点奶然后去睡觉或是继续玩耍。他真的需要个人空间。”

——托马斯的妈妈，第80周

“最初，他害怕电动牙刷，但是现在，他已经习惯了。他还会说：‘开。’这样挺好的。”

——约翰的妈妈，第83周

“她理解了玩具火车需要安装电池。电池用完了，她就会去找新的。”

——汉娜的妈妈，第86周

探索基本建筑技能

这个年龄的宝宝对物理现象的兴趣超过了物理学本身，还延伸到了探索其他更多的系统。他对基本建筑技能也感兴趣。他可以花几个小时观看建筑工人干活。你会注意到现在的宝宝会搭建更多的东西了，例如把杯子聚在一起搭成一座塔或者其他更复杂的结构。

来自妈妈的心声

“我先生这周在给鱼池抹水泥。他向我的大儿子解释如何搅拌水泥。我儿子接着向维多利亚做了同样的解释。现在，他们整天在一起搅拌沙子和水，做水泥。哥哥做什么，妹妹就做什么，一切都在模仿爸爸的做法。”

——维多利亚的妈妈，第79周

“汽车已然得不到他的青睐了。现在，他更喜欢其他类型的运输工具，例如摩托车、拖车、自动卸货车、有轨电车。他还喜欢观察建筑工人。”

——马克的妈妈，第80周

“这些天他在尝试着把小的乐高积木块组合起来。他还做不太好，因为这需要点力气。但是他很努力。他不爱用较大的积木。”

——马特的妈妈，第86周

宝宝的说话方式

在第17～22个月，宝宝将开始使用类似成人的语言系统，随之而来的变化是，他说出的单词和每次说话的平均长度都出现了爆发性增长。同时，他也开始组词造句。他现在还能区分两种不同的语言，并忽略其中之一。接下来，大约在第18个月时，宝宝对口语的理解力将会大大提高。

幼儿的语言发展在初期会有很大的个体差异。第一类宝宝在这次发展飞跃期间不愿意尝试使用很多词语。但爸爸妈妈很清楚，他实际上知道、理解更多的字词，这可能会让人觉得沮丧。第二类宝宝则会使用很多字词，重复你的话或是主动说话。他还不能说出句子，但能让你理解他的意思，虽然需要手脚并用。手脚能把他想表达的一部分意思演示出来。第三类宝宝已经可以说出句子，同时依然用手比画。幼儿语言发育的这种个体差异非常正常，所以，不要杞人忧天，就像我们不应该在乎哪个孩子最先走路一样。你不能把孩子的发展看作一种竞争了。

理解得多，说得少

很明显，你的孩子已经懂得很多了。他现在会开始说更多的话，使用更多的词汇。但是他最初对这些单词的理解以及他的发音都是非常有趣的。你能把孩子使用的词语记录下来就更好了。

来自妈妈的心声

“他现在只会使用有限的几个词：‘饼干’‘瓶子’‘哎哟’‘谢谢’‘妈妈’‘爸爸’‘面包’，还有‘果’（就是苹果，他只说最后一个字）。他能理解很多话，也能很好地遵从指令。”

——詹姆斯的妈妈，第76周

“他会随着‘加油，加油，万岁’的呐喊声举起双臂，同时嘴里发出类似‘岁’的发音。他也理解所有的姿势和动作，例如‘拍手’。如果他没有成功，他会说‘死’（该死的）。”

——罗宾的妈妈，第76周

“他会说3个词：‘叽嗒’代表‘滴答’，‘月’代表月亮，还有‘嘛’代表马。”

——罗宾的妈妈，第80周

“他说话不多，但什么都知道！他能很好地表达他想要什么。”

——詹姆斯的妈妈，第81周

“你说的、问的他都能理解。他很有进取心，整天都在做事。要么哼着歌，要么咕哝着什么在屋子里走来走去。”

——詹姆斯的妈妈，第83周

“他会的词语越来越多。现在他知道‘爸爸’‘妈妈’‘芝士’‘哦’‘蹦’‘蚂蚁’‘更多’‘滴答’‘月亮’‘星星’。”

——罗宾的妈妈，第84周

“他现在能使用的词汇已经变多了。他有时会说‘是’来回答问题。说出‘兹士’（即芝士）和‘食物’是他现在的本领。总的说来，他还不是很健谈。借助手脚比画还有一些咿咿呀呀，他能让我们理解他的意思，因此也能得到他需要的东西。”

——詹姆斯的妈妈，第86周

“这个星期，我们玩发声游戏时的互动可以说是一种全面而深刻的沟通，那是一段美好时光，真的让人开心。我们试着一边发声，一边将舌头伸出来再缩回去。之后，我们试着让舌头顶着上牙龈，发出就像‘啦啦啦’中‘了’这个音。她很兴奋，觉得很有挑战，想要跟着我做。同时，她好像还在想‘我要追上你’。我在她脸上见到了许多不同的表情。我们都很喜欢这个游戏，笑声不断。特别是在她做出亲亲的嘴型，同时说‘啦啦啦’的时候。”

——阿什莉的妈妈，第73周

理解很多话的意思，会说单词，会模仿，但不能说出句子

这是宝宝说字词和造句之间的阶段。他说话时，一个句子的节奏、解释和意图是存在的，但还不能使用一系列完整的词语，他以手势和说单个词语的节奏来“表达”句子。然而，你能理解孩子的意思，因为你非常了解他。

来自妈妈的心声

“他说话的方式又变了。即使他说的多数内容我们无法理解，但感觉他的确在构建更完整的句子。我想：‘嘿，我连这都感觉到了！’他还通过比画和说‘单词’清楚地向我解释了我不在的时候，都发生了什么事情。例如，我问他在奶奶家的厨房里都干了什么。他说了一些我没法理解的语言，其中有‘芝士’这个词，这让我明白奶奶给了他一片芝士。我问他是不是这样，他点头说是。”

——泰勒的妈妈，第74～77周

“这个星期，他的沟通方式有点意思。他似乎在用自己的语言造句。他不断地说，直到我明白他的意思为止。举个例子，我们第二次穿过马路去对面的海滩玩。爸爸背着他，我背着背包。背包里装着衣物和沙铲，沙铲伸出来，露在外面。突然，他尖叫道：‘嗒嗒嗒……’过了一小会儿我才知道他指的是铲子，然后我问：‘铲子？’他说：‘呀。’接着，他指着铲子的手转而指向了大海。我反复说：“没错，我们会带着铲子去沙滩。’他终于满意地松了口气，然后伸展了一下身体。我们之间经常发生这种对话。”

——卢克的妈妈，第74周

“她造出来的句子并不完整。但是，如果我聚精会神地听她讲话，

就能理解她的意思。她看见交通灯是红色的，就边说边伸手去指。我听她说的时候并没有看到交通灯的情况。但事实证明她说对了，虽然我并不知道她确切说了什么。很奇怪！好像她并不知道自己在说什么，但的确发出了似乎符合情境的声音。”

——阿什莉的妈妈，第76周

“他现在能说出的词汇越来越多。他从说话过程中体验到快乐，这真让人感动。”

——鲍勃的妈妈，第76周

“他走到我跟前，食指和拇指摁在一起，他想表达的意思是‘钱’。”

——泰勒的妈妈，第84周

理解很多话的意思，能说很多单词，也会说句子

在这个年龄，一些幼儿不仅能听懂所有的单词，他还能说很多单词，甚至会使用一些句子。但就像所有的运动技能一样，每个孩子都有自己的节奏。

来自妈妈的心声

“她现在真的会‘读’书了。她一边看着书上的图画，一边讲故事。她一个词都不认识，却能讲得很感人。还有，她也能说出让人明白易懂的句子了。”

——维多利亚的妈妈，第75周

“如果她要猫咪到她跟前来，就会叫：‘咪咪，过来。’”

——珍妮的妈妈，第75周

“她能将几个单词放到一块儿说，例如‘那很好’‘不是现在’‘妈妈和爸爸’。”

——艾米丽的妈妈，第81周

“我理解了他是想要香皂，但我不想回应他说的‘哎，哎’这种话，

于是对他说：‘告诉我你想要什么？’然后他说：‘是，那那，我。’”

——托马斯的妈妈，第82周

“她现在说话能把两三个词组合在一起。”

——艾米丽的妈妈，第83周

对“非理性”恐惧表示理解

当你的宝宝忙于探索他的新世界，尽力完善他刚刚获得的新技能时，他会碰到新鲜而陌生的事物和情境。实际上，他在挑战新的风险，在此之前他还没有意识到的风险。只有等他能够更完整地理解这些新事物以后，恐惧才会消失。所以，请对他表示理解和同情。

来自妈妈的心声

“她害怕打雷和闪电。她会说：‘嘣，隆。’”

——玛丽娅的妈妈，第71周

“他真的不喜欢吸尘器和水龙头。如果我在用这两样，他要求必须停下来。”

——保罗的妈妈，第72周

“他害怕气球。在爱宠动物园，他不愿意走在绵羊和山羊之间，他想让我们把他抱起来。他也不喜欢骑在旋转木马上。不过他喜欢看旋转木马。”

——马特的妈妈，第73周

“有一阵，他害怕吸尘器。以前我开着吸尘器打扫时，他还会站在上面。现在他则避之不及，缩在墙角，直至我打扫结束。”

——史蒂文的妈妈，第85周

“他害怕花园里的蜘蛛，还有苍蝇。”

——哈利的妈妈，第88周

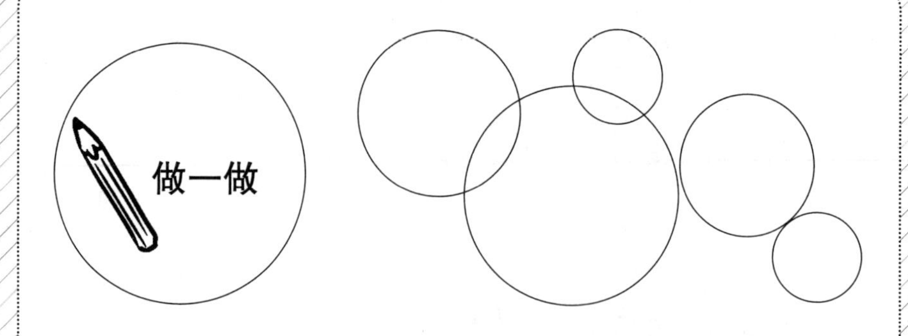

宝宝最喜欢的、利于大脑发育的游戏

这些是适合宝宝所获得的新技能而最喜欢玩的游戏和活动。

填表说明：

勾选宝宝最喜欢的游戏，花点时间去寻找这次飞跃的探索列表中最让宝宝感兴趣的和他最喜欢的游戏之间的联系。你可能需要认真考虑这个问题，通过完成这个列表，你会对宝宝的个性有了深入的了解。

□ 一起“犯傻”——以怪异的发音说话，或是做傻里傻气的动作
□ 玩认出他人的游戏
□ 头朝下，挣扎着倒立，练习平衡感
□ 画画
□ 吹泡泡
□ 装傻
□ 挠痒痒和肢体运动
□ 玩摔跤和开玩笑
□ 户外玩耍
□ 和其他孩子玩耍
□ 球类游戏
□ “闹鬼”游戏
□ 转来转去，头晕目眩，摔在床上
□ 马戏表演

- ☐ 骑马游戏
- ☐ 玩捉人游戏
- ☐ 捉迷藏
- ☐ 读故事
- ☐ 舌头游戏：爸爸或妈妈用舌头从口腔内侧将脸颊顶出一个鼓起的包，让宝宝把那个鼓起的包按下去

宝宝最喜欢的玩具

- ☐ 汽车
- ☐ 黏土玩具
- ☐ 儿童节目
- ☐ 书籍
- ☐ 小饰品、罐子和瓶子
- ☐ 带汽车的车库玩具组合
- ☐ 玩具飞机场组合
- ☐ 彩色铅笔和纸张
- ☐ 装沙和水的桶
- ☐ 手推车或可以坐在上面的车
- ☐ 塑胶椅
- ☐ 球类
- ☐ 自行车
- ☐ （毛绒）动物，熊和洋娃娃
- ☐ 贴纸
- ☐ 在院子里挖东西
- ☐ 儿歌
- ☐ 滑梯
- ☐ 带拖车的卡车
- ☐ 能吹泡泡的水
- ☐ 火车

☐ 摇椅，其他来回摇摆的东西

☐ 摇摇马

☐ 秋千

☐ 拼图（最多20块）

☐ 自行车铃铛

宝宝的选择：个性的体现

此时，所有的幼儿都获得了感知和控制系统的能力。他们需要几年时间才能完全熟悉这一切，但现在系统的世界已经向他们敞开了大门。在这个世界上，他们迈出了试探性的第一步。例如，在这个年龄段，有的幼儿可能会选择专注于使用身体的窍门，至于说话，以后再说，现在就用几个词，不用句子。或者，他们可能忙着与家人、朋友、社区里的其他人互动。或者他们可能更喜欢艺术，无休止地画画、听音乐。每个幼儿都会选择最适合自己的兴趣、灵活度、偏好和环境的活动。这在他们75周或者刚满17个月的时候变得很明显。不要把你的孩子和其他孩子比较。每个孩子都是独一无二的，他会做出相应的选择。

观察你的孩子，弄清楚他的兴趣所在。现在，你可以很容易看到他有哪些才能和能力，以及他的优点。例如，如果你的孩子有很高的音乐才能，那么现在就很显而易见了。在“充满系统的世界的探索列表”里，勾选孩子的首选。

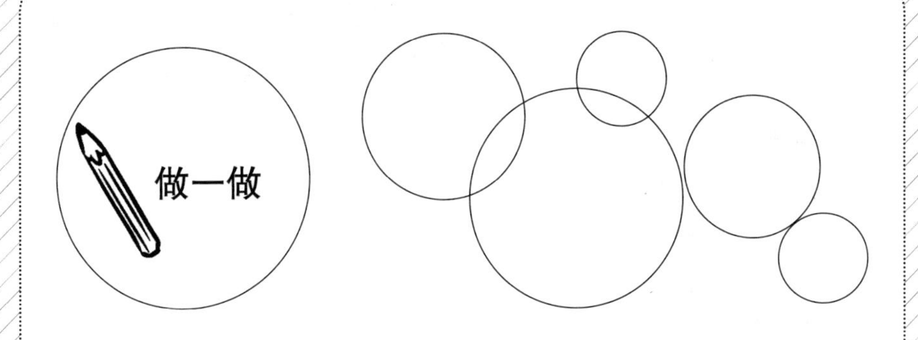

充满系统的世界宝宝如何探索

这些是你的宝宝一旦做出这次发展飞跃就可能获得的技能。在根据列表核对宝宝的技能时，记住没有一个宝宝会做出清单上所有的事情。

填表说明：

现在你的宝宝已经完成了第10次心智发展的飞跃，这将为他以后的心智发展打下坚实的基础。他余生所学都建立在他通过这10次飞跃获得的思维洞察力的基础上。孩子心智发展的这第10次飞跃相当于形成了一个包罗万象的拱形，因为这次飞跃超越以前的所有飞跃。未来的一切都依赖于这些基础层面的事情，因此这一飞跃有着巨大的影响，也相当复杂。你可能注意到宝宝以多种方式处理相应技能的发展。他的个性从未如此清晰，你也需要比以前更具体的观察。我们列举了许多其他家长看到孩子经历这一次飞跃的例子，希望让你更容易理解。你的宝宝很可能不会做下面所有的事情，但是他会告诉你应该注意什么，并且引导你以正确的方式观察，帮助你看到宝宝是如何经历这次飞跃。定期阅读这一列表以及之前的妈妈们的心声来唤醒你的记忆。你会比你想象的发现更多关于宝宝的事情。

宝宝做出这次飞跃的时间：____________________________，

在____________，再度“拨云见日”，现在，临近这次飞跃的尾声，宝宝可以做出这些新的事情了。

道德意识

日期：

- ☐ 当宝宝被抓到做一些不被允许的事情时，他会受到惊吓，脱口而出大声说“不”。
- ☐ 做不被允许做的事来试探你。
- ☐ 模仿电视里的行为。
- ☐ 受到不公正对待时感到伤害和困惑。
- ☐ 会“撒谎”。
- ☐ 喜欢试探别人的边界。这可能听起来消极，但实际上这是宝宝健康发展的体现；就像你设定界限一样。毕竟这是她需要的。
- ☐ 宝宝测试边界的例子：

____

____

____

自我概念

日期：

- ☐ 你注意到她理解了“我”的概念。
- ☐ 可以控制自己的身体，意识到那是他自己的身体。
- ☐ 想自己做事。
- ☐ 有自己的意志。
- ☐ 可以自己做决定。
- ☐ 想要行使权力。这并不消极，而是“自我概念”健康发展的一部分。
- ☐ 你是这样注意到宝宝日益增长的自我概念的：

____

____

____

捉迷藏

日期：

☐ 喜欢藏起来，希望被人发现。

☐ 喜欢到处找人，不仅仅是他最后见到那个人的地方。

我和你

日期：

☐ 明白爸爸妈妈不是同一个人。

☐ 对人与人之间的相似点和不同点进行了精确的估计。

☐ 希望被别人认出。

☐ 可以设身处地为别人着想。这是一个惊人的突破，因为他现在可以用一种全新的方式与人互动。

☐ 可以意识到其他孩子想要不同的东西，其他人喜欢的东西和他喜欢的可能不同。

☐ 可以安慰别人。

☐ 喜欢模仿并且自己动手。

☐ 他的“幻想剧”真的成功了。例如：

____

____

____

____

☐ 把玩具当作有自主能力的人来对待。

认识其他生物

日期：

☐ 喜欢向天空中的鸟儿和飞机挥手。

☐ 喜欢探索一株植物或________的气味。

☐ 喜欢喂小鸡，或__________。

☐ 对小生物感兴趣，如蜜蜂、蚂蚁、瓢虫，或________。

☐ 要给植物浇水。

认识核心家庭

日期：

☐ 明白家庭成员是各自独立的人，但仍然相互联结。

☐ 整天都在玩洋娃娃和毛绒玩具，会喂它们“吃饭”，然后把它们放到床上。

☐ 知道还有其他的家庭，这些家庭一样有父母、兄弟姐妹。

认识家人和朋友

日期：

☐ 明白自己家庭和朋友家庭之间的区别。

☐ 知道事物之间从属关系。

☐ 要给爷爷奶奶或__________打电话。

☐ 表示要以__________方式去拜访爷爷奶奶，或______的家。

认识房子、社区，学会认路

日期：

☐ 对住所周围的地形了如指掌。例如，他知道去____或去____的路。

☐ 很清楚在家里和周围的哪些地方可以找到什么东西。

☐ 能认出自己的家和________的家。

☐ 可以指出去超市或公园的路。

☐ 即使在不太熟悉的环境中，也能认出某些事物。

所有权

日期：

☐ 当你在整理洗好的衣物时，他很清楚哪件衣服是谁的。

☐ 很清楚哪个包、哪件夹克是哪个孩子的。

☐ 很清楚哪个玩具是谁的。

☐ 不再愿意与其他孩子分享自己的玩具。

☐ 爱收集东西，坚持不能扔。

☐ 不喜欢生活乱七八糟，希望所有的东西都能井然有序地收起来。

拼图和一些小物件

日期：

☐ 现在擅长拼图，包括7块、12块或最多20块图片的拼图。

☐ 运动技能比以前更精湛了。你通过______________注意到了这一点。

☐ 会发现装着有趣小物件的盒子。例如，他喜欢检查下面这些盒子：

- ☐ 工具盒
- ☐ 装着分类的钉子或彩色铅笔等的盒子
- ☐ 装着珠子的盒子
- ☐ 其他：

____

____

____

____

____

☐ 是个注重细节的人。例如他会注意到以下这些细节：

- ☐ ______________________________
- ☐ ______________________________
- ☐ ______________________________

自己发明游戏

日期：

☐ 编造由自己制订规则的游戏。

☐ 自己发明魔术把戏。

艺术

日期：

☐ 明白玩具象征着现实世界的事物或人。

☐ 开始以一种完全不同的方式绘画。可以画圆圈、正方形和________以代替随意的涂鸦。

☐ 虽然，你不确定他画的是什么，但他显然试图画一些东西。他告诉你他画了什么，他是对的：如果他说是一匹马，它就是一匹马。宝宝还喜欢画：

☐ ________________

☐ ________________

☐ ________________

☐ 喜欢你和他一起画画。

☐ 能长时间聚精会神地听音乐。虽然宝宝现在这样做是出于纯粹的兴趣，但这样的孩子往往有一定的音乐天赋。

☐ 宝宝喜欢玩以下（玩具）乐器：

☐ 键盘

☐ 鼓

☐ 其他：

____

____

____

☐ 建造的“工程”比以前多了。

时间感

日期：

☐ 记得过去的经历。例如：

- ☐ ____________________
- ☐ ____________________
- ☐ ____________________

☐ 可以“预测”即将发生的事情。

☐ 一整天都提醒你给他承诺的事情。例如，“我们说好了要去____。”

☐ 你注意到他心里在制订某个计划。例如，如果你承诺做某事，但因为忘记而没有遵守承诺，他会感到不爽，你注意到他甚至感受到了侮辱。

☐ 有时在早上会记得某一天晚上睡觉前做了什么。

探索基本物理概念

日期：

☐ 把东西放在水下看它再次出现，比如一个球。喜欢感受阻力。

☐ 无休止地忙着把液体从一个杯子倒到另一个杯子。

☐ 注意到各种颜色，有时会寻找特定的颜色。

☐ 突然害怕看到新事物。例如：

- ☐ 第一次看到雪
- ☐ 新的电动牙刷
- ☐ 其他：

____

____

☐ 喜欢“调研”一些事情，如：

____

____

理解基本架构的搭建

日期：

☐ 很喜欢看建筑工人。喜欢研究他们正在做什么。

☐ 想模仿建筑工人做的事情：

  ☐ 用沙子和水做“水泥”

  ☐ 爱“粉刷”墙壁

  ☐ 其他：

  ____

  ____

☐ 铺设一条简单的铁轨模型。

☐ 可以尝试使用小块积木（例如乐高积木）来建造模型。

语言

日期：

☐ 大人所说的大部分内容宝宝都能理解。

☐ 接受双语教育的孩子，可以区分两种语言系统。他偏向于说。有时会忽略另一种语言：是/否

☐ 会说的话越来越多。

☐ 可以把单词组合成短句。

☐ 会模仿动物的叫声。

☐ 会用手和脚模仿很多动作。

☐ 喜欢读书，能全神贯注地从头到尾听简短的故事。

你的宝宝的语言

实际说的话	想要表达的意思
________	____________
________	____________
________	____________

宝宝不可能做所有的事情

宝宝这次飞跃的第一阶段（黏人）大约从71周开始。大多数幼儿在预产期后75周开始第二阶段的飞跃。他对充满系统世界的第一种感知开启了一系列的技能和活动的发展。然而，这些技能和活动第一次出现的年龄，每个孩子差别很大。例如，感知系统的能力是能够指出去超市或公园的路的必要先决条件，但这些技能通常出现在75周到数月之后才会出现。宝宝心智能力（能力）和实际做某事的能力（技能）之间的差异都取决于宝宝的喜好、对事物的探索程度以及身体发育情况。学习这本书中提到的技能和活动可能出现的最早年龄段记录，这样你就可以留意并识别出它们（一开始可能很初级）。这样你就能对宝宝的成长及时做出反应并帮助宝宝成长。所有宝宝在差不多同一年龄习得相同的能力，但是他们何时会运用这些技能就因人而异了。这就是每个宝宝都与众不同的根源。

轻松时期：飞跃之后

这个时期，大多数宝宝都变得不像以前那么烦人了，虽然他们初露头角的自我意识、为所欲为的脾气，以及对权力的索求，还是让父母轻松不了。但是，他们不再表现为3C：又哭又闹、过分依赖和脾气暴躁，只是偶尔无缘无故地发发脾气。你的应对窍门就是不妨先停下来，数到10，记住你的小可爱正在进步，然后尽力处理好这些情况。这是逐步为孩子引入一些（行为）规则的好机会，这样他们就会学到，世界并非只绕着他们转，他们同时必须为他人着想。

成年人最好能明白，思维、推理或逻辑，并非像大多数人想的那样，它是我们能够达到的最高层面。逻辑属于程序世界，低于法则世界和系统世界。如果你真的想做出改变，你不得不改变你的内在法则，为了改变你的法则，你首先得改变相应的系统。问题是对成年人而言，系统层面的概念不容易改变。一部分是因为系统层面的任何变化都会对系统世界以下的所有层面造成深远影响。没有相应的挣扎和努力，改变是难以发生的。历史告诉我们，如此的巨变通常会引发诉诸语言乃至武力的革命或战争。

系统和法则层面的概念，形成比改变要容易。孩子通过对周围的观察学到这些概念，然后开始使用这些概念。有时，成年人会向孩子强调某些特定的系统概念。社会化和教养对人的塑造就是这方面的经典例子。

当然，你的孩子对这场“表演”还很陌生。他们的世界仍然很小，只不过是自家附近的小片区域。还需要很多年，他们才能够发展出我们成年人称之为人生观的概念，这要等到他们的童年时代结束之后。但是，一切已然初露端倪。这是带来深远影响的一步。暂不讨论别的因素，就只是想想孩子心智的萌芽阶段还伴随着道德意识的形成，以及对规范和价值观的学习。如果没能善始，我们完全可以预见接下来几年中不可善终的后果。如果你能付出足够的关注，这将是非常好的深度投资，会让你和你的孩子，以及你们周围的人免于陷入许多困境。

不论你的小家伙是喜欢音乐、喜欢建筑、喜欢说话、喜欢物理现象，还是喜欢练习对身体的控制，请给这颗冉冉升起的新星一个机会。你们一起收获的快乐一定会超乎你的想象。

后记

现在你知道了，每一对父母，在某个时刻，都得面对眼泪汪汪、脾气暴躁、牢骚满腹的宝宝，一个难以取悦的宝宝。事实上，他只是需要“爸爸或妈妈能量”。这些父母并不孤单，他们能找到和他们有同样经历的其他父母。事实上，这些难熬的阶段一结束，所有的父母都会忘记——或希望忘记——这些头疼的时刻。

父母理解了宝宝的难以取悦行为以及自身为什么焦虑、愤怒，理解一切表现都是宝宝在通往独立道路上的一种挣扎和奋斗，是宝宝健康、正常发展的一种表现。这样宝宝就会更有安全感，也更自信。你知道养育孩子并没有绝对的指南的。每一次飞跃之后，每一个婴儿都会以自己的方式“探索”每一个“新世界”中的可能性。你所能做的就是帮助他走上正轨。父母是帮助孩子的最佳人选，是知道他们的孩子是独一无二的。父母要知道每次飞跃时孩子的大脑发生了什么。我们已经在这本书中分享了这些信息。宝宝的成长部分取决于你自己——照顾宝宝的人、最了解宝宝需要什么的人。每个人的孩子都是完全不同的。我们在这本书中已经非常清楚地表明了这一点，我们希望能给父母一些力量，以帮助他们抵抗来自他人的不受欢迎而又与自己的方式有冲突的育儿建议。

我们说过，每个宝宝在生命最初的20个月里，或是所谓的感觉运动阶段要“重生”10次。整整10次，他的世界要被大脑的“巨变”完全颠覆；整整10次，他会不知所措，只能竭尽全力缠住妈妈或爸爸；整整10次，他要重新和你建立联结；整整10次，他必须补充“妈妈或爸爸能量”才能进入发展过程中的下一次飞跃。

显然，你的孩子还有很长的路要走。对1岁半至16岁儿童脑电图（EEG）发展的研究表明，在儿童心智发展的重要时期，都伴随着脑电波的显著变化。青春期的开始也是一次类似的飞跃。很长一段时间里，大家普遍认为青春期的开始源于激素水平的激增。但最近的研究显示，青春期的开始也伴随着大脑的巨变。这一巨变不仅是脑电波的变化，还有大脑某些部位突然而迅速地生长。青少年进入了新的世界，对世界产生了新的感知，这使得他获得了早年不曾产生过的深刻想法。但他其实已经经历了无数次这样的发展飞跃过程，青少年不愿意承认这一点，因为他认为自己已经站在世界之巅。在孩子完全独立之前，还会发生好几次飞跃。甚至有迹象表明，成年人也会经历这些阶段。

正如哥伦比亚作家兼记者加西亚·马尔克斯在《霍乱时期的爱情》一书中写到的那样：

“人不是从娘胎里出来就一成不变的，相反，生活会逼迫他一次又一次地脱胎换骨。”